"十二五"职业教育国家规划教材
经全国职业教育教材审定委员会审定
全国高职高专道路与桥梁工程技术专业系列规划教材

土力学与地基基础

（第二版）

曾凡稳　肖广哲　宋艳清　主编
杨　蘅　副主编
柯洁铭　王琛艳　参编
杨　平　主审

科学出版社
北　京

内 容 简 介

本书为经全国职业教育教材审定委员会审定的“十二五”职业教育国家规划教材，编写过程中突出职业院校学生培养的特点，以必需、够用为准则，以地基基础工程施工中的工作任务为载体组织编写教材内容。本书主要内容包括地质构造、地下水、土的工程性质、土中应力计算、土的压缩与变形计算、土的抗剪强度与地基承载力、土压力和土坡稳定性、浅基础、桩基础、软土地基处理简介。教材内容贯彻相关行业标准，能够培养学生野外地质现象识别、土工试验技能、基础施工及检测技术等职业岗位技能。

本书可作为高职高专道路与桥梁工程技术、港口与航道工程技术等相关专业学生的教材，也可供相关科研技术人员参考使用。

图书在版编目（CIP）数据

土力学与地基基础/曾凡稳，肖广哲，宋艳清主编．2版．—北京：科学出版社，2019.8

（“十二五”职业教育国家规划教材·全国高职高专道路与桥梁工程技术专业系列规划教材）

ISBN 978-7-03-061680-7

Ⅰ．①土…　Ⅱ．①曾…　②肖…　③宋…　Ⅲ．①土力学－高等职业教育－教材　②地基－基础（工程）－高等职业教育－教材　Ⅳ．①TU4

中国版本图书馆 CIP 数据核字（2019）第 117412 号

责任编辑：万瑞达 / 责任校对：赵丽杰

责任印制：吕春珉 / 封面设计：曹　来

科学出版社出版

北京东黄城根北街 16 号

邮政编码：100717

http://www.sciencep.com

铭浩彩色印装有限公司印刷

科学出版社发行　　各地新华书店经销

*

2019 年 8 月第　一　版　　开本：787×1092　1/16

2019 年 8 月第一次印刷　　印张：15　1/4

字数：367 000

定价：39.00 元

（如有印装质量问题，我社负责调换〈铭浩〉）

销售部电话 010-62136230　编辑部电话 010-62130874（VA03）

第二版前言

当前职业教育改革不断深入，作为职业教育知识、能力传授载体的教材改革也迫在眉睫，必须同步跟上职业教育改革的步伐，应打破原有教材学科知识体系，适应现代职业教育生源质量变化的新形式，以突出现代职业教育“以职业技能培养为核心”的本质特点，教材改革建设应根据职业能力培养这一主线进行总体规划设计，把学生的专业知识、专业技能以及综合素质贯穿在整个课程内容中，特别在当下 “双创”背景下，如何处理好知识传授、能力素质培养及应用与创新之间的关系，如何让创新创业能力在专业课程教学中得到锻炼，就需要编写适合现代职业教育特色的教材。

“土力学与地基基础”为道路与桥梁工程技术专业及港口与航道工程技术专业的核心课程，本书内容翔尽，实用，主要体现在地质构造的野外识别、土工试验方法、软土地基处理施工方法、基础施工方法等，以此来培养学生的专业技能水平；同时通过阐述了土的工程性质、土力学相关计算原理、土体强度分析与工程应用等基础理论知识，来加强学生基础知识和基础能力培养，从而达到培养高素质技术技能型人才的培养目标。本书在编写过程中集中各方力量，力求做到内容选取符合当下学生学习特点及施工一线的需要。

为确保内容不脱离工程一线实际情况，本书在编写过程中走访了中交第三航务工程局有限公司等相关施工企业，与工程一线施工技术人员进行交流座谈，广泛听取他们的意见和建议，对内容进行多次修改，从而确保书中内容的先进性和适用性。本书涵盖港口与航道工程及相关行业试验员、施工员等职业岗位必备的核心知识与技能，以项目为载体，设立学习项目，项目下分为若干任务。各项目的参考学时如下表所示。

各项目的参考学时

序号	学习项目	参考学时
1	地质构造	4
2	地下水	4
3	土的工程性质	14
4	土中应力计算	6
5	土的压缩性与变形计算	8
6	土的抗剪强度与地基承载力	8
7	土压力和土坡稳定析	8
8	浅基础	6
9	桩基础	8
10	软土地基处理	4
合计		70

本书具体编写分工如下：项目一、项目二和项目四由南京交通职业技术学院曾凡稳编写，项目三部分内容和项目九部分内容由黄河水利职业技术学院宋艳清编写，项目五和项目六由南京交通职业技术学院杨蘅编写，项目七由江西理工大学肖广哲编写，项目八和项目九部分内容由南京交通职业技术学院柯洁铭编写，项目三部分内容和项目十由江苏建筑职业技术学院王琛艳编写。全书由曾凡稳负责统稿，南京林业大学杨平主审。

由于编者水平和时间有限，本书在编写过程中难免存在不足之处，不当之处恳请广大读者批评指正。

编　者

2018 年 12 月 8 日

第一版前言

本书在编写过程中充分考虑了交通土建类专业发展需要，体现了专业的特色，吸收了本学科领域的新规范，并从高职高专的学生特点和培养目标出发，主要追求以下编写风格：

1．突出基本概念、原理和计算公式的应用条件，减少公式推导，加强工程应用内容，强调学生一线实践能力的培养。

2．力求体现国家标准和水利、建设、交通等行业的最新规范。

3．在每章前面列出学习目标，明确相应的知识点和具体要求，便于学生掌握重点。

4．在编写过程中根据专业特点和课改的需要，对内容进行了适当删减，突出实用性，做到够用为度。

本书由南京交通职业技术学院曾凡稳、江西理工大学资源与环境学院校肖广哲担任主编，南京交通职业技术学院的杨蘅担任副主编，南京林业大学土木工程学院杨平教授担任主审。曾凡稳负责统稿、定稿工作。本书编写分工如下：曾凡稳编写绪论及第 1、2、4、11 章，杨蘅编写第 5、6 章，南京交通职业技术学院柯洁铭编写第 8、9 章，肖广哲编写第 7 章，徐州建筑职业技术学院王琛艳编写第 3、10 章。

由于编者水平有限，书中缺点在所难免，敬请广大读者给予批评指正。

目　录

项目一

地 质 构 造

学习目标 1）认识各种地质构造及岩层产状要素的含义、测定和表示方法。
2）了解各种地质构造的组成及分类。
3）了解各种地质构造对工程建设的影响。

在地球历史演变过程中，地壳是不断运动、变化和发展的。地壳运动改变了岩石的原始产出状态，使地壳产生隆起或凹陷，岩层发生弯曲、错断等，形成了各种不同的构造形迹，如褶皱、断层等，这种残留在岩石中的变形或变位的构造形迹称为地质构造。

地质构造大大改变了岩层和岩体原来的工程地质性质，影响岩体稳定，增大岩石的渗透性。因此，研究地质构造不但有阐明和探讨地壳运动发生、发展规律的理论意义，而且有指导工程地质、水文地质、地震预测预报工作和地下水资源开发利用等生产实践的重要意义。

任务一　水平构造与倾斜构造

能力目标：学生通过学习能够掌握岩层产状三要素的含义及表示。

岩层是指由两个平行或近于平行的界面所限制的、同一岩性组成的层状岩石。地壳运动形成的地质构造，不论其形态多么复杂，总是由一定数量和空间位置的岩层或岩石中的破裂面构成的。岩层在空间的展布状态称为岩层产状。

一、岩层产状要素

岩层产状是以岩层面在三维空间的延伸方位及其倾斜程度来确定的，可采用岩层面的走向、倾向和倾角三个要素来表示，如图 1-1 所示。

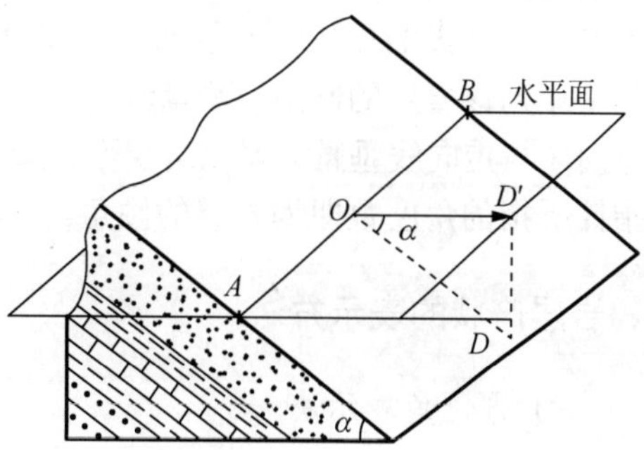

图 1-1　岩层产状要素

AOB—走向线；*OD*—倾向线；*OD′*—倾向线的水平投影，箭头方向为倾向；*α*—倾角

1）走向。岩层面与水平面相交的线称为走向线，走向线两端所指的方向即为岩层的走向。所以，同一岩层的走向有两个

方位角数值，两个值相差 180°。岩层的走向表示岩层在空间的水平延伸方向。

2）倾向。垂直走向线顺岩层倾斜面向下引出一条直线，即为倾向，其在水平面上投影所指的方位角称为岩层的倾角。同一岩层的倾向只有一个方位角数值，与走向方位角相差 90°。岩层的倾向表示岩层在空间的倾斜方向。

3）倾角。岩层层面与水平面所夹的锐角称为岩层的倾角。岩层的倾角表示岩层在空间倾斜程度的大小。

二、岩层产状的测定

岩层产状要素在野外是用地质罗盘仪直接测定其走向、倾向和倾角的，其测定方法如图 1-2 所示。

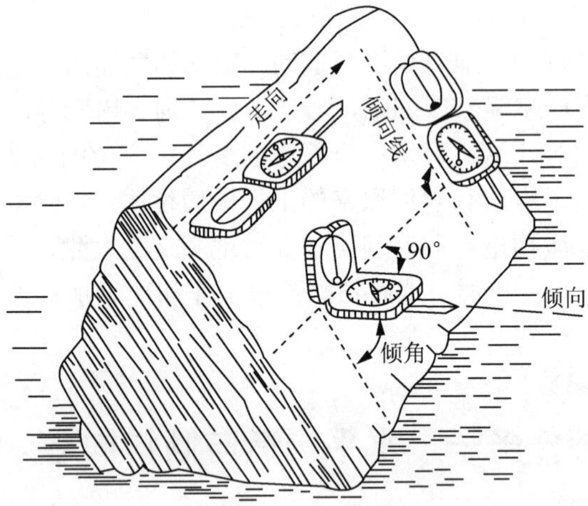

图 1-2　岩层产状要素的测定方法

确定岩层的真正露头，要选择有代表性的平整岩层层面。测量走向时，将地质罗盘的长边（即罗盘的刻度南北方向）紧贴岩面，并使罗盘保持水平（气泡居中），读罗盘南针或北针所指的方位角即为所测的岩层走向；测量倾向时，将罗盘的北端朝向岩层的倾斜方向，罗盘的短边紧贴层面，使罗盘保持水平（水准气泡居中），读指北针所示的方位角即为该岩层的倾向。测量倾角时，需将罗盘横着竖起来，使罗盘长边沿着最大倾斜方向（与走向线垂直）紧贴岩层面，旋转倾角指针至倾斜器上的水准气泡居中后，此时指针所指的角度数即为岩层的倾角。

三、岩层产状的表示方法

（一）方位角表示法

方位角表示法是岩层产状记录中最常用的方法。一般只记录倾向和倾角。如 200°∠30°，表示倾向为 200°，倾角为 30°。其走向可用倾向加减 90°得出，即走向为 290°或 110°。

（二）象限角表示法

象限角表示法以南、北方向作为标准（0°），一般记录走向、倾角和倾向。例如，N40°E / 30°SE，表示某岩层的走向为北偏东 40°，倾角为 30°，倾向东南。

（三）符号表示法

在地质图上，岩层产状要素是用符号来表示的，常用符号如下：

1）长短线（），长线表示走向，短线表示倾向，数字表示倾角。长短线必须按实际方位画在地质图上。

2）岩层水平（），即倾角小于 5°。

3）岩层直立（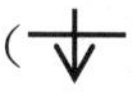），箭头指向较新岩层。

4）岩层倒转（），箭头指向倒转后的岩层倾向，即指向老岩层，数字表示倾角。

后面的内容中将会讲到褶皱轴面、节理面、裂隙面和断层面等形态，其产状意义、表示方法和测定方法均与岩层相同。

四、水平岩层、倾斜岩层和直立岩层

由于形成岩层的地质作用、形成时的环境和形成后所受的构造运动的影响不同，岩层在地壳中的空间方位也各不一样，但概括地说可分为水平的、倾斜的和直立的 3 种基本类型。

（一）水平岩层

一个地区出露的岩层产状基本是水平的或近似水平的称为水平岩层。覆盖大陆表面面积的 3/4 的沉积岩，绝大多数是在广阔的海洋和湖泊盆地中形成的，其原始产状大部分是水平或近于水平的；只在沉积盆地的边缘、岛屿周围等少数地区才呈原始倾斜状态。对于水平岩层，岩层时代越老，出露位置越低；岩层时代越新，分布的位置越高。

（二）倾斜岩层

除了某些原始倾斜岩层以外，绝大多数倾斜岩层是受到构造运动，使原来的水平岩层发生倾斜的结果。如果在一定地区内，一套岩层的倾向和倾角基本一致，则称为单斜岩层。倾斜岩层在大范围内，常常是褶皱的一翼或断层的一盘。

（三）直立岩层

岩层层面与水平面相垂直时，称为直立岩层。其露头宽度与岩层厚度相等，与地形特征无关。

任务二　褶皱构造

能力目标：学生通过学习能够掌握褶皱构造的形成及类型。

褶皱构造是岩层在构造运动中受力形成的连续弯曲变形，它是岩层塑性变形的结果，在层状岩石中表现较为明显。

一、褶曲构造的两种形式及其判别方法

褶皱构造的规模差别很大，大者延伸数十千米甚至数百千米，小者则可出现在手标本上。褶曲是褶皱构造中的一个弯曲，也是褶皱构造的组成单位。褶曲构造的基本类型有两种（图 1-3）：一种是岩层向上弯曲，其核心部位的岩层较老，外侧岩层较新，称为背斜；另一种是岩层向下弯曲，核心部位的岩层较新，外侧岩层较老，称为向斜。

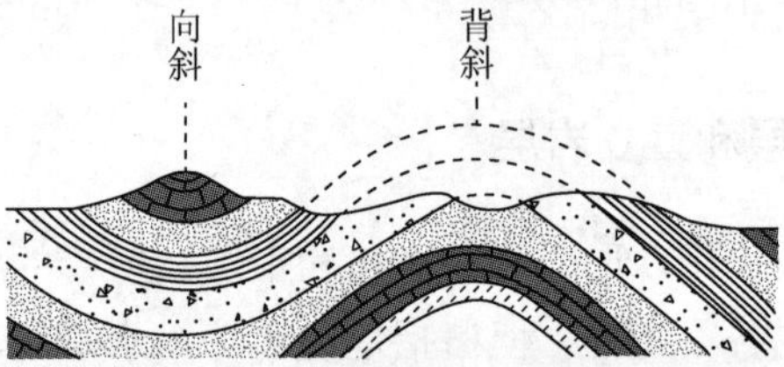

图 1-3　背斜和向斜

由于后来风化剥蚀的破坏，向斜在地面上的出露特征是从中心向两侧岩层从新到老对称重复出露；而背斜在地面上的出露特征却恰好相反，从中心到两侧岩层从老到新对称重复出露（图 1-4）。

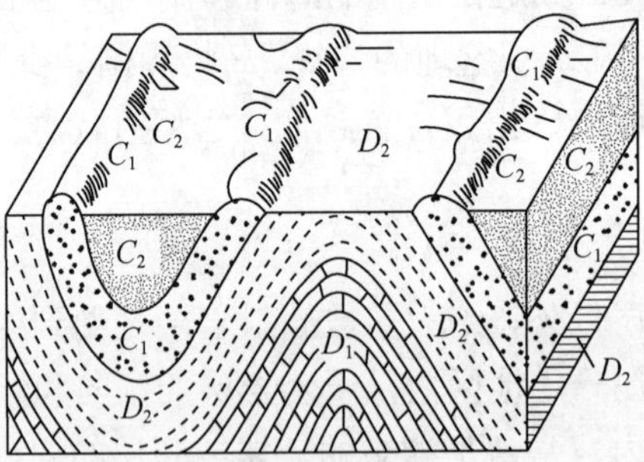

图 1-4　背斜和向斜的平面表征与剖面表征

C_1、C_2、D_1、D_2 —不同的地质年代

二、褶曲要素

褶曲构造的各个组成部分称为褶曲要素（图 1-5）。褶曲的中心部分岩层称为核部；

褶曲核部两侧的岩层称为翼部；平分两翼的假想面称为轴面，轴面可以是直立的、倾斜的，甚至是水平的，也可以是曲面；轴面与水平面的交线称为轴线，褶曲轴的方向就是褶曲的延伸方向；轴面与岩层层面的交线称为枢纽，是指褶曲的同一岩层面上各最大弯曲点的连线；翼部岩层层面与水平面的夹角称为翼角。

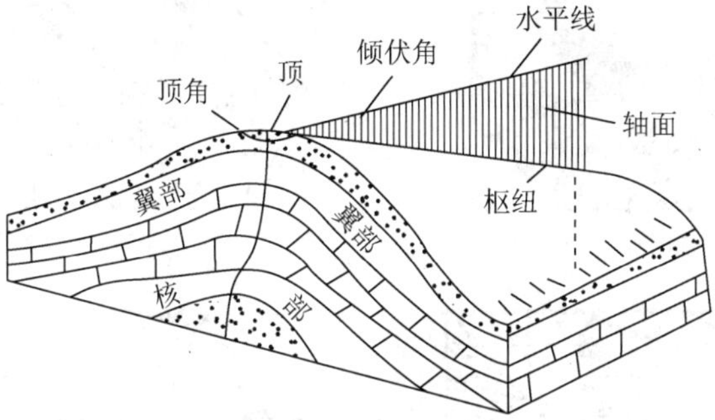

图 1-5　褶曲要素示意图

三、褶曲分类

褶曲的形态多种多样，为了便于描述和研究，可以从不同角度进行分类。

（一）按轴面和产状分类

按褶曲轴面和两翼产状，褶曲类型分为以下 5 类，如图 1-6 所示。

1）直立褶曲：轴面直立，两翼岩层倾向相反，倾角大致相等。

2）倾斜褶曲：轴面倾斜，两翼岩层倾向相反，倾角不相等。轴面与褶曲平缓，翼倾向相同。

3）倒转褶曲：轴面倾斜，两翼倾斜，两翼岩层倾向相同，倾角相等或不相等，一翼岩层层序正常，另一翼层序倒转。

4）平卧褶曲：轴面水平，两翼岩层近似水平重叠。一翼层序正常，另一翼层序倒转。

5）翻卷褶曲：轴面为曲面。

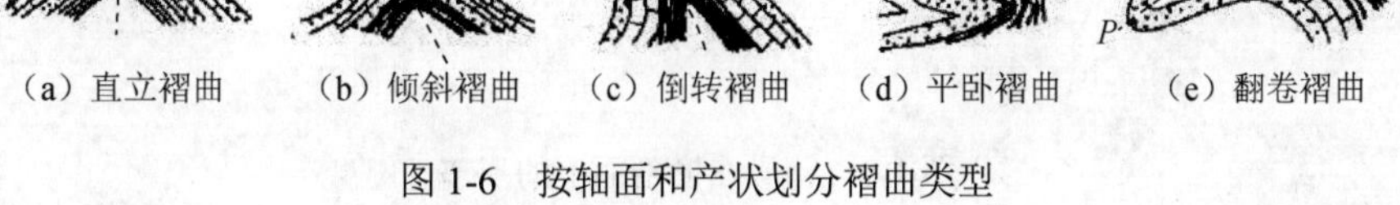

图 1-6　按轴面和产状划分褶曲类型

P—轴面

（二）按纵剖面上枢纽产状分类

按纵剖面上枢纽产状划分，褶曲类型分为以下两类，如图 1-7 所示。

1）水平褶曲［图 1-7（a）和（b）］：枢纽近于水平延伸，两翼岩层走向大致平行并对称分布。

2）倾覆褶曲［图 1-7（c）和（d）］：枢纽向一端倾伏，两翼岩层走向发生弧形封闭。对于背斜，封闭的尖端指向枢纽的倾伏方向；对于向斜，封闭的尖端指向枢纽的扬起方向。

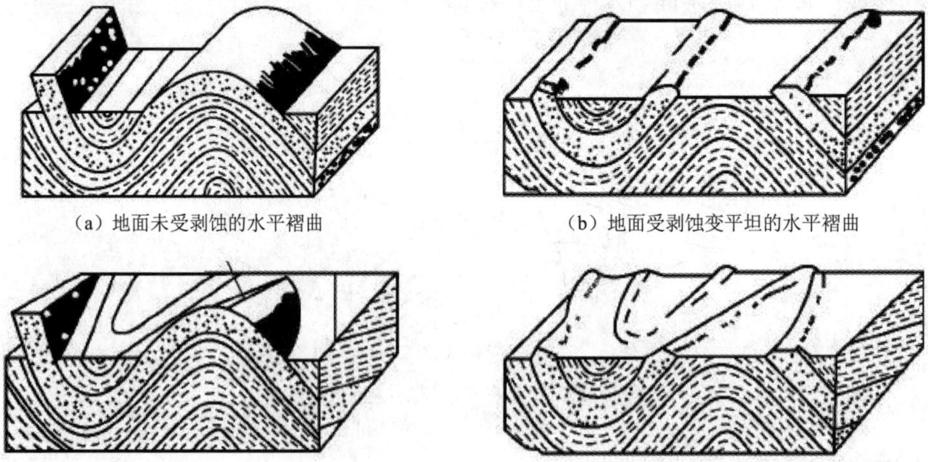

（a）地面未受剥蚀的水平褶曲　（b）地面受剥蚀变平坦的水平褶曲

（c）地面未受剥蚀的倾覆褶曲　（d）地面受剥蚀变平坦后的倾覆褶曲

图 1-7　按枢纽产状划分的褶曲类型

四、褶皱构造的类型

在一个地区，褶曲通常是连续出现的，形成各种褶皱组合特征，特别是在地壳活动强烈地区，往往形成很复杂的褶皱带。常见的褶皱组合如下。

1. 复背斜和复向斜

复背斜和复向斜（图 1-8）是规模巨大的翼部为次一级，甚至更次一级褶曲所复杂化的背斜及向斜。复背斜和复向斜多分布于特定的区域，即构造运动强烈的褶皱带。著名的褶皱山山脉，如昆仑山、祁连山、秦岭等常出现这类复杂的褶皱构造。

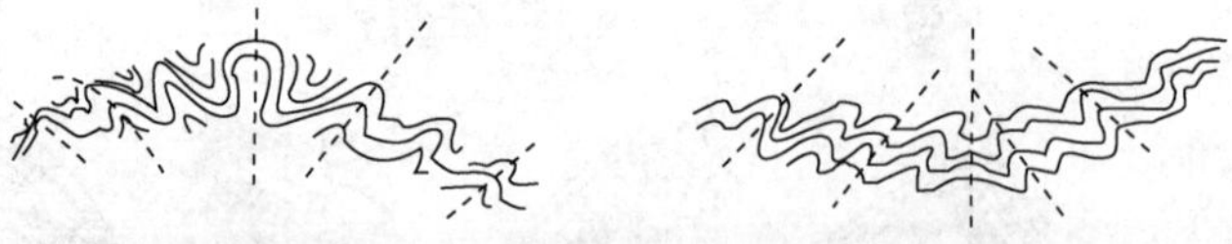

（a）复背斜　（b）复向斜

图 1-8　褶皱在横剖面上的形态

2. 隔挡式褶皱和隔槽式褶皱

在四川东部、贵州北部及北京西山等地，较易看到由一系列褶曲轴面平行，但背斜、向斜发育程度不等所组成的褶皱。有的是由宽阔平缓的向斜和狭窄紧闭的背斜交替组成的，称为隔挡式褶皱；有的是由宽阔平缓的背斜和狭窄紧闭的向斜组成的，称为隔槽式褶皱。

五、褶皱构造的识别

在一般情况下，人们容易认为背斜为山，向斜为谷，但实际情况要复杂得多。因为有的背斜遭受长期剥蚀，不仅可以逐渐地被夷为平地，还会由于背斜轴部岩层遭到构造作用的强烈破坏，在一定的外力条件下发展成为谷地。向斜山与背斜谷的情况在野外比较常见，褶皱构造与地形如图 1-9 所示。因此，不能以地形的起伏情况作为识别褶皱构造的主要标志。

图 1-9　褶皱构造与地形

褶皱的规模有大小之分。规模小的褶皱，可以在小范围内通过几个出露在地面的基岩露头进行观察。规模大的褶皱，因分布的范围大并常受地形高低起伏的影响，很难一览无余，也不可能通过少数几个露头就能窥其全貌。在野外，大量褶皱构造需要采用穿越法和追索法进行观察。

1. *穿越法*

穿越法就是沿着选定的调查路线，垂直岩层走向进行观察。穿越法有利于了解岩层的产状、层序及其新老关系。如果在路线通过地带的岩层呈有规律的重复出现，且对称分布，则必为褶皱构造；根据岩层出露的层序及其新老关系，判断岩层是背斜还是向斜；然后进一步分析两翼岩层的产状和两翼与轴面之间的关系，最终判断出褶皱的形态类型。

2. *追索法*

追索法就是观察平行岩层走向的方法。对平行岩层走向进行追索观察，便于查明褶皱延伸的方向及其构造变化的情况。

穿越法和追索法，不仅是野外观察褶皱的主要方法，还是野外观察和研究其他地质构造现象一种基本方法。在实践中，一般以穿越法为主，追索法为辅，根据不同情况，穿插运用。

六、褶皱构造的工程评价

褶皱构造的工程地质评价主要是研究倾斜岩层的产状与路线或隧道轴线走向的关系问题。一般，倾斜岩层对建筑物的地基没有特殊不良的影响，但对深路堑、挖方高边坡及隧道工程等的影响则需要根据具体情况做具体的分析。

对于隧道工程而言，从褶曲的翼部通过一般是比较有利的；但如果背斜与向斜中间有松软岩层或软弱构造面时，则在顺倾向一侧的洞壁，有时会出现明显的偏压现象，甚至会导致支撑破坏，发生局部坍塌。

从岩层的产状而言，褶曲构造的轴部是岩层倾向发生显著变化的地方；从构造作用对岩层整体性的影响而言，又是岩层受应力作用最集中的地方，因此在褶曲构造的轴部，不论是公路、隧道或桥梁工程，容易遇到工程地质问题，主要是由于岩层破碎而产生的岩体稳定问题和向斜轴部地下水的问题。这些问题在隧道工程中往往显得更为突出，容易产生隧道塌顶和涌水现象，甚至会严重影响正常施工。

任务三　断 裂 构 造

能力目标：学生通过学习能够掌握断裂构造的形成及类型。

一、断裂构造的成因及分类

岩层受构造运动作用，当所受的构造应力超过岩石强度时，岩石的连续完整性遭到破坏，产生断裂，称为断裂构造。断裂构造是地壳中普遍发育的基本构造之一，在地壳的各个地区和各类岩石中均有广泛的分布。按照断裂后两侧岩层沿断裂面有无明显的相对位移，断裂构造又分为节理（裂隙）和断层两种类型。但是，这两类断裂从成因上并无本质差别。

二、节理

节理是指岩层受力断开后，裂面两侧岩层沿断裂面没有明显的相对位移时的断裂构造。节理的断裂面称为节理面。节理常把岩层分割成形状不同、大小不等的岩块，小块岩石的强度与包含节理的岩体的强度明显不同。岩石边坡失稳和隧道洞顶坍塌通常与节理有关。

（一）节理的类型

1. 按成因分类

节理按成因可分为原生节理、构造节理和次生节理。

1）原生节理：岩石形成过程中形成的节理，如玄武岩在冷却凝固时形成的柱状节理。

2）构造节理：由卸荷、风化、爆破等作用形成的节理，分别称为卸荷节理、风化节理、爆破节理等。

3）次生节理：一般分布在地表浅层，大多无一定方向性。

2. 按力学性质分类

根据节理的力学性质，构造节理分为剪节理（也称扭节理）和张节理两类。

1）剪节理：岩石受剪（扭）应力作用形成的破裂面称剪节理，其两组剪切面一般形成 X 形的节理，故又称 X 节理。剪节理常与褶皱、断层相伴生。剪节理交叉互相割切岩层成碎块体，破坏岩体的完整性，因此剪节理面常是易于滑动的软弱面。

2）张节理：岩层受张应力作用而形成的破裂面称张节理。当岩层受挤压时，初期是在岩层面上沿先发生的剪节理追踪发育形成锯齿状张节理。在褶皱岩层中，多在弯曲顶部产生与褶皱轴走向一致的张节理。张节理两壁间的裂缝较宽，呈开口或楔形，并常被岩脉充填，节理间距较大，通常是渗漏的良好通道。

（二）节理的工程地质评价

在工程上除有利于开采外，岩石中的节理对岩体的强度和稳定性均有不利影响。节理破坏了岩石的整体性，促使风化速度加快；增强了岩体的透水性，使岩体强度和稳定性降低。若节理的主要发育方向与路线走向平行，倾向与边坡一致，不论岩体的产状如何，路堑边坡都容易发生崩塌或碎落。在路基施工时，节理还会影响爆破作业的效果。

（三）节理的调查、统计和表示方法

为了反映节理分布规律及对岩体稳定性的影响，本书进行了节理的野外调查和室内资料整理工作，并利用统计图式，把岩体节理的分布情况表示出来。

需要注意的是，调查时应先在工作地点选择具有代表性的基岩露头，对一定面积内的节理按表 1-1 的内容进行调查。调查资料的统计图种类很多，常采用节理玫瑰图来表示，它能够较直观反映节理的产状、分布规律及其对岩体稳定性的影响，且作图简单容易，应用广泛。

表 1-1 节理野外调查记录表

编号	节理产状			长度	宽度	条数	填充情况	节理成因类型
	走向	倾向	倾角					
1	NW370°	NE37°	18°			22	节理面夹泥	扭性节理
2	NE332°	NE62°	10°			15	节理面夹泥	扭性节理
3	NE7°	NW277°	80°			2	节理面夹泥	张性节理
4	NW15°	NW285°	60°			4	节理面夹泥	张性节理

节理玫瑰图有两类：一类用节理走向编制，另一类用节理倾向编制。

1）节理走向玫瑰图。通常是在一任意半径的半圆上，画上刻度网，把所得的节理按走向，以每 5° 或每 10° 分组，统计每组内的节理条数，并算出平均走向。自圆心沿半径引射线，射线的方位代表每组节理平均走向的方位，射线的长度代表每组节理的条数。然后用折线把射线的端点连接起来，即得到节理玫瑰花，如图 1-10（a）所示。图 1-10 中的每一个“玫瑰花瓣”越长，反映沿这个方向分布的节理越多。从图 1-10（a）中可以看出，比较发育的节理包括走向 330°、30°、60°、300° 及走向东西的共 5 组。

2）节理倾向玫瑰图。将测得的节理，按倾向以每 5°或每 10°为一组。统计每组内节理的条数，并算出其平均倾向，用绘制走向玫瑰图的方法，在注有方位的圆周上，根据平均倾向和节理条数，定出各组相应的端点。用折线将这些点连接起来，即为节理倾向玫瑰图，如图 1-10（b）所示。

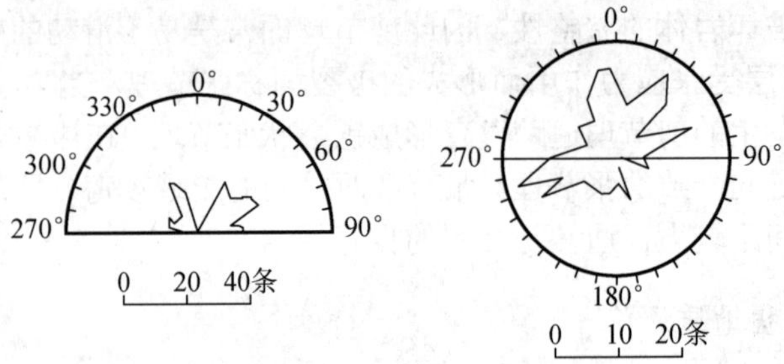

（a）节理走向玫瑰图　（b）节理倾向玫瑰图

图 1-10　节理玫瑰图

如果用平均倾角表示半径方向的长度，也可以用同样方法编制节理倾角玫瑰图。节理玫瑰图编制方法的优点是简单，但其缺点是不能在同一张图上把节理的走向、倾向和倾角同时表示出来。

三、断层

岩层受力发生破裂，破裂面两侧岩块发生明显的位移，这种断裂构造称为断层。断层是地壳中最重要的一种地质构造，分布广泛，形态和类型多样，规模有大有小。大断层可延长数百、数千米，小断层在手标本及显微镜下观察。有的断层切穿了地壳岩石圈，有的则发育在地表浅层。断层是一种重要的地质构造，地震与活动性断层有关，隧道中大多数的塌方、涌水也与断层有关。

（一）断层的要素

断层的基本组成部分称为断层要素，主要包括断层面、断层线、断盘及断距等，如图 1-11 所示。

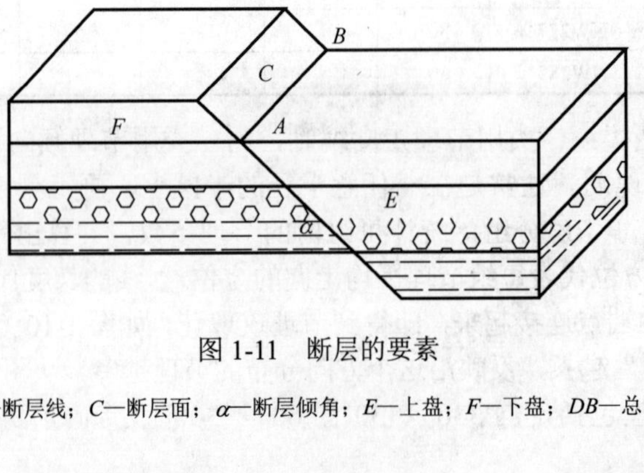

图 1-11　断层的要素

AB—断层线；*C*—断层面；α—断层倾角；*E*—上盘；*F*—下盘；*DB*—总断距

1）断层面是指相邻两岩块断开或沿其滑动的破裂面，它的空间位置由其走向、倾向、倾角决定。断层面可以是平面，也可以是弯曲面。断层面还常表现为具有一定宽度的破裂带，并可以由许多破裂面组成，称为断层带。断层带宽度不一，自几米至数百米。一般断层规模越大，形成的断层带越宽。

2）断层线是指断层面与地面或其他的面的交线。断层线的分布规律与地层露头线相同。

3）断盘是指断层面两侧相对移动的岩块（图 1-11 中的 1、2）。断层盘有上、下之分，也有上升盘与下降盘之分。当断层面直立或断层性质不明时，以方位表示断层盘。例如，断层走向为东西方向，则可分出北盘与南盘。

4）断距是断层两盘相对错开的距离。岩层原来相连的两点沿断层面断开的距离称为断距，总断距的水平分量称为水平断距，垂直分量称为垂直断距。

（二）断层的基本类型

按断层两盘相对位移的方式，断层分为正断层、逆断层和平移断层 3 种类型，如图 1-12 所示。

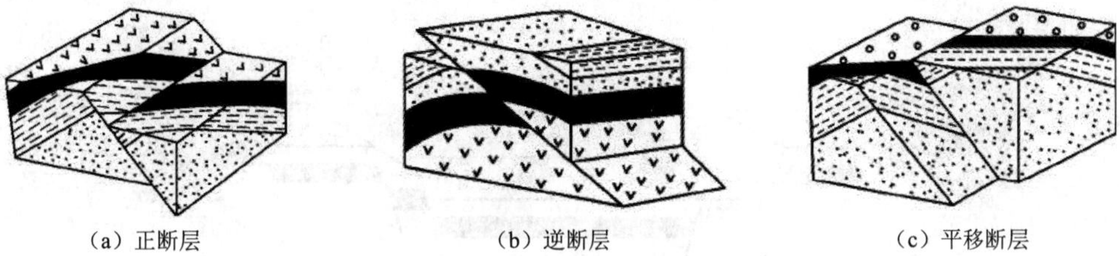

（a）正断层　　（b）逆断层　　（c）平移断层

图 1-12　断层形态分类

1. 正断层

正断层指上盘相对向下滑动、下盘相对向上滑动的断层，如图 1-12（a）所示。正断层一般受地壳水平拉力作用或受重力作用而形成，断层面多陡直，倾角多大于 45°。

2. 逆断层

逆断层指上盘相对向上滑动、下盘相对向下滑动的断层，如图 1-12（b）所示。逆断层主要受地壳水平挤压应力形成，常与褶皱伴生。

3. 平移断层

平移断层指断层两盘主要在水平方向上相对错动的断层，如图 1-12（c）所示。平移断层主要由地壳水平剪切作用形成，断层面常陡立。断层面上可见水平的擦痕。

（三）断层的组合类型

在一个地区，断层往往成群出现，并呈有规律的排列组合。常见的断层组合类型有下列几种。

1. 阶梯状断层

阶梯状断层是由若干条产状大致相同的正断层平行排列组合而成，在剖面上各个断层的上盘呈阶梯状相继向同一方向依次下滑，如图 1-13 所示。

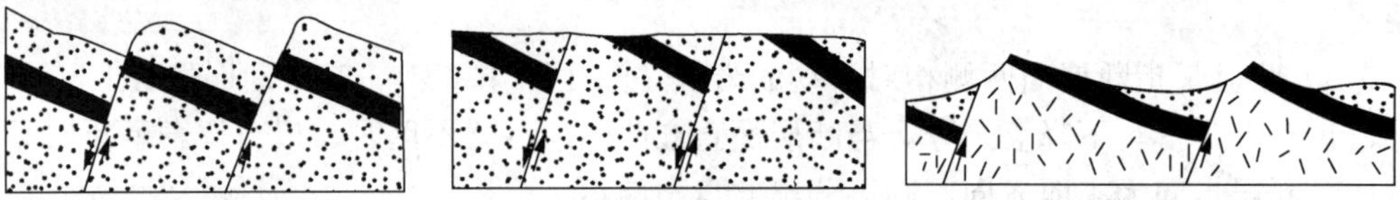

（a）未经剥蚀　（b）经受剥蚀　（c）进一步剥蚀

图 1-13　阶梯状断层

2. 地堑与地垒

地堑与地垒是由走向大致平行、倾向相反、性质相同的两条或两条以上断层组成的（图 1-14），如果两个或两组断层之间岩块相对下降，两边岩块相对上升则称为地堑；反之中间上升，两侧下降则称为地垒。地堑在地貌上是狭长的谷地或成串展布的长条形盆地与湖泊。

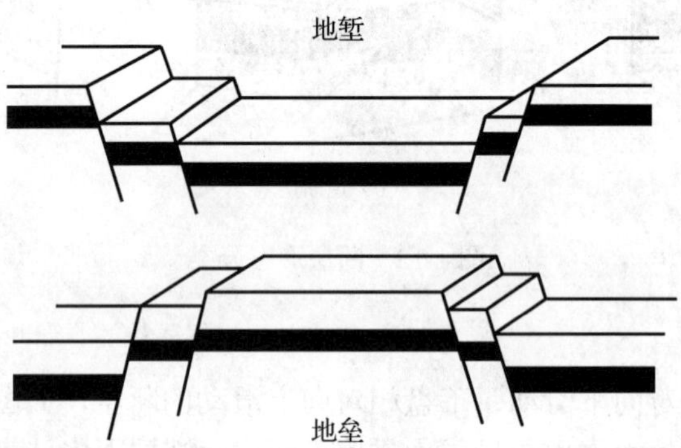

图 1-14　地堑与地垒

（四）断层的野外识别标志

在自然界，大部分断层由于后期遭受剥蚀破坏和覆盖，在地表上暴露得不清楚，因此需根据地层、构造等直接证据和地貌、水文等方面的间接证据来判断断层的存在与否，以及断层类型。

1. 岩层中断、岩脉切断及早期断层错断

当断层横切岩层走向时，岩层沿走向延伸方向突然中断，岩脉被错开，早期形成的断层被后期形成的断层切断，如图 1-15 所示。

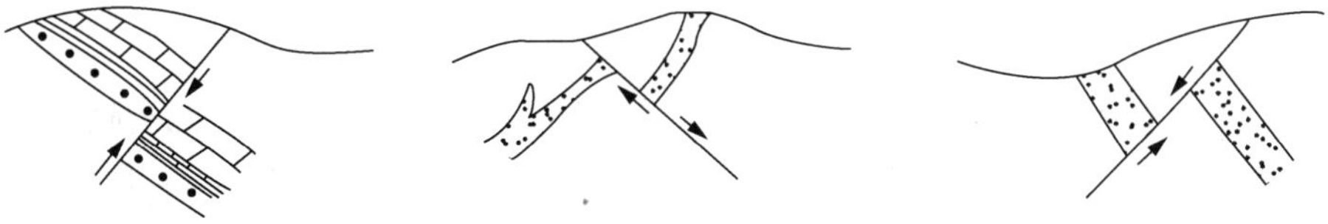

（a）岩层中断　（b）岩脉切断　（c）早期断层错断

图 1-15 断层横切岩层造成的不连续标志

2. 地层的缺失或重复

在倾斜岩层中，地层出现重复或缺失现象是识别断层存在的重要标志。重复或缺失一般出现在断层走向与岩层走向一致的断层面两侧。但断层造成的地层重复是不对称的，而褶皱两翼地层重复是对称的。断层造成的地层缺失局限于断层面两侧，与区域性的不整合接触所造成的地层缺失也不相同。

3. 断层破碎带、构造岩及断层擦痕

规模较大的断层常形成断层破碎带［图 1-16（a）］，其宽度可自几厘米至数十米，与岩性、断距和断层性质有关。断层两盘岩石相互错动、摩擦、搓碎，使原来的岩石碎成角砾、细粉或泥，这种由断层错动所形成的岩石称为构造岩。破碎带内常见的构造岩有断层角砾岩［图 1-16（b）］、磨砾岩［图 1-16（c）］和断层泥。

由于岩块相互滑动和摩擦，断层面上常留下具有一定方向的密集的微细刻槽的痕迹，称为擦痕。顺擦痕方向用手摸，感觉光滑的方向即表示另一盘的滑动方向［图 1-18（d）］。

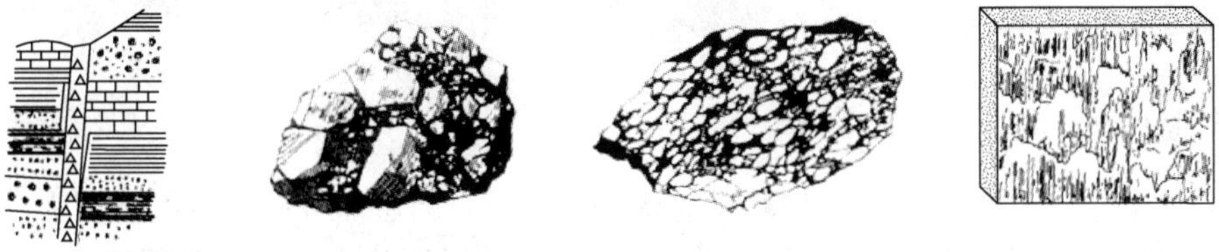

（a）断层破碎带　（b）断层角砾岩　（c）断层磨砾岩　（d）断层擦痕

图 1-16 断层现象

4. 牵引现象

断层两盘相对错动时，断层两侧岩层受到牵引而形成的弧形弯曲现象，称为牵引现象。弧形突出的方向指示两盘相对错动的方向，据此可判断断层的性质（图 1-17）。

图 1-17 岩层带中的牵引褶皱及其指示的两盘滑动方向

5. 地貌及地下水特征

巨大断层多反映在地貌上的突然变化。例如，山区与平原的分界处形成的三角形坡面称为断层三角面，形成的陡崖称为断层崖，如图 1-18 所示。在山区，断层带岩石破碎，容易被风化冲刷成深沟峡谷。河谷常沿断层带发育，有些河流沿断层冲刷侵蚀而突然急剧转弯，改变流向。断层切断地下含水岩层时，地下水沿断层带流出地表形成泉水。在野外常可见到一系列泉眼沿断层带出露，尤其是呈线状分布的热泉，多反映了现代活动性的断层。

图 1-18　断层崖

判断一条断层是否存在的主要依据是地层的重复、缺失和构造不连续这两个标志。其他标志只能作为辅证，不能以此下定论。

（五）断层的工程地质评价

从总体上说，断层的存在破坏了岩体的完整性，断层面或破碎带的抗剪强度远低于岩体其他部位的抗剪强度。由此可知，断层一般从以下几个方面对工程建筑产生影响。

1）断层破碎带力学强度低，压缩性增大，会发生较大沉陷，易造成建筑物断裂或倾斜。断裂面是极不稳定的滑移面，对岩质边坡稳定及桥墩稳定常有重要影响。

2）断裂构造带不仅造成岩体破碎，还造成断层上、下盘的岩性也可能不同，如果在此处进行建筑工程施工，有可能产生不均匀沉降。

3）隧道工程通过断裂破碎带地段时，易发生坍塌甚至冒顶。

4）沿断裂破碎带地段易形成风化深槽及岩溶发育带，断层陡坡或悬崖多处于不稳定状态，容易发生崩塌等。

5）断裂破碎带常为地下水的良好通道，地下水的出露也常为断裂构造所控制。施工中，遇到断层带时会发生涌水问题。

6）构造断裂带在新的地壳运动影响下，可能发生新的移动。因为构造断裂带是地壳表层薄弱地带，若有新的地壳运动发生，往往引起附近断裂带产生新的移动，从而影响建筑物的稳定。

复习思考题

1．如何确定野外岩层的产状？
2．褶皱的基本形态包括哪些？褶皱的类型包括哪些？
3．如何识别野外褶皱？
4．如何布设褶皱区工程建筑？
5．构造节理的特征是什么？
6．分析节理对工程建筑的影响。
7．断层的类型及组合形式包括哪些？
8．如何识别野外断层？

项目二

地　下　水

▌学习目标　1）掌握地下水的概念、类型。
2）了解地下水主要的化学成分。
3）掌握潜水、上层滞水、承压水的形成条件及主要工程特征。
4）了解裂隙水、孔隙水、岩溶水的形成条件及特征。
5）了解地下水运动的基本规律。

任务一　地下水基础知识

能力目标：学生通过学习能够掌握地下水的形成及特点。

一、地下水概述

地下水是指存在于地表以下岩石孔隙、裂隙和空洞中的水，它可以呈各种物理状态存在，但大多呈液态。

地下水与人类的关系十分密切，井水和泉水是人们日常使用最多的地下水。不过，地下水也会造成一些危害，如地下水过多，会引起铁路、公路塌陷，淹没矿区坑道，形成沼泽地等。同时，需要注意的是：地下水是总体平衡的，不能盲目和过度开发，否则容易出现地下空洞、地层下陷等问题。

地下水主要是大气降水、融雪水和地表水（河水、湖水、海洋水等）沿着地表岩石的孔隙、裂隙和空洞渗入地下而形成的。因此，地下水是整个自然界不断循环的水的一部分。

在降水量较小的干旱地区，空气中的水蒸气进入岩土的孔隙和裂隙中凝结成水滴，水滴在重力作用下向下流动，也可聚积成地下水。

一般把包含地下水的岩层称为含水层，能使水通过的岩层称为透水层，透水性较小或不透水的岩层称为隔水层。在含水层中，地下水形成的一定的统一水面称为地下水面，地下水面的高程称为地下水水位。地面以下、地下水面以上的岩石孔隙中，既含有气态和其他状态的水，也含有空气和其他气体，地壳的这一部分称为包气带。地下水面以下的岩石孔隙中充满了水，称为饱水带。包气带与饱水带之间存在一个毛细水带，是二者的过渡带（图2-1）。

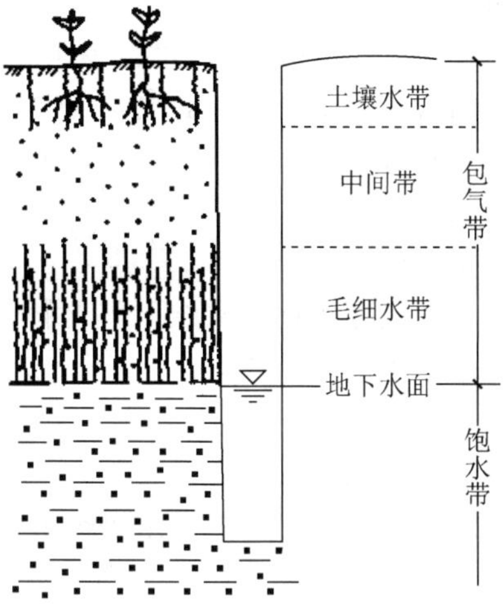

图 2-1　地下水的垂直分带

饱水带是指岩土中的孔隙充满水的地带。狭义的地下水是指饱水带中的水。地下水可开发利用，作为居民生活用水、工业用水和农田灌溉用水的水源。地下水具有给水量稳定、污染少的优点。含有特殊化学成分或水温较高的地下水，还可用作医疗、热源、饮料生产和提取有用元素的原料。在矿坑和隧道掘进中，地下水可能发生大量涌水，给工程造成危害。在地下水水位较浅的平原和盆地中，潜水蒸发可能引起土壤盐渍化；地下水水位高、土壤长期过湿、地表滞水地段可能产生沼泽，给农作物造成危害。

地下水中分布最广的是K^+、Na^+、Mg^{2+}、Ca^{2+}、Cl^-、SO_4^{2-}和HCO_3^- 7 种离子。地下水中各种离子、分子和化合物的总量称为总矿化度，总矿化度小于 1g/L 的称为淡水，1～3g/L 的称为微水，3～10g/L 的称为咸水，10～50g/L 的称为盐水，大于 50g/L 的称为卤水。地下水中钙、镁、铁、锰、锶、铝等溶解盐类的含量称为硬度，含量高的硬度大，含量低的硬度小。

大多数地下水的运动属于层流运动。在宽大的孔隙中，若水流速度高，则易呈紊流运动。地下水补给主要包括降水入渗、灌溉水入渗、地表水入渗补给、越流补给和人工补给。在一定条件下，还包括侧向补给。地下水的排泄主要包括泉、潜水蒸发、向地表水体排泄、越流排泄和人工排泄。其中，泉是地下水天然排泄的主要方式。

地下水系统是十分庞大的。据估算，全世界的地下水总量多达 1.5 亿 km^3，约占地球总水量的 1/10，比整个大西洋的水量还要多。因此，地下水对人民生活和工程建设有重要意义。

总之，地下水对工程建设有很大的影响，为了充分合理地利用地下水和有效地防治地下水的不良影响，就必须对地下水的成分、性质、埋藏和运动规律等进行充分的研究。

二、地下水来源

（一）渗透水

大气降水、冰雪消融水、各种地表水通过岩土的孔隙和裂隙向下渗透形成地下水。

其中，大气降水是地下水的主要补给源，年降水量是影响降水补给地下水的决定因素之一。年降水量越大，则入渗补给含水层的比值越大。降雨强度、降雨时间、地形、植被发育情况等会影响大气降水对含水层的补给量。地表水也是地下水的主要来源，河水补给量的大小与河床透水性、河水位及地下水的高差等有关。

（二）凝结水

大气中的水蒸气在土或岩石孔隙中遇冷凝结，形成水滴，渗入地下，从而成为地下水，它是干旱或半干旱地区地下水的主要来源。

（三）其他补给源

岩石形成过程中储存的水，如原生水、封存水等也是地下水的补给源。

三、地下水形成条件

地下水是在一定自然条件下形成的，它的形成与地质构造、气候、地貌、人为因素等有关。

（一）地质构造

地下水的形成必须具有一定的岩石性质和地质构造条件。岩石的孔隙是形成地下水的先决条件，它主要指岩土中的孔隙、裂隙的大小、数量及连通情况。按照岩土透水性不同，岩层分为透水层（含水层和不含水层）和不透水层，如图 2-2 所示。孔隙和裂隙大而多，且能使地下水流通过的岩土层，称为透水层；储存有地下水的透水层，称为含水层，如砂岩层、砾岩层、石灰岩层等；孔隙和裂隙少而小，且相对不透水的致密岩土层称为不透水层或称隔水层，如黏土层、页岩层、泥岩层等。其中含水层和不透水层还可以在一定条件下转化。

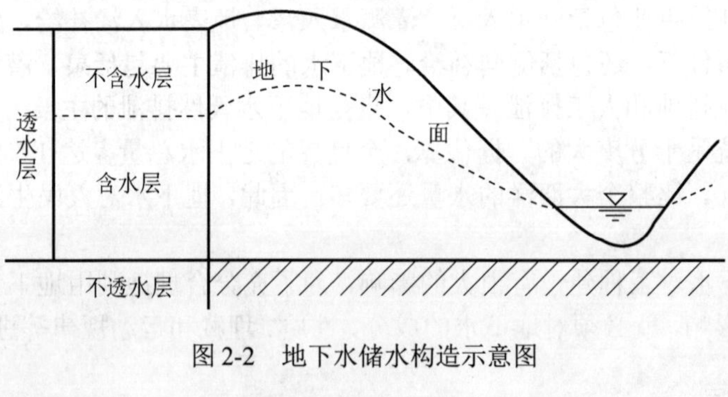

图 2-2　地下水储水构造示意图

地质构造对岩层的裂隙发育起着控制作用，因而也影响着岩石的透水性。地质构造发育地带，其岩层透水性增强，常形成良好的蓄水空间，如致密的不透水层位于褶曲轴附近，其可因裂隙发育而强烈透水。断层破碎带是地下水流通的通道。地质构造同时还影响着透水层与隔水层的不同组合。

（二）气候

气候对地下水的形成有重要的影响，如大气降水、地表径流、蒸发等方面的变化将影响到地下水的水量。

（三）地貌

不同的地貌与地下水的形成有密切关系。平原、山前区易储存地下水，形成良好的含水层；而山区一般很难储存大量的地下水，较难形成含水层。

（四）人为因素

人们大量抽取地下水，会引起地下水水位大幅下降；但修建水库，可促使地下水水位上升。

任务二　地下水的类型

能力目标：学生通过学习能够掌握地下水的类型。

一、地下水的存在形式

岩土的孔隙中存在各种形式的水，按其物理性质的不同，可以分为气态水、液态水（吸着水、薄膜水、毛细水和重力水）和固态水。

（一）气态水

气态水以水蒸气形式存在于未被水饱和的岩土孔隙中，它可以从水气压力大的地方向水气压力小的地方运动，当温度降低到露点时，气态水便凝结成液态水。

（二）液态水

1）吸着水。土颗粒表面及岩石孔隙壁面均带有电荷，而水是偶极体，因此在静电引力作用下，岩土颗粒或孔隙壁表面可吸附水分子，从而形成一层极薄的水膜，称为吸着水。

2）薄膜水。吸着水膜的外层还能吸附水分子，从而使水膜加厚，这部分水称为薄膜水。

3）毛细水。充满于岩土毛管孔隙中水称为毛细水。

4）重力水。岩石的孔隙全部被水充满时，在重力作用下能自由运动的水，称为重力水。井中抽取的和泉眼流出的地下水都是重力水，它是水文地质研究的主要对象。

（三）固态水

当岩土中温度低于 0℃时，孔隙中的液态水就结冰转化为固态水。因为水冻结时体积膨胀，所以许多地方冬季会有冻胀现象。在东北北部和青藏高原等高寒地区，有一部分地下水多年保持固态，形成多年冻土区。

二、地下水分类

地下水本身非常复杂，其影响因素也多种多样，所以地下水的分类方法很多，但归纳起来有两种分类法：一是按地下水的某一特征进行分类，如按硬度的分类、按矿化度的分类等；二是综合考虑地下水的若干个特征进行分类，表 2-1 所列为按埋藏条件和含水层孔隙性质的分类法，这是目前比较普遍采用的分类法。按埋藏条件可将地下水分为上层滞水、潜水、承压水（图 2-3），其中根据含水层孔隙的性质又可分为孔隙水、裂隙水、岩溶水。

表 2-1　地下水分类表

埋藏条件	含水层孔隙性质		
	孔隙水	裂隙水	岩溶水
上层滞水	局部黏性土隔水层上季节性存在的重力水	裂隙岩层浅部季节性存在的重力及毛细水	裸露的岩溶化岩层上部岩溶通道中季节存在的重力水
潜水	各类松散堆积物浅部的水	裸露于地表的各类裂隙岩层中的水	裸露于地表的岩溶化岩层中的水
承压水	山间盆地及平原松散堆积物深部的水，向斜构造的碎屑岩孔隙中的水	组成构造盆地、向斜构造或单斜断块的被掩覆的各类裂隙岩层中的水	组成构造盆地、向斜构造或单斜断块的被掩覆的岩溶化岩层中的水

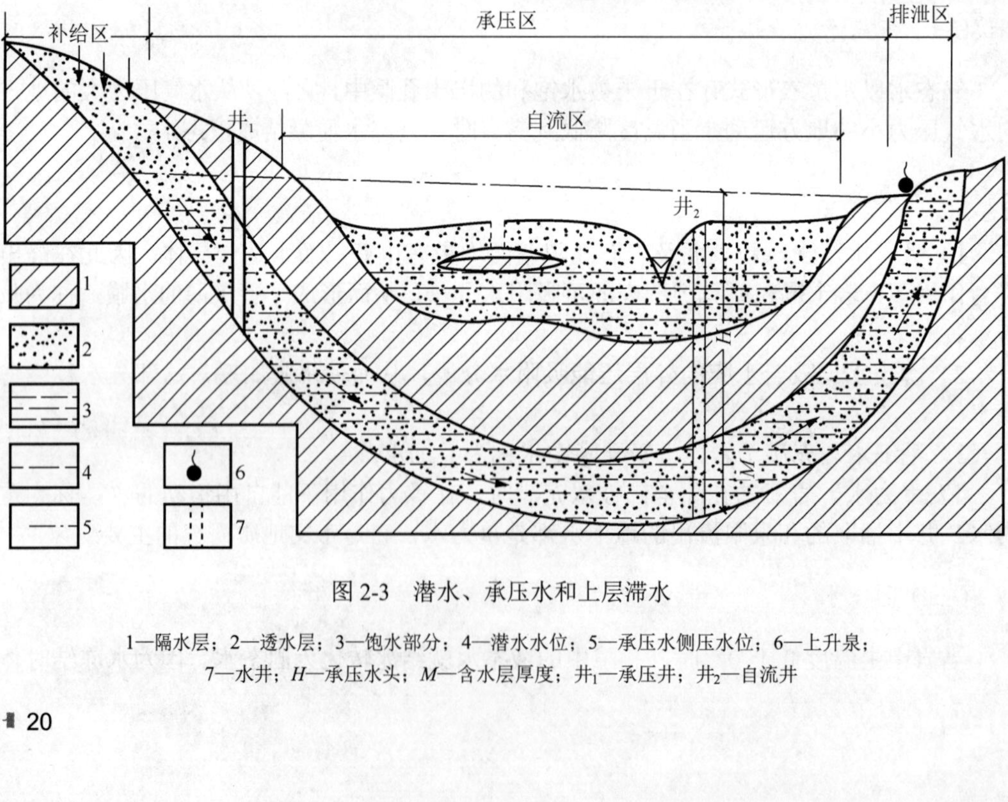

图 2-3　潜水、承压水和上层滞水

1—隔水层；2—透水层；3—饱水部分；4—潜水水位；5—承压水侧压水位；6—上升泉；7—水井；H—承压水头；M—含水层厚度；井$_1$—承压井；井$_2$—自流井

三、各类地下水的特征

（一）包气带水

1. 土壤水

土壤水是指埋藏在包气带土层中的水，其主要以结合水和毛细水形式存在，靠大气降水的渗入、水汽的凝结及潜水由下而上的毛细作用来补给。大气降水或灌溉水向下渗入必须通过土壤层，这时渗入水的一部分保持在土壤层中，成为所谓的田间持水量，多余部分呈重力水下渗补给潜水。土壤水主要消耗于蒸发，水分变化相当剧烈，受大气条件的制约。当土壤层透水性很差，气候又潮湿多雨或地下水水位接近地表时，易形成沼泽，称沼泽水。当地下水面埋藏不深，毛细水带可达到地表时，由于土壤水分强烈蒸发，盐分不断积累于土壤表层，则形成土壤盐渍化。

2. 上层滞水

上层滞水是存在于包气带局部隔水层之上的重力水，其示意图如图 2-4 所示。

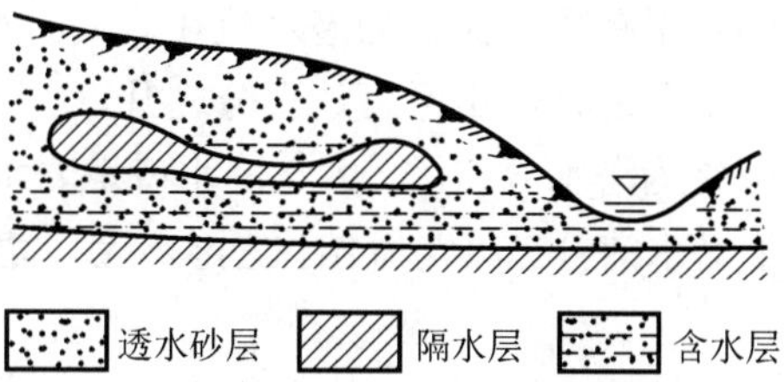

图 2-4　上层滞水示意图

上层滞水的特点如下：分布范围有限，补给区与分布区一致；直接接受当地的大气降水或地表水补给，以蒸发或逐渐向下渗透的形式排泄；水量不大且随季节变化显著，雨季出现，旱季消失，极不稳定；水质变化较大，一般较易污染。

上层滞水由于水量小且极不稳定，只能称为临时性的水源。

在建筑工程中，上层滞水的存在是不利的因素。基坑开挖工程中经常遇到这种水，其可能突然涌入基坑，妨碍施工，应注意排除；但由于水量不大，因此易于处理。

（二）潜水

1. 潜水的概念

潜水是埋藏在饱水带中的地表以下第一个具有自由水面的含水层中的重力水，其示意图如图 2-5 所示。潜水一般多储存在第四系松散沉积物中，也可形成于裂隙性或可溶性基岩中。潜水的基本特点是，与大气圈和地表水联系密切，积极参与水循环。

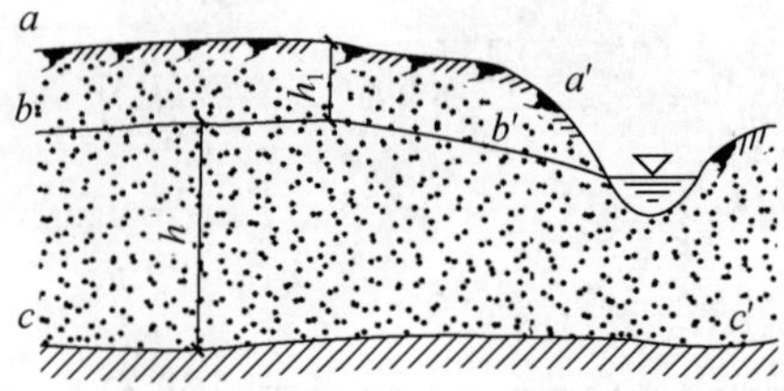

图 2-5　潜水特征示意图

aa'—地表面；bb'—潜水面；cc'—隔水层；h_1—潜水埋藏深度；h—含水层厚度

潜水的自由表面称为潜水面。潜水面上任一点的高程称为该点的潜水水位。潜水面到地表的铅直距离称为潜水埋藏深度。潜水埋藏深度随所处的时间和空间的不同而变化，主要受气候、地形及地质构造的影响。另外，人类活动（开采、回补）也会影响潜水的埋藏深度。

潜水面到隔水底板的铅直距离称为潜水含水层厚度，它随潜水面变化而变化。大面积不透水底板向下凹陷，潜水面坡度近于零，且潜水几乎静止不动时，潜水称为潜水湖。潜水在重力作用下从高处向低处流动时，称为潜水流。在潜水流的渗透途径上，任意两点的水位差与该两点之间的水平距离之比称为潜水流在该处的水力坡度。一般潜水流的水力坡度很小，平原区常为千分之几，山区可达百分之几。

潜水含水层的分布范围称为潜水分布区。大气降水或地表水入渗补给潜水的地区称为潜水补给区。一般情况下潜水的分布区与补给区基本一致。潜水出流的地方称为潜水排泄区。

潜水是重要的供水水源，补给来源充沛，水量较丰富；但在居民区和厂矿附近易被污染。潜水水质变化较大，当湿润气候地形切割强烈时，其易形成含盐低的淡水。在干旱气候低平地区，常形成含盐量高的咸水。

2. 潜水面的形状及其影响因素

潜水面的形状是潜水的重要特征之一，既反映外界因素对潜水的影响，又反映潜水的特点，如流向、水力坡度等。

一般情况下，潜水面是呈现向排泄区倾斜的曲面，起伏大体与地形一致，但较地形平缓。潜水的分水岭只有在获得大气降水入渗补给且伴有水文网切割，潜水排出地表时才能形成。潜水分水岭在铅直剖面上为上凸的半椭圆曲线。潜水分水岭的位置取决于分水岭两侧的河水位。当河水位同高程且岩性又均匀时，分水岭位于中间；河水位不同高程时，分水岭偏向高水位一侧，甚至可消失。若河间地带岩性是渐变的，分水岭偏向弱透水性一侧。

潜水面的形状和坡度还受含水层岩性、厚度、隔水底板起伏的影响。当含水层的岩性和厚度沿水流方向发生变化时，潜水面的形状和坡度也相应地发生变化。在透水性增强或厚度增大的地段，潜水面趋于平缓；反之则变陡。在隔水底板隆起的地段，潜水流中途受阻，在此段上水流厚度变薄，潜水面可接近地表，甚至溢出地表成泉。

3. 潜水的补给、径流和排泄

1）潜水含水层自外界获得水量的过程称为补给。在补给过程中，潜水的水质会随之发生相应的变化。潜水最普遍的和最大的补给源是大气降水入渗。地表水的补给常发生于河流下游或洪水期，地上河的补给常发生于河流下游或洪水期，因此地上河的补给是经常的。当潜水下部承压含水层的水位高于潜水水位时，下部含水层的水可以通过它们之间的弱透水层或通道补给潜水，这种补给称为越流补给。在干旱气候区，凝结水则可成为潜水的重要补给源。另外，需要时也可采用人工补给方式补给。

2）潜水由补给区流向排泄区的过程称为径流。影响潜水径流的因素主要包括地形坡度、切割程度及含水层透水性。地面坡度大、地形切割强烈，含水层透水性强，径流条件好，反之则差。

3）潜水含水层失去水量的过程称为排泄。排泄过程中潜水的水质会随之发生变化。潜水排泄概括起来有两种方式：一是为水平排泄，也称为水平交替；另一种为垂直方向排泄，也称为垂直交替。排泄方式不同，引起的后果也不一样。垂直排泄时，只排泄水分，不排泄水中的盐分。这样会导致潜水水分消耗，含盐量增加，甚至改变水的化学组成。许多干旱盆地中心，形成高含盐量的咸水，即是垂直排泄的结果。水平排泄，既消耗水分又消耗水中盐分，所以不会引起潜水化学组成的改变。

排泄与径流二者是密切相关的，一定的径流条件产生与其相适应的排泄方式，如径流条件好的山区、河流中游地区，潜水排泄以水平方式为主；径流条件不好的平原或河流下游，主要是垂直排泄。人工开采潜水也是排泄。

潜水的补给到排泄是通过径流完成的。因此，潜水的补给、径流、排泄组成了潜水运动的全过程。潜水在运动过程中，其水质和水量都不同程度地得到更新置换，这种更新置换称为水交替。水交替的强弱取决于径流条件的强弱及补给量的多少。水交替随深度增加而减缓。

4. 潜水等水位线图及埋藏深度图

潜水面反映了潜水与地形、岩性和气象水文等之间的关系，同时能表现出潜水的埋藏、运动和变化的基本特点。因此能清晰地表示潜水面的形态，研究中通常采用两种图示方法，并互相配合使用。

（1）以平面图的形式表示

根据潜水面上各测点（井、孔、泉等）的水位高程，在地形图上画出一系列水位相等的线，这种图称为等水位线图（图 2-6），其绘制方法与绘制地形等高线图一样。潜水面经常发生变化，因此绘制等水位线图时，各测点水位资料的时间应大致相同，并应在

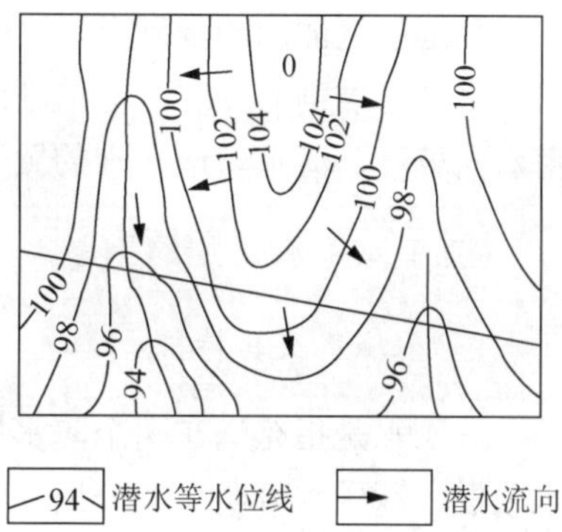

图 2-6 潜水等水位线图

等水位线图上注明。通过不同时期等水位线图的对比，有助于了解潜水的动态。一般，在一个地区应同时绘制潜水的最高水位和最低水位时期的两张等水位线图。

根据等水位线图可以了解以下情况：

1）确定潜水的流向及水力坡度。潜水垂直于等水位线，自高等位线指向低等水位线的方向即为流向。图 2-6 中箭头方向即为潜水流向。在流动方向上，取任意两点的水位高差，除以两点间在平面上的实际距离，即为此两点间的平均水力坡度。

2）确定潜水与河水的相互关系。潜水与河水一般有如下 3 种关系：①等水位线与河流斜交，锐角都指向河流的下游，表明潜水补给河水［图 2-7（a）］，这种情况多见于河流的中、上游山区；②等水位线与河流相交，锐角在两岸都指向河流下游，表明河水补给两岸的潜水［图 2-7（b）］，这种情况多见于河流的下游；③等水位线与河流斜交，表明一岸潜水补给河水，另一岸则相反［图 2-7（c）］。一般在山前地区的河流有这种情况。

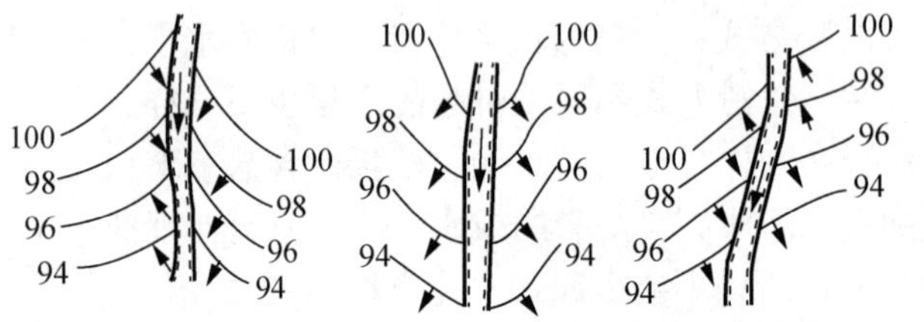

（a）潜水补给河水　（b）河水补给潜水　（c）河水与潜水互补

图 2-7　潜水与河水补给关系图

3）确定潜水面埋藏深度。潜水面的埋藏深度等于该点的地形高程减潜水水位。根据各点的埋藏深度值，可绘制出潜水等埋藏深度线。

4）确定含水层厚度。当等水位线图上有隔水层顶板等高线时，同一测点的潜水水位与隔水层顶板高程差即为含水层厚度。

（2）以剖面图的形式表示

在地质剖面图的基础上，绘制有关水文地质特征的资料，如潜水水位和含水层厚度等。水文地质剖面图中，能清晰地表示出潜水埋藏深度、含水层厚度、岩性及其变化、潜水面坡度、潜水与地表水的关系等。

（三）承压水

1. 承压水及其特征

承压水是指充满在两个隔水层之间的含水层中具有承压性质的地下水。由于存在隔水顶板，承压水可明显地分出补给区、承压区和排泄区 3 部分（图 2-8）。

承压区中地下水承受静水压力，当钻孔打穿隔水顶板时，所见的水位称为初见水位。随后，地下水上升到含水层顶板以上某一高度保持不变，这时的水位（即稳定水面的高程）称为承压水水位。承压水水位若高出地面，则地下水可以溢出或喷出地表（图 2-3 中井$_2$位置），所以其通常也可称为承压水为自流水。承压水水位与隔水层顶板的距离称为水头；水头高出地面者称为正水头，低于地面者称为负水头。承压水与潜水相比具有以下特征。

1）承压水具有静水压力，承压水面（实际并不存在）是一个势面（水压面的深度不能反映承压水的埋藏深度）。

2）承压水的补给区和承压区不一致。

3）承压水的水位、水量、水质及水温等受气象水文因素的影响较小。

4）承压含水层的厚度稳定不变，不受季节变化的影响。

5）水质不易受污染。

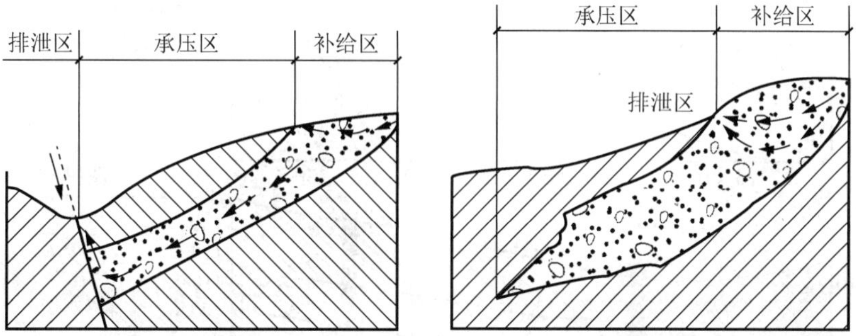

（a）断层斜地　　（b）含水层尖灭构造斜地

图 2-8　承压斜地

基岩地区承压水的埋藏类型主要取决于地质构造，即在适宜的地质构造条件下，孔隙水、裂隙水和岩溶水均可形成承压水。最适宜于形成承压水的地质构造包括向斜构造和单斜构造。

1）向斜储水构造又称为承压盆地。规模差异很大，四川盆地是典型的承压盆地，小型的一般只有几平方千米，它由明显的补给区、承压区和排泄区组成（图 2-8）。

2）单斜储水构造又称为承压斜地，它的形成可以是含水层岩性发生相变或尖灭所致，也可以是含水层被断层切断所致（图 2-8）。

2. 承压等水压线图

承压等水压线图是指承压水面的等高线图（图 2-9），其是根据相近时间测定的各井孔的承压水水位资料绘制的。在承压等水压线图中同时绘出含水层顶板及底板等高线，这样就和等水位线一样，可从图 2-9 中确定承压水的流向、计算其水力坡度、承压水水位的埋藏深度和承压水含水层的埋藏深度，以及明确水头的大小及含水层的厚度等。

例如，根据图 2-9 可确定以下数据：地面绝对高程、承压水水位、含水层顶板绝对高程、含水层距地表的深度（第 1 项减第 3 项，m）、稳定水位距地表的深度（第 1 项减第 2 项，m）、水头（第 2 项减第 3 项，m）。

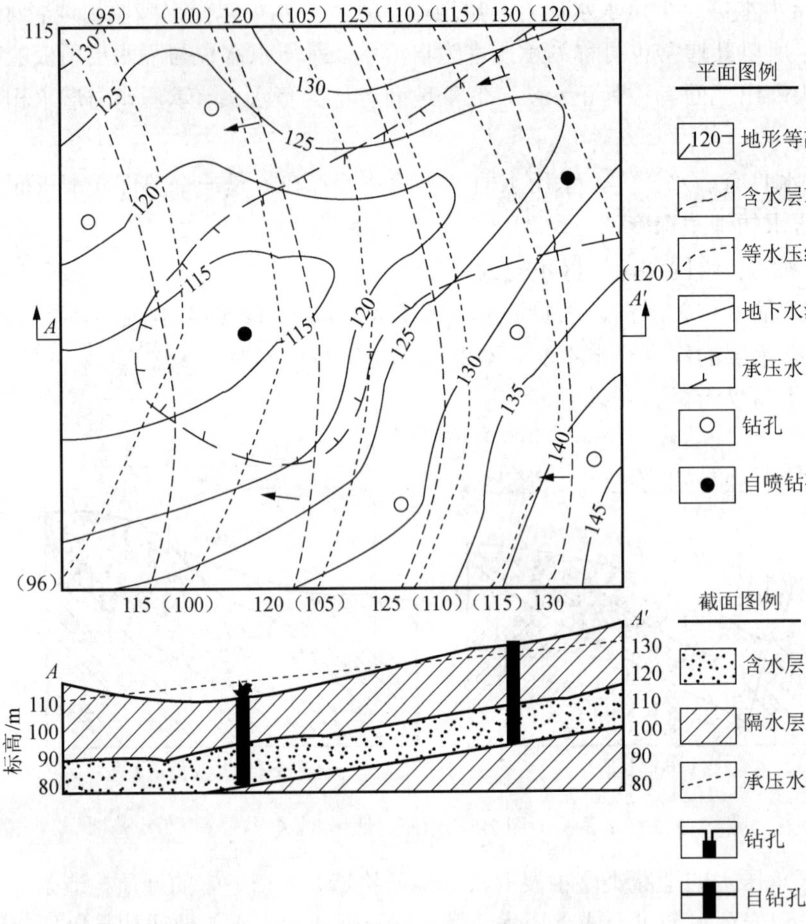

图 2-9　承压等水压线图

3. 承压水的补给、径流和排泄

承压水的补给方式一般包括：当承压水补给区直接露出于地表时，大气降水是主要的补给来源；当补给区位于河床或湖沼地带，地表水可以补给承压水；当补给区位于潜水含水层之下，潜水便直接排泄到承压含水层中。此外，在适宜的地形和地质构造条件下，承压水之间还可以互相补给。

承压水的排泄形式如下：当承压含水层排泄区裸露地表时，以泉的形式排泄并可能补给地表水；当承压水水位高于潜水水位时，排泄于潜水，成为潜水补给源。另外，在地形或负地形条件下，可以形成向上或向下的排泄。

承压水的径流条件决定于地形、含水层透水性、地质构造及补给区与排泄区的承压水水位差。承压含水层的富水性则同承压含水层的分布范围、深度、厚度、孔隙率、补给来源等因素密切相关。一般分布广、埋藏浅、厚度大、孔隙率高的承压含水层，水量较丰富且稳定。

承压水径流条件的好坏、水交替的强弱，决定了水质的优劣及其开发利用的价值。

（四）孔隙水

孔隙水主要储存于松散沉积物孔隙中。由于颗粒间孔隙分布均匀密集、相互连通，孔隙水的基本特征是分布均匀连续，多呈层状，具有统一水力联系。

1. 冲积层中的地下水

冲积层是经常性流水形成的沉积物，它分选性好、层理清晰。河流的上、中、下游或河漫滩、阶地的岩性结构、厚度各不相同，这就决定了其中孔隙水的特征和差异。

1）河流中、上游冲积层中的地下水。河流上游峡谷内冲积砂砾、卵石层分布范围狭窄，但透水性强、富水性好、水质优良，是良好的含水层。冲积层中的地下水水位和水量随河水与季节的变化而变化。河流中游河谷两侧的低阶地，尤其是一级阶地与河漫滩，是富水区。

2）河流下游平原冲积层中的地下水。冲积平原常埋藏由颗粒较粗的冲积砂组成的古河道，并储存水量丰富、水质良好且易于开采的浅层淡水。

河流下游平原的冲积层，常与不同时期和成因的其他砂砾石沉积组合成统一的、巨厚的砂砾-砂质含水岩系，构成规模大、水量多的地下水盆地，具有良好的水质，常成为不可多得的灌溉或供水水源地。

2. 洪积层中的地下水

洪积层广泛分布于山间盆地和山前的平原地带，常呈扇状地形，故又可称为洪积扇。

根据地下水埋藏深度、径流条件及化学特征，可将洪积层中的地下水大致分为深埋带、溢出带和垂直交替带（图 2-10）。深埋带又称为径流带，在顶部靠近山区，地形坡度较陡。粗砂砾石层堆积，有良好渗透性和径流条件，水的矿化度低（小于 1g/L），为重碳酸盐性水，故又称为地下水盐分溶滤带，埋藏深度几十米以上；溢出带，地形变缓，细砂、亚砂土、亚黏土等交错沉积，渗透性变弱，径流受阻，形成壅水，出露成泉，矿化度增高，为重碳酸-硫酸盐型，故又称为盐分过路带；垂直交替带由黏土和粉砂夹层组成，岩层渗透性极弱、径流很缓慢，蒸发强烈，以垂直交替为主，由于河流排泄作用，地下水埋藏深度比溢出带稍有加强，又称为潜水下沉带。因地下水埋藏深度仍很浅，在干旱、半干旱条件下，蒸发强烈进行，水的矿化度急剧增加（大于 3g/L），为硫酸-氯化物或氯化物型水，地表形成盐渍化，又称为盐分堆积带。

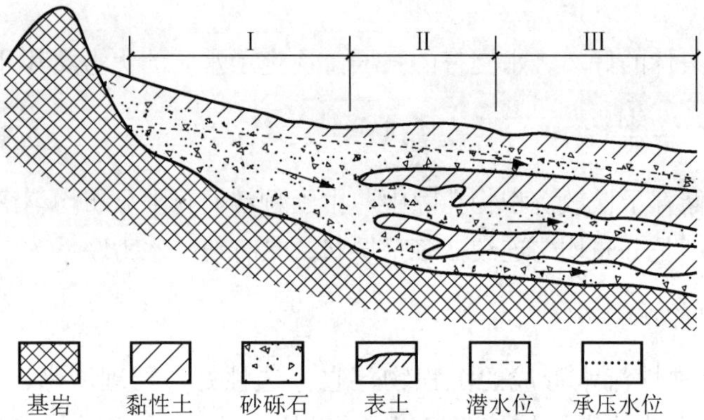

图 2-10　山前洪积层的地下水分带

Ⅰ—深埋带；Ⅱ—溢出带；Ⅲ—垂直交替带

上述洪积层中的地下水分带规律，在我国北方具有典型性；而南方多雨，缺少水质的明显分带性，洪积层中的地下水多为低矿化度的重碳酸盐性水。

（五）裂隙水

裂隙水是指贮存于基岩裂隙中的地下水。岩石中的裂隙的发育程度和力学性质影响着地下水的分布和富集。在裂隙发育地区，裂隙水含量丰富；反之，裂隙水含量甚少。所以在同一构造单元或同一地段内，富水性有很大变化，因而形成了裂隙水分布的不均一性。上述特征的存在，常使相距很近的钻孔水量有较大不同，有时 1 个钻孔水量较另 1 个大数十倍，如福建漳州市的两钻孔相距仅 20m，其中 1 个钻孔水量较另 1 个大 65 倍。

1. 裂隙水的划分

按其埋藏分布特征，裂隙水可划分为面状裂隙水、层状裂隙水和脉状裂隙水。面状裂隙水又称为风化裂隙水，贮存于山区或丘陵区的基岩风化带中，一般在浅部发育。层状裂隙水储存于成层的脆性岩层（如砂岩、硅质岩及玄武岩等）中。原生裂隙和构造裂隙构成的层状裂隙中的水，一般是承压水（玄武岩台地中的层状裂隙水是潜水）。脉状裂隙水称为构造裂隙水，它储存于断裂破碎带和火成岩体的侵入接触带中。岩脉的节理之中，脉状裂隙水具承压水的特点，一般含水率均匀。

2. 裂隙水富集特点

裂隙水的富集受诸多地质因素的影响，具体有如下几点：

1）不同岩性的富水性不同。岩石（软、硬等）性质影响裂隙的发育程度，因此，不同的岩石性质导致地下径流强弱差别和分布的贫富不均。

2）不同力学性质的结构面富水性不同，一般张性结构面富水性强，压性结构面富水性弱，扭性结构面居中。

3）不同构造部位的富水性不同。富水地段通常在背斜或向斜轴部、岩层挠曲部位、穹窿顶部等处的裂隙较其他部位的发育较多，且具张性。此外，断裂多次活动部位，由于多次作用的叠加，岩石破碎，裂隙发育，有利于裂隙水的富集和储存。断裂构造新近活动的地方也宜于地下水富集。

4）不同地貌部位的富水性不同。地形地貌控制地下水的补给和汇水条件。洼地、盆地、沟谷低地汇水条件好，往往为富水的有利地带。

（六）岩溶水

储存和运动于可溶性岩层孔隙中的地下水称为岩溶水。按其埋藏条件，岩溶水可以是潜水，也可以是承压水。

岩溶水在空间的分布变化很大，甚至比裂隙水更不均匀。有的地方的水汇集于溶洞孔道中，形成富水区（岩溶水常常富集于质纯厚层的可溶岩分布地带、断层带或节理密集带、褶曲轴部和岩层急转弯处、可溶岩与非可溶岩的接触部位）；有的地方的水可沿溶洞孔隙流走，造成一定范围严重缺水。

岩溶水运动特征和径流条件极为复杂，有如下特征：孤立水流与具有统一地下水面的水流并存，无压流与有压流并存，层流与紊流并存，明流与伏流交替出现，径流条件一般是良好的，但随着深度增加而减弱，在垂直方向显示明显分带性。

大气降水是岩溶水的主要补给源，它通过各种岩溶通道迅速补给地下水。因此，岩溶水的动态与大气降水关系十分密切。其主要特点如下：一是水位、流量变化异常迅猛，水位变幅可达 80m，流量变化更大。例如，广西合山某泉的最大流量为 $4.3m^3/s$，最小仅为 $0.1m^3/s$，前者是后者的 40 多倍。二是有些岩溶水对大气降水反应极为灵敏，雨后一昼夜甚至几小时，就出现流量高峰。例如，四川红岩某泉的一般流量为 $0.14m^3/s$，暴雨 6～12h 后，流量达 $1.04m^3/s$。

但也有些泉流量恒定，如山西广胜寺泉的流量恒定为 $4\sim5m^3/s$。这是其补给区远、补给面积大、含水层容积大等因素对大气降水调节而造成的。

岩溶水排泄的最大特征是集中和量大。

任务三 地下水运动

能力目标：学生通过学习能够掌握地下水运动规律。

一、地下水运动的基本形式

地下水在岩石的孔隙中运动称为渗透。对于地下水流，假想其是充满岩石颗粒骨架的全部体积的水流。人们把这种假想水流称为渗透水流（简称渗流），其特点是水流通道曲折多变，流速缓慢。

地下水在岩石孔隙中运动，按其形态可分为层流和紊流两种运动形式。层流运动是指水质点呈相互平行的流线运动；紊流运动的水质点运动是杂乱无章的。只有在基岩宽大洞隙及卵砾石层的大孔隙中或在水力坡度很大的情况下（如抽水井附近）才会出现。具有紊流和层流共同特点的水流称为混合流。

根据地下水的运动要素（如水位、流速、流向）随时间变化与否，又可将其分为稳定流与非稳定流两类运动。稳定流运动的各运动要素不随时间改变，非稳定流运动的运动要素随时间变化。严格地讲，自然界中的地下水流均属非稳定流。但为了计算简便，也可以将某些运动要素变化微小的渗流，近似地看成稳定流。

此外，如果地下水的流速大小和方向沿着流程保持不变，这样的流动称为均匀流；反之，则称为非均匀流。

二、地下水运动的基本规律

（一）线性渗透定律

1852～1856 年，法国水力学家达西（Darcy）通过大量试验发现了地下水运动的线性渗透定律，称为达西定律，其试验装置如图 2-11 所示。

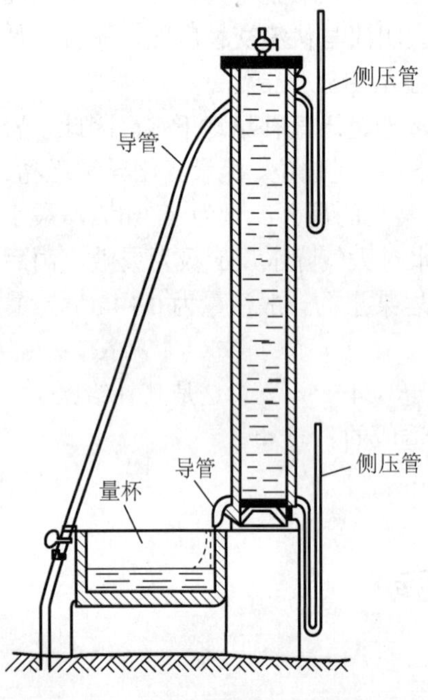

图 2-11　达西试验装置

达西用粒径为 0.1～3mm 的砂做了大量试验后，获得如下结论：单位时间内通过筒中砂的水流量 Q 与渗透长度 L 成反比，而与圆筒的过水断面面积 A、上下两侧压管的水头差 Δh 成正比，即

$$Q = AK\Delta h / L \tag{2-1}$$

式中：Q——渗透流量，m^3/d；

A——过水断面（圆筒横断面面积），m^2；

Δh——水头损失（测压管的水头差），m；

K——渗透系数，m/d。

令比值 $\Delta h / L = J$，其称为水力坡度，即渗透路程中单位长度上的水头损失。又因渗透流速 v=Q/A，则式（2-1）可写为

$$v = KJ \tag{2-2}$$

式（2-2）表明，v 与 J 成正比，因此式（2-2）也可称为线性渗透定律。当 J=1 时，v=K，说明渗透系数值等于单位水头梯度时的渗透流速。

试验表明，不是所有地下水的层流运动都服从达西定律，只有当雷诺数（Re）小于 1 时才符合达西定律。在自然界中，由于绝大多数地下水流动比较缓慢，其雷诺数一般小于 1，因此，达西定律是地下水运动的基本定律。

（二）地下水流向集水建筑物的运动

1. 概述

水井是开采地下水的最基本形式之一，称为集水建筑物。当水井穿过整个含水层而到达隔水底板时，称为完整井。如果仅穿入含水层部分厚度，则称为非完整井。开采潜水含水层的井称为潜水井，开采承压含水层的井称为承压水井（或自流井）。当承压水井内水位降深很大，以致动水位下降到含水层顶板以下，造成井附近承压水转化为非承压水时，则称为承压-潜水井。流向不同，集水建筑物的水流形态也是不同的，因此必须建立不同的计算公式。本节重点介绍稳定流水井出水量的计算方法。

2. 地下水流向完整井的稳定流运动

1863 年法国水力学家裘布依（Dupit）首先应用线性渗透定律研究了均质含水层[等厚、广泛分布、隔水底板水平、天然的（抽水前）潜水面，即在水平、地下水处于稳定流的条件下，地下水是呈层流运动的缓变流]，流向完整井的流量方程式。

由抽水试验得知，抽水时潜水完整井周围潜水水位逐渐下降，将形成一个以井孔为中心的漏斗状潜水面，即降落漏斗（图 2-12）。

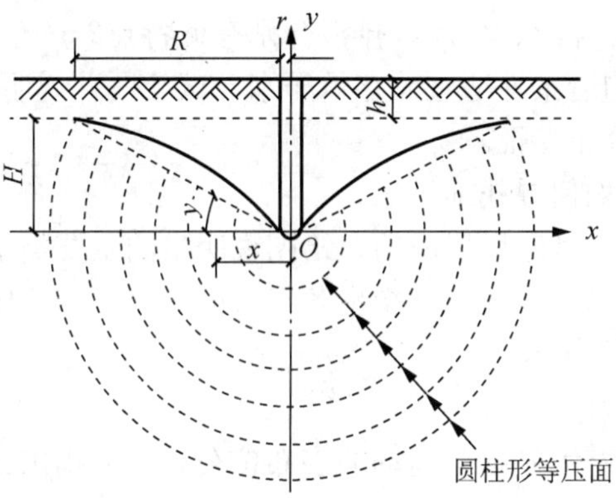

图 2-12　潜水完整井抽水示意图

从平面上看，潜水向水井的渗流的流向沿半径指向井轴，呈同心圆状。为此，围绕井轴取过水断面（图 2-12），该断面距井的距离为 x，该处过水断面的高度为 y，因此过水断面面积为 $A=2\pi xy$，平面径向流的水力坡度为 $J=\mathrm{d}y/\mathrm{d}x$。

当地下水流为层流时，服从线性渗透定律，该断面的渗透流量应为

$$Q = KAJ = K2\pi xy\mathrm{d}y/\mathrm{d}x$$

分离变量并积分得

$$Q\mathrm{d}x/x = 2\pi Ky\mathrm{d}y$$

$$Q = \pi K(H^2 - h^2)/(\ln R - \ln r) \quad (2\text{-}3)$$

式中：Q——井的出水量，$\mathrm{m^3/d}$；

K——渗透系数，m/d；
H——含水层厚度，m；
h——井中动水位，m；
r——井的半径，m；
R——影响半径，m。

式（2-3）为潜水完整井出量公式，又称为裘布依公式。

复习思考题

1．地下水的形成取决于哪些因素？
2．地下水中包括哪些化学成分？
3．研究地下水的化学性质有何重要意义？
4．潜水、承压水分别有什么样的特征？
5．潜水面的形状与哪些因素有关？
6．潜水面的形状如何表示？等水位线图如何绘制，它有哪些用途？
7．潜水、承压水的补给、径流、排泄分别有何特点？
8．什么样的地质构造条件适宜储存承压水？试绘图并说明。
9．简述裂隙水的分布特征。
10．在岩溶分布区如何寻找地下水？
11．泉是指什么？泉是怎样形成的？绘图说明泉的主要类型。
12．写出达西定律的关系式，并指出各符号的意义及达西定律的适用范围。
13．裘布依公式在推导地下水向完整井的稳定运动时的基本假定有哪些？这些假定对实际应用会有什么影响？
14．写出地下水向潜水完整井运动的裘布依公式，并指出式中各符号的含义。
15．在厚度为 12.5m 的砂砾石潜水含水层进行完整井抽水试验，井径为 160mm，观测孔距抽水井 60m，当抽水井降深 25m 时，涌水量为 $600m^3/d$，此时观测井降深为 0.24m，计算含水层的渗透系数。
16．有一潜水完整井，含水粗砂层厚为 14m，渗透系数为 10m/d，含水层下伏为黏土层，潜水埋藏深度为 2m，钻孔直径为 304mm，当抽水孔水位降深为 4m 时，经过一段时间抽水，达到稳定流，影响半径可采用 300m，试绘制剖面示意图并计算井的涌水量。

项目三

土的工程性质

学习目标
1）了解土的形成过程及土的分类，掌握土的三相组成。
2）掌握土的 9 个物理性质指标，能进行公式的推导。
3）掌握黏性土的物理特性指标和无黏性土的物理特性指标。
4）了解土的工程分类，即巨粒土、粗粒土、细粒土、有机质土和特殊土。
5）掌握土的击实机理。

任务一　土 的 概 述

能力目标：学生通过学习能够掌握土的形成、分类、三相组成、结构和构造。

一、土的形成

构成天然地基的物质是地壳外表的土和岩石。地壳厚度一般为 30～80km，地壳以下存在高温、高压的复杂的硅酸盐熔融体，即岩浆。岩浆活动可使岩浆沿着地壳薄弱地带侵入地壳或喷出地表，岩浆冷凝后生成的岩石称为岩浆岩。在地壳运动和岩浆活动的过程中，原来生成的岩浆岩在高温、高压及挥发性物质的变质作用下，生成另外一种新的岩石，称为变质岩。原来的岩石受气温变化、风雪、山洪、河流、湖泊、海浪、冰川、生物等的作用，产生风化，不断剥蚀，产生新的产物——碎屑。这些碎屑在山洪、河流、海浪、冰川或风力作用下，被剥蚀、搬运到大陆低洼处或海洋底部沉积下来。在漫长的地质年代中，沉积物越来越厚。在上覆压力和胶结物质的共同作用下，最初沉积下来的松散碎屑逐渐被压密、脱水、胶结、硬化生成一种新的岩石，称为沉积岩。而在上述过程中，未经成岩过程而形成的沉积物，即通常所说的土。

风化分为物理风化和化学风化两种。长期暴露在大气中的岩石，受到温度、湿度变化的影响，体积经常在膨胀、收缩，从而逐渐崩解、破裂为大小和形状各异的碎块，这个过程称为物理风化。物理风化的过程仅限于改变颗粒体积大小和形状，而不改变颗粒的矿物成分。其产物保留了原来岩石的性质和成分，称为原生矿物，如自然界中的粗颗粒土，即无黏性土就是物理风化的产物。如果原生矿物与周围的氧气、二氧化碳、水等接触，并受到有机物、微生物的作用，发生化学变化，产生出与原来岩石颗粒成分不同的次生矿物，这个过程称为化学风化。化学风化所形成的细粒土，颗粒之间具有黏结能力，通常称为黏性土。自然界中这两种风化过程是同时或交替进行的，因此原生矿物与次生矿物是堆积在一起的，这就是人们所见到的性质复杂的土。

二、土的分类

土由于不同的成因而具有不同的工程地质特征，常见的土包括残积土、坡积土、洪积土、冲积土及其他沉积土。

1. 残积土

残积土（图 3-1）是残留在原地未被搬运的那一部分原岩风化剥蚀后的产物。残积土与基岩之间没有明显的界限，一般分布规律是上部为残积土，中部为风化带，下部为新鲜岩石。残积土中残留碎屑的矿物成分在很大程度上和下卧岩层一致，因此可以根据残积土大致推测下卧岩层的种类。残积土没有层理构造，土的物理性质相差较大；残积土具有较大的孔隙，厚度相差较大，作为建筑地基易引起不均匀沉降。

2. 坡积土

坡积土（图 3-2）是高处岩石风化产物经降水水流缓慢冲刷、剥蚀，顺着斜坡向下逐渐移动，沉积至较平缓的山坡上而形成的沉积物。坡积土分布于坡腰至坡脚，上部与残积土相接，基岩的倾斜程度决定了其倾斜度。坡积土随斜坡自上而下呈现由粗而细的分选现象，矿物成分与下卧基岩无直接关系，这一点与残积土不同。

坡积土是在山坡形成的，因此常发生沿下卧基岩斜面滑动。组成坡积土的粗细颗粒混杂，土质不均匀，厚度变化大，土质疏松，压缩性较大。

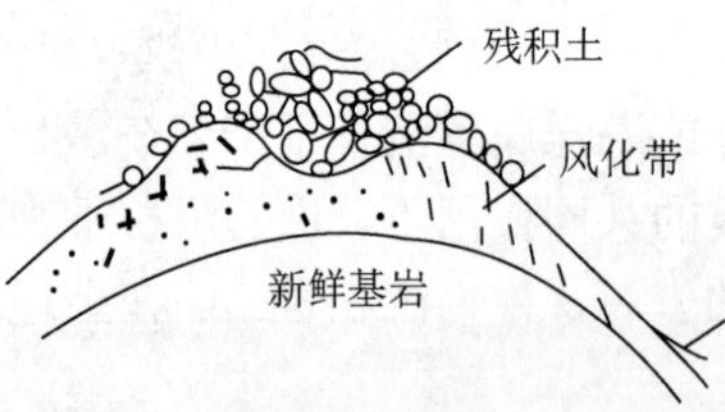

图 3-1　残积土示意图

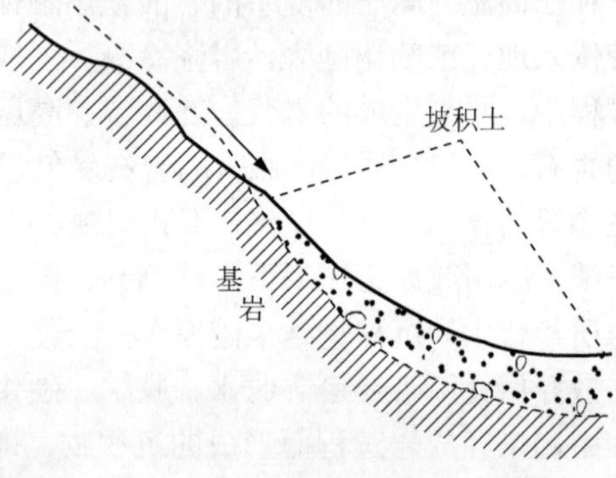

图 3-2　坡积土示意图

3. 洪积土

降水造成的暂时性山洪急流，具有很大的剥蚀和搬运能力。它可以夹带地表大量碎屑并将其堆积在山谷冲沟出口或山前平原而形成洪积土（图 3-3）。山洪流出山谷后，因过水断面增大，流速骤减。被搬运的粗颗粒大量堆积下来，离山越远，颗粒越细，呈现出由粗到细的变化，但由于搬运距离较短，颗粒棱角仍较明显。由于靠近山地的洪积土颗粒较粗，承载力一般较高，属于良好的天然地基。离山较远的地段所形成的洪积土颗粒较细，成分均匀，厚度较大，这部分土分为两种情况：一种因受到周期性干旱的影响，土质较为密实，是良好的天然地基；另一种受场地环境影响，地下水溢出地表，形成沼泽地带，因此承载力较低。

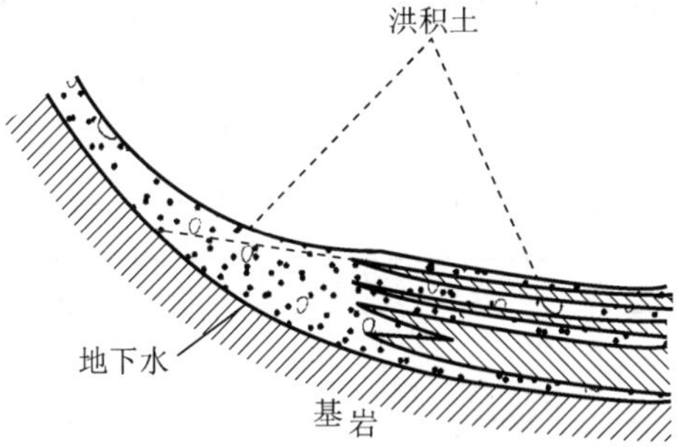

图 3-3　洪积土示意图

4. 冲积土

冲积土是流水的作用力将河岸基岩及上部覆盖的坡积土、洪积土剥蚀后搬运、沉积在河道坡度较平缓的地带形成的。随着水流的急、缓、消失重复出现，冲积土呈现出明显的层理构造。由于搬运过程长，搬运作用显著，冲积土的有棱角颗粒经碰撞、滚磨逐渐形成圆形的颗粒。冲积土的搬运距离越长，沉积的颗粒越细。

5. 其他沉积土

除上述几种土之外，沉积土还包括海洋沉积土、湖泊沉积土和风积土，它们分别由海洋、湖泊、冰川及风的地质作用而形成。

三、土的三相组成

土是由固体颗粒、液体水和气体组成，称为土的三相组成。土中的固体矿物构成骨架，骨架之间贯穿着孔隙，孔隙中充填着水和空气，三相比例不同，土的状态和工程性质也不相同，具体如下：

1）固体+气体（不含液体）为干土，干黏土较硬，干砂松散。

2）固体+液体+气体为湿土，湿的黏土多为可塑状态。

3）固体+液体（不含气体）为饱和土，饱和粉细砂振动后可能产生液化；饱和黏土地基沉降需很长时间才能稳定。

1. 土的固体颗粒

土中的固体颗粒的形状、大小、矿物成分及组成情况是决定土的物理力学性质的主要因素。粗颗粒往往是岩石经物理风化后形成的碎屑，即原生矿物；而细颗粒主要是化学风化作用形成的次生矿物和生成过程中混入的有机物质。粗颗粒成块状或粒状，而细颗粒主要呈片状。

（1）土的粒径

自然界中的土都是由大小不同的颗粒组成的，土颗粒的大小与土的性质有密切的关系。当土粒由粗到细逐渐变化时，土的性质相应发生变化，由无黏性变为有黏性，渗透性由大变小，粒径大小在一定范围内的土粒，其性质也比较接近。颗粒的大小通常以粒径表示，因此可将土中不同的土粒，按适当的粒径范围分成若干小组，即粒组。根据《公路土工试验规程》（JTG E40—2007），将土的颗粒按图 3-4 进行粒组划分。

200mm　60mm　20mm　5mm　2mm　0.5mm　0.25mm　0.075mm　0.002mm

巨粒组		粗粒组						细粒组	
漂石	卵石	砾（角砾）			砂			粉粒	黏粒
（块石）	（小块石）	粗	中	细	粗	中	细		

图 3-4　土的粒组划分

（2）土的级配

粒径的大小及其在土中所占的质量分数称为土的粒径级配。工程中确定粒径级配的分析方法主要包括筛分法和水分法两种。

筛分法就是将事先称过重量的烘干土样过一系列规定筛孔尺寸的标准筛（图 3-5），方孔标准筛筛孔尺寸依次为 75mm、63mm、53mm、37.5mm、31.5mm、26.5mm、19mm、16mm、13.2mm、9.5mm、4.75mm、2.36mm、1.18mm、0.6mm、0.3mm、0.15mm 和 0.075mm，测出存留在各个筛上的粒组质量，根据试样的总质量与存留在各筛孔上的粒组质量，就可求得与土的级配有关的参数。

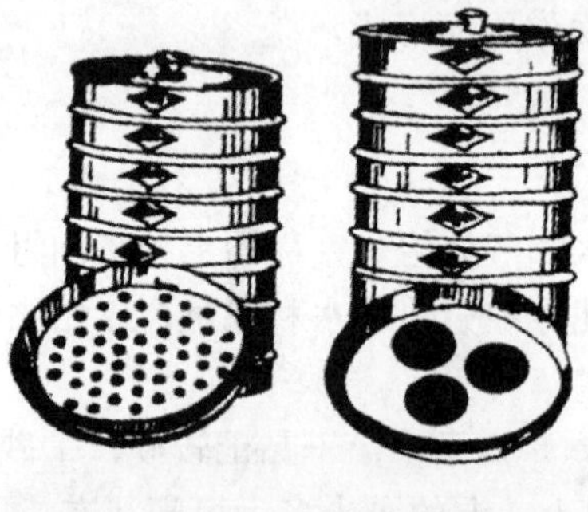

图 3-5　标准筛

级配参数包括分计筛余百分率、累计筛余百分率和通过百分率。

1）分计筛余百分率。分计筛余百分率指某号筛上的筛余质量占试样总质量的质量分数，计算公式如下：

$$a_i = \frac{m_i}{m} \times 100\% \tag{3-1}$$

式中：a_i——某号筛的分计筛余百分率，%；

m_i——存留在某号筛上的试样质量，g；

m——试样总质量，g。

2）累计筛余百分率。累计筛余百分率指某号筛的分计筛余百分率和大于该号筛的各筛分计筛余百分率之总和，计算公式如下：

$$A_i = a_1 + a_2 + \cdots + a_i \tag{3-2}$$

式中：A_i——某号筛的累计筛余百分率，%；

a_i——某号筛的分计筛余百分率，%。

3）通过百分率。通过百分率指通过某号筛的试样质量占试样总质量的质量分数，即 100%与某号筛累计筛余百分率之差，计算公式如下：

$$P_i = 100\% - A_i \tag{3-3}$$

式中：P_i——某号筛的通过百分率，%。

【例 3-1】从干砂样中取质量 1000g 的试样，放入筛孔径为 0.1～2.0mm 的标准筛中，经充分振荡，称量各级筛上留下来的土粒质量（表 3-1），试求土粒中各粒组的土粒含量及级配参数。

表 3-1　筛分试验结果

筛孔径/mm	2.0	1.0	0.5	0.25	0.15	0.1	底盘
各级筛上的土粒质量/g	100	100	250	300	100	50	100
分计筛余百分率/%	10	10	25	30	10	5	10
累计筛余百分率/%	10	20	45	75	85	90	100
通过百分率/%	90	80	55	25	15	10	0

解：1）留在孔径 2.0mm 筛上的土粒质量为 100g，则孔径为 2.0mm 筛上的分计筛余百分率为

$$100/1000=10\%$$

2）留在孔径 1.0mm 筛上的土粒质量为 100g，则孔径为 1.0mm 筛上的分计筛余百分率为

$$100/1000=10\%$$

以此类推，可求得每号筛上的分计筛余百分率。

3）留在孔径 2.0mm 筛上的土粒质量为 100g，则 2.0mm 筛上的累计筛余百分率为

$$100/1000=10\%$$

4）留在孔径 1.0mm 筛上的土粒质量为 100g，则 1.0mm 筛上的累计筛余百分率为

$$(100+100)/1000=20\%$$

以此类推，可求得每号筛上的累计筛余百分率。

5）孔径为 2.0mm 筛的通过百分率为

$$100\%-10\%=90\%$$

6）孔径为 1.0mm 筛的通过百分率为

$$100\%-80\%=20\%$$

以此类推，可求得各号筛的通过百分率。

7）土粒中各粒组的百分率如下：

① >2.0mm 粒组的通过百分率为

$$100\%-90\%=10\%$$

② 1.0～2.0mm 粒组的通过百分率为

$$90\%-80\%=10\%$$

③ 0.5～1.0mm 粒组的通过百分率为

$$80\%-55\%=25\%$$

④ 0.25～0.5mm 粒组的通过百分率为

$$55\%-25\%=30\%$$

⑤ 0.15～0.25mm 粒组的通过百分率为

$$25\%-15\%=10\%$$

⑥ 0.1～0.15mm 粒组的通过百分率为

$$15\%-10\%=5\%$$

<0.1mm 粒组的通过百分率为 10%。

水分法（静水沉降法）适用于分析粒径小于 0.1mm 的土，根据斯托克斯（Stokes）定理，球状的细颗粒在水中的下沉速度（v）与颗粒直径（d）的平方成正比，即 $v=Kd^2$（K 为粒径计算系数）。因此可以利用粗颗粒下沉速度快，细颗粒下沉速度慢的原理，把颗粒按下沉速度进行粗细分组。实验室常用比重计法进行颗粒分析，此外还有移液管法等。

（3）级配曲线及类型

根据颗粒大小分析试验结果，在半对数坐标纸上，以纵坐标表示小于某粒径的土粒含量，横坐标表示粒径，可以绘制颗粒级配曲线，如图 3-6 所示。

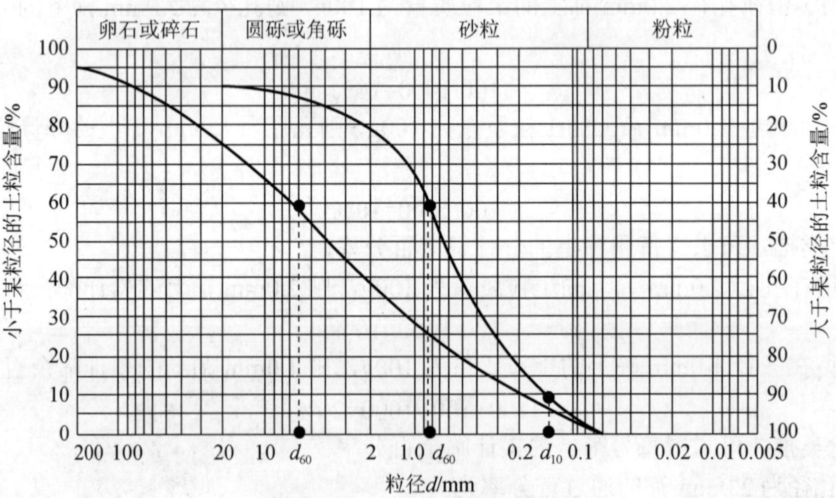

图 3-6　颗粒级配曲线

土的颗粒级配曲线是土工上最常用的曲线，从级配曲线上可以直接了解土的粗细、粒径分布的均匀程度和级配的优劣。若曲线较陡，则表示颗粒大小相差不多，土粒均匀；若曲线平缓，则表示粒径大小相差悬殊，土粒不均匀。在工程中，常以不均匀系数 C_u 和曲率系数 C_c 来判断土的级配是否良好。不均匀系数 C_u 为

$$C_u = \frac{d_{60}}{d_{10}} \tag{3-4}$$

式中：d_{10}——小于某粒径颗粒质量占总土质量的 10%时的粒径，称为有效粒径，mm；

d_{60}——小于某粒径颗粒质量占总土质量的 60%时的粒径，称为限定粒径，mm。

不均匀系数 C_u 反映不同粒组的分布情况。C_u 越大，表示土粒大小的分布范围越大，颗粒大小越不均匀，其级配越良好，作为填方工程的土料时，则比较容易获得较大的密实度。工程中，当 $C_u \leqslant 5$ 时，土称为均粒土，属级配不良；$C_u>5$ 时，土称为不均粒土；当 $C_u>10$ 时，土属级配良好。曲率系数 C_c 为

$$C_c = \frac{d_{30}^2}{d_{60} \times d_{10}} \tag{3-5}$$

式中：d_{30}——小于某粒径颗粒质量占总土质量的 30%时的粒径，mm。

曲率系数 C_c 反映累积曲线的分布范围和曲线的整体形状，也可反映累积曲线的斜率是否连续。

在一般情况下，当级配连续时，C_c 的范围为 1～3；当级配不连续时，$C_c<1$ 或 $C_c>3$。

从工程上看，$C_u \geqslant 5$ 且 C_c=1～3 的土称为级配良好的土，不能同时满足上述两个要求的土称为级配不良的土。

【例 3-2】 设 d_{10}=0.10mm，d_{30}=0.22mm，d_{60}=0.39mm，求 C_u 和 C_c，并判定其级配是否良好？

解： $C_u = \frac{d_{60}}{d_{10}} = \frac{0.39}{0.10} = 3.9$　　$C_c = \frac{d_{30}^2}{d_{60} \times d_{10}} = \frac{0.22^2}{0.39 \times 0.10} \approx 1.24$

根据判定条件，即 $C_u \geqslant 5$ 且 C_c=1～3 的土为级配良好的土，可知此土样为级配不良的土。

（4）土粒成分

土中固体的大部分成分是矿物质，另外还有一些有机质。而土粒的矿物成分主要决定于母岩的成分及其所经受的风化作用。不同的矿物成分对土的性质有不同的影响。

土中的矿物成分组成如图 3-7 所示。

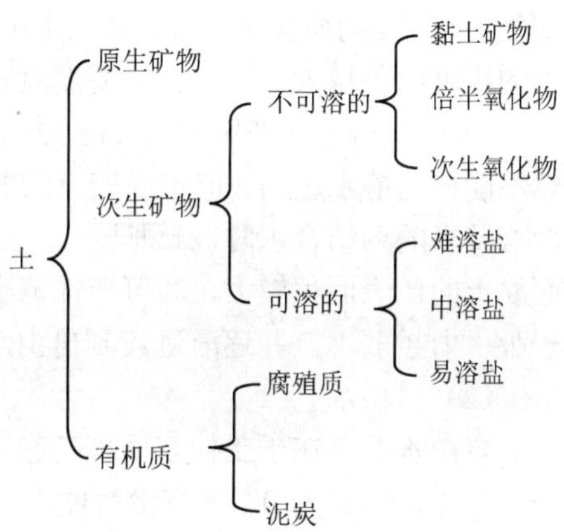

图 3-7　土中的矿物成分组成

1）原生矿物。原生矿物由岩石经物理风化而成，其成分与母岩相同，包括单矿物颗粒（如常见的石英、长石、云母及砂土等）和多矿物颗粒（如母岩碎屑、漂石、卵石与砾石等）。但总体而言，土中原生矿物主要包括硅酸盐类矿物、

氧化物类矿物、硫化物矿物、磷酸盐类矿物。

2）次生矿物。岩屑经化学风化而成，其成分与母岩不同，为一种新矿物，即次生矿物，其颗粒细，包括可溶性的次生矿物和不可溶的次生矿物。可溶性的次生矿物主要指各种矿物中含有化学性质活泼的 K、Na、Ca、Mg 及 Cl、S 等元素，这些元素呈阳离子及酸根离子，溶于水后，在迁移过程中，因蒸发浓缩作用形成可溶的卤化物、硫酸盐和碳酸盐。不可溶性的次生矿物有次生二氧化硅、倍半氧化物、黏土矿物等。黏土矿物的微观结构由两种原子层（晶面）构成：一种是由 Si—O 四面体构成的硅氧晶片；另一种是由 Al—OH 八面体构成的铝氢氧晶片，因这两种晶片结合的情况不同，形成 3 种黏土矿物，即蒙脱石、伊利石（水云母）、高岭石。

3）有机质。有机质主要是指泥炭、腐殖质和动植物残骸等。

2. 土中水

在自然条件下，土中总是含水。土中水可以处于液态、固态或气态。土中细粒越多，水对土的性质的影响也越大。存在于土粒矿物晶体格架内部或是参与矿物构造中的水称为矿物内部结合水（结晶水），它只有在比较高的温度（80～680℃，随土粒的矿物成分不同而异）下才能化为气态水而与土粒分离，从土的工程性质上分析，可以把结晶水当作矿物颗粒的一部分。

（1）结合水

结合水是指受电分子吸引力作用吸附于土粒表面的土中水，这种电分子吸引力高达几千到几万个大气压，使水分子和土粒表面牢固地黏结在一起。结合水因离颗粒表面远近不同，受电场作用力的大小也不同，分为强结合水和弱结合水。

1）强结合水（吸着水）。强结合水是指紧靠土粒表面的结合水，它具有如下特征：①没有溶解盐类的能力；②不能传递静水压力；③只有吸热变成蒸汽时才能移动。

强结合水极其牢固地结合在土粒表面上，其性质接近于固体，密度为 1.2～2.4g/cm^3，冰点为-78℃，具有极大的黏滞度、弹性和抗剪强度。如果将干燥的土移至天然湿度的空气中，则土的质量将增加，直到土中吸着的强结合水达到最大吸着度为止。土粒越细，土的比表面积越大，则最大吸着度就越大（砂土为 1%，黏土为 17%）。

2）弱结合水（薄膜水）。弱结合水紧靠于强结合水的外围形成一层结合水膜。它虽然不能传递静水压力，但水膜较厚的弱结合水能向临近的较薄的水膜缓慢移动。当土中含有较多的弱结合水时，土则具有一定的可塑性。砂土比表面积较小，几乎不具可塑性，而黏土的比表面积较大，其可塑性范围较大。弱结合水离土粒表面越远，其受到的电分子吸引力越弱小，并逐渐过渡到自由水。

（2）自由水

自由水是存在于土粒表面电场影响范围以外的水。它的性质和普通水一样，能传递静水压力，冰点为 0℃，有溶解能力。自由水按其移动所受到作用力的不同，可以分为重力水和毛细水。

1）重力水。重力水是指土孔隙中的在受重力或压力差作用下能自由流动的水，对土粒有浮力作用。重力水在土的孔隙中流动，能产生动水压力带走土中细颗粒，还能溶解土中的盐类，这两种作用会使土的孔隙增大，压缩性提高，抗剪强度降低。重力水对土中的应力状态和开挖基槽、基坑及修筑地下构筑物时所应采取的排水、防水措施有重要的影响。

2）毛细水。毛细水是受到水与空气交界面处表面张力作用的自由水。与地下水水位无直接联系的毛细水称为毛细悬挂水，与地下水水位相连的毛细水称为毛细上升水。毛细水形成过程通常用物理学中毛细管现象解释。土粒内部相互贯通的孔隙可以看成许多形状不一、直径各异、彼此连通的毛细管。在毛细管周壁，水膜与空气的分界处存在表面张力 T。水膜表面张力的作用方向与毛细管壁成夹角 α，由于表面张力的作用，毛细管内的水被提升到自由水面以上，高度 h_c 为

$$h_c = \frac{2T\cos\alpha}{r\gamma_w} \tag{3-6}$$

式中：T——水膜的张力（与温度有关），当 10℃时，T=0.0756g/cm，当 20℃时，T=0.0742g/cm；

α——方向角，其大小与土颗粒和水的性质有关；

r——毛细管半径；

γ_w——水的重度。

若令 α=0，则可求得毛细水上升的最大高度 $h_{c\max}$ 为

$$h_{c\max} = \frac{2T}{r\gamma_w} \tag{3-7}$$

式（3-7）表明，毛细水上升的高度 h_c 与毛细管半径 r 成反比；土颗粒的直径越小，孔隙的直径（毛细管直径）越小，则 h_c 越大。

当土孔隙中局部存在毛细水时，毛细水的弯液面和土粒接触处的表面引力反作用于土粒上，使土粒间由于毛细压力（图 3-8）而挤紧，土呈现出黏聚现象，这种力称为毛细黏聚力，也称为假黏聚力。在施工现场可见稍湿状态的砂性地基可开挖成一定深度的直立坑壁，就是因为砂粒间存在假黏聚力。当地基饱和或特别干燥时，不存在水与空气的界面，假黏聚力消失，坑壁就会塌落。

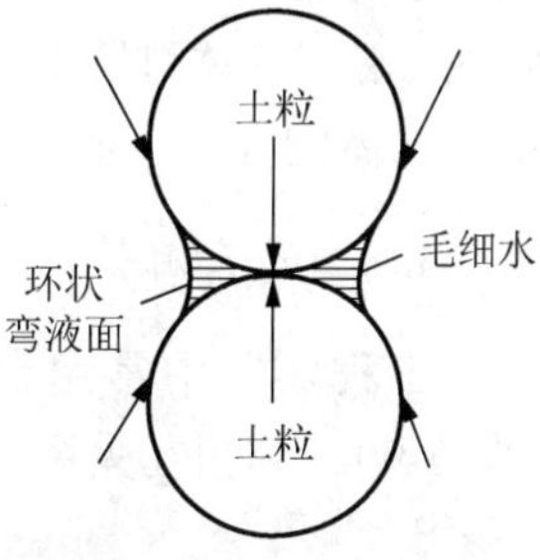

图 3-8　毛细压力示意图

地基土的土温随大气温度变化。当地温降到 0℃以下，土体便因土中水冻结而形成冻土。细粒土在冻结时常发生膨胀，即发生冻胀。冻胀的机理是，若土层冻结，下部未冰冻区土中的水分向冻结区迁移、集聚。弱结合水的外层已接近自由水，-0.5℃时发生冻结，越靠近土粒表面，冰点越低，大约-30℃以下才能全部冻结。当低温传入土中时，土中的自由水首先冻结成冰，弱结合水的外层开始冻结，使冰晶体逐渐扩大，冰晶体周围土粒的水膜变薄，土粒产生剩余的电分子引力；另外，结合水膜变薄使水膜中的离子浓度增加，产生渗附压力。在这两种力的作用下，下部未冻结区的自由水便被吸到冻结区维持平衡，受温度影响而冻结，冰晶体增大，不平衡引力继

续形成。若下部未冻结区能不断地给予水源补充，则冰晶体不断扩大，在土层中形成夹冰层，地面隆起，出现冻胀现象。当土层解冻时，将有冰层融化，地面下陷，即出现融陷现象。因此，在道路设计中，人们应对毛细水现象给予足够重视。

3. 土中气体

土中气体除含有空气中的主要成分氧气外，还含有水汽、二氧化碳、氮气、甲烷、硫化氢等气体，并含有一定量的放射性元素。土中气体按其所处状态和结构特点，可分为吸附气体、溶解气体、自由气体及密闭气体。

（1）吸附气体

由于分子之间存在引力作用，土粒不仅能吸附水分子，还能吸附气体，土粒吸附气体的厚度不超过 2～3 个分子层。土粒吸附气体的含量决定于矿物成分、分散程度、孔隙度、湿度及气体成分等。

（2）溶解气体

土的液相中主要溶解二氧化碳、氧气、水汽；其次为氢气、氯气、甲烷；其溶解数值取决于温度、压力、气体的物理化学性能及溶液的化学成分。溶解气体的主要作用是改变水的结构及溶液的性质，对土粒施加力学作用，加速化学潜蚀过程。

（3）自由气体

自由气体与大气连通，其含量与孔隙体积大小及孔隙被填充的程度有关，对土的性质影响不大。

（4）密闭气体

密闭气体是指在土的孔隙中封闭着的气体，与大气隔绝。密闭气体的体积与压力有关，压力增大，则体积缩小；压力减少，则体积增大。因此密闭气体的存在增加了土的弹性。密闭气体可降低地基的沉降量，但当其突然排除时，可导致基础与建筑物的变形。密闭气体的存在能阻塞土中的渗透通道，降低土的渗透性。

4. 土的三相图

工程实际中常用土的三相示意图来表示土中固体、液体、气体之间的相互关系（图 3-9）。其相互关系如下：

$$m = m_a + m_w + m_s = m_w + m_s \tag{3-8}$$

$$V = V_a + V_w + V_s = V_v + V_s \tag{3-9}$$

$$V_v = V_a + V_w \tag{3-10}$$

式中：V——土的总体积，cm^3；

V_v——土的孔隙体积，cm^3；

V_s——土粒体积，cm^3；

V_a——气体体积，cm^3；

V_w——水的体积，cm^3；

m——土的总质量，g；

m_a——土中气体质量，一般假定气体质量为0；

m_w——土中水的质量，g；

m_s——土中固体颗粒的质量，g。

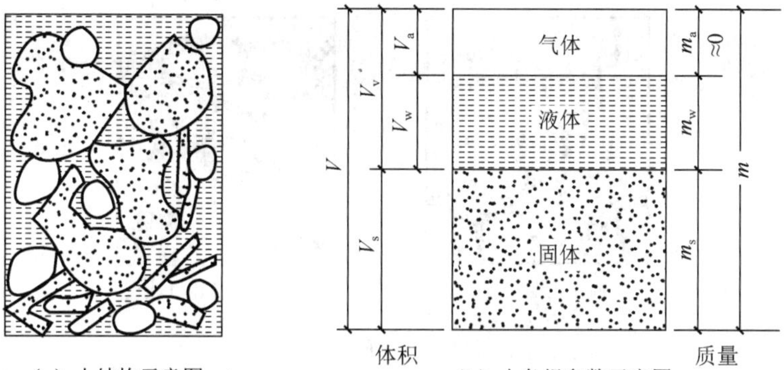

（a）土结构示意图　（b）土各组参数示意图

图3-9　土的三相示意图

四、土的结构

土的结构是指土颗粒的大小、形状、表面特征、相互排列及连接关系的综合特征，一般分为单粒结构、蜂窝结构和絮状结构。

1. 单粒结构

单粒结构（图3-10）是无黏性土的基本组成形式，由较粗的砾石颗粒、砂粒在自重作用下沉积而成。因颗粒较大，粒间没有连接力，有时仅有微弱的假黏聚力。土的密实程度受沉积条件影响较大。例如，土粒受波浪的反复冲击推动作用，其结构紧密、强度大、压缩性小，是良好的天然地基；而洪水冲积形成的砂层和砾石层，一般较疏松，在外力作用下，土粒易移动。

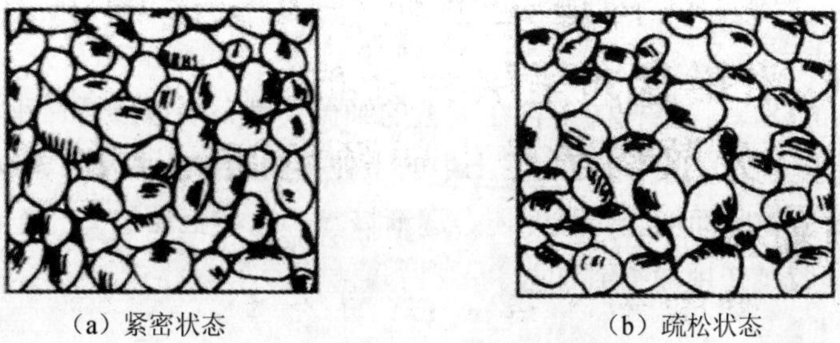

（a）紧密状态　（b）疏松状态

图3-10　单粒结构

2. 蜂窝结构

蜂窝结构（图3-11）的主要组成颗粒是粉粒。研究发现，粒径为0.05～0.005mm的颗粒在水中沉积时，仍以单个颗粒形式下沉。当遇到已沉积的颗粒时，颗粒间的相互引力大于自重力，因此土粒停留在最初的接触点上，不再下沉，形成蜂窝结构，具有很大的孔隙。

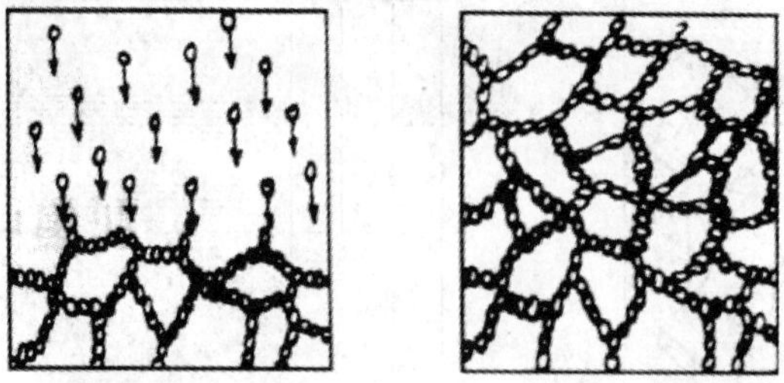

（a）颗粒正在沉积　　（b）颗粒沉积完毕

图 3-11　蜂窝结构

3. 絮状结构

絮状结构（图 3-12）的颗粒粒径小于 0.005mm，在水中处于悬浮状态，不能靠自重下沉。当这些悬浮在水中的颗粒被带到电解质浓度较大的环境（如海水）中，颗粒间的排斥力因电荷中和而破坏，聚集成絮状的颗粒集合体，因自重增大而下沉，与已下沉的絮状集合体相接触，就形成了孔隙很大的絮状结构。

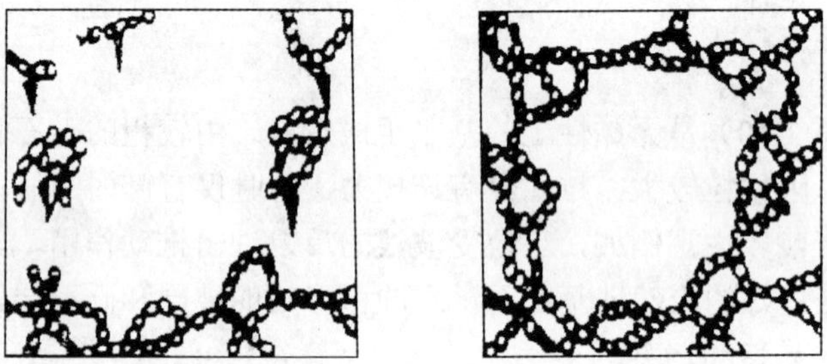

（a）絮状集合体正在沉积　　（b）絮状集合体沉积完毕

图 3-12　絮状结构

具有蜂窝结构和絮状结构的土存在大量的细微孔隙，所以渗透性小、压缩性大、强度低，土粒间连接较弱。当受扰动时，土中的土粒接触点可能脱离，导致结构强度损失，强度迅速下降，但随时间增长，强度还会逐渐恢复。这类土颗粒间的连接力往往由于长期的压密作用和胶结作用而得到加强。

五、土的构造

土的构造是指同一土层中颗粒或颗粒集合体相互间的分布特征，通常分为层状构造、分散构造、裂隙构造和结核状构造。

1. 层状构造

层状构造是土粒在沉积过程中，由于不同阶段沉积的物质成分、颗粒大小或颜色不同，沿竖向呈层状分布。常见的层状构造包括水平层理和交错层理。层状构造反映不同年代、不同搬运条件形成的土层，是细粒土的一个重要特征。

2. 分散构造

分散构造是土层颗粒间无大的差别、性质相近，均匀分布，常见于厚度较大的粗粒土。各种经过分选的砂、砾石、卵石等沉积厚度较大，无明显的层理，呈分散构造。通常分散构造土的工程性质最好。

3. 裂隙构造

裂隙构造是土体被许多不连续的小裂隙所分割，裂隙中往往充填着盐类沉降物的分布。不少坚硬和硬塑状态的黏性土具有此种构造，红黏土是网状裂隙发育，一般可延伸至地下 3～4m。黄土具有特殊的柱状裂隙。裂隙破坏了土的完整性，水容易沿裂隙渗漏，降低了土体的强度和稳定性，对工程不利。

4. 结核状构造

在细粒土中混有粗颗粒或各种结核的构造属结核状构造，如含礓石的粉质黏土、含砾石的冰碛黏土等。结核状构造土工程性质的好坏取决于细粒土部分。

任务二　土的物理性质指标

能力目标：学生通过学习能够掌握土的物理性质指标及换算。

土的物理性质指标是反映土的工程性质的特征指标。土由固体、液体、气体三部分组成，这三部分本身的性质、之间的比例关系和相互作用决定了土的物理性质。

土的物理性质共有 9 个指标，可分为两类：一类是基本物理指标，如天然密度 ρ、含水率 w、干密度 ρ_d、饱和密度 ρ_{sat}、浮密度 ρ' 和土粒密度 ρ_s，必须通过试验进行测定；另一类可以通过基本物理指标进行换算，如饱和度 s_r、孔隙比 e、孔隙率 n 等。

一、土的密度

土的密度是指土的总质量与总体积之比，也即土的单位体积的质量。土的密度取决于土粒的密度、孔隙体积的大小和孔隙中水的质量多少，它综合反映了土的物质组成和结构特征。按孔隙中含水程度不同，土的密度包括天然密度、干密度、饱和密度、浮密度和土粒密度。

1. 天然密度

天然密度指天然状态下土的密度，计算公式如下

$$\rho=\frac{m}{V}=\frac{m_s+m_w}{V_s+V_v} \tag{3-11}$$

式中：ρ——天然密度，g/cm^3。

土的密度与土的重度之间的关系为

$$\gamma=\rho g \tag{3-12}$$

式中：γ——重度，N/cm^3；

g——重力加速度，m/s^2，$g=9.81\text{m/s}^2$，为了计算方便，常取$g=10\text{m/s}^2$。

一般，砂土的天然密度为1.6～2.0g/cm^3，黏性土的天然密度为1.8～2.0g/cm^3，腐殖土的天然密度为1.5～1.7g/cm^3。

土的密度可在室内及野外现场直接测定。室内一般采用环刀法测定，称得环刀内土样质量和环刀容积，即可得两者之比值（密度）。环刀法适用于黏性土、粉土与砂土。

2. 干密度

土的孔隙中完全没有水时的密度称为干密度，是指土单位体积中土粒的质量，即固体颗粒的质量与土的总体积之比值，计算公式如下：

$$\rho_d=\frac{m_s}{V} \tag{3-13}$$

式中：ρ_d——干密度，g/cm^3。

土的干密度反映了土的松散程度，其值越大，土越密实。在工程上常把干密度作为评定土体紧密程度的标准，以控制填土工程的施工质量。土的干密度为1.4～1.7g/cm^3。

3. 饱和密度

土的孔隙完全被水充满时的密度称为饱和密度，即土的孔隙中全部充满液态水时的单位体积的质量，计算公式如下：

$$\rho_{sat}=\frac{m_s+V_v\rho_w}{V} \tag{3-14}$$

式中：ρ_{sat}——土的饱和密度，g/cm^3；

ρ_w——水的密度（工程计算中可取1g/cm^3）。

4. 浮密度

土的浮密度是指在地下水水位以下，土体受水的浮力作用，扣除水浮力后单位体积土的质量，计算公式如下：

$$\rho'=\frac{m_s-V_s\rho_w}{V}=\rho_{sat}-\rho_w \tag{3-15}$$

式中：ρ'——土的浮密度，g/cm^3。

对于处于地下水水位以下的土层，如果土层透水，此时土将受到浮力作用。

5. 土粒密度

土粒密度是指固体颗粒的质量与其体积之比，即土粒的单位体积的质量，计算公式如下：

$$\rho_s = \frac{m_s}{V_s} \tag{3-16}$$

式中：ρ_s——土粒密度，g/cm^3。

土粒密度仅与组成土粒的矿物密度有关，而与土的孔隙大小和含水多少无关。一般情况下，土粒密度随有机质含量增多而减小，随铁镁质矿物增多而增大。土粒密度是土中各种矿物密度的加权平均值。各种主要类型土的土粒密度见表 3-2。

表 3-2　各种主要类型土的土粒密度

土的种类	砾类土	砂类土	粉土	粉质黏土	黏土
土粒密度常见值/（g/cm^3）	2.65～2.75	2.65～2.70	2.65～2.70	2.68～2.73	2.72～2.76

同一种土在体积不变的条件下，它的各种密度在数值上存在如下关系：

$$\rho_s > \rho_{sat} > \rho > \rho_d > \rho' \tag{3-17}$$

二、土的含水程度指标

1. 土的含水率

土的含水率是指土中水的质量与土粒质量之比，计算公式如下：

$$w = \frac{m_w}{m_s} \times 100\% = \frac{m - m_s}{m_s} \times 100\% \tag{3-18}$$

式中：w——土的含水率，%。

土的含水率也可用土的密度与干密度计算得到，即

$$w = \frac{\rho - \rho_d}{\rho_d} \times 100\% \tag{3-19}$$

土的含水率测定方法包括：烘干法（适用于黏性土、粉土、砂土等常规试验）、红外线法（适当于少量试样）、酒精燃烧法（适用于少量试样快速试验）、铁锅炒干法（适用于卵石、砂夹卵石）。室内测定土的含水率一般采用烘干法，即先称小块原状土样的湿土质量，然后置于烘箱内，维持 100～105℃烘至恒重，再称干土质量，湿、干土质量之差与干土质量的比值即为土的含水率。

天然状态下土的含水率称为土的天然含水率。一般砂土天然含水率不超过 40%，以 10%～30%最为常见；一般黏土天然含水率大多为 10%～80%，常见值为 20%～50%。

土的孔隙全部被普通液态水充满时的含水率称为饱和含水率，计算公式如下：

$$w_{sat} = \frac{V_v \rho_w}{m_s} \times 100\% \tag{3-20}$$

式中：w_{sat}——土的饱和含水率。

2. 土的饱和度

土的饱和度是指土中水的体积与孔隙体积之比，计算公式如下：

$$s_r = \frac{V_w}{V_v} \times 100\% \tag{3-21}$$

式中：s_r——土的饱和度，%。

s_r越大，表明土中孔隙中充水越多，通常为 0～100%；干燥时，$s_r = 0$。孔隙充满水时，$s_r = 100\%$。工程上可根据s_r把细砂、粉砂等土划分为下列 3 种湿度状态，即当$s_r \leqslant 50\%$时，为稍湿；当$50\% < s_r \leqslant 80\%$时，为很湿；当$s_r > 80\%$时，为饱和。

工程研究中，一般将$s_r > 95\%$的天然黏性土视为完全饱和土；而砂土在$s_r > 80\%$时就认为已达到饱和。

三、土的孔隙性

孔隙性指土中孔隙的大小、数量、形状、性质及连通情况。

1. 孔隙比

孔隙比为土中孔隙体积与土粒体积之比，计算公式如下：

$$e = \frac{V_v}{V_s} \tag{3-22}$$

式中：e——土的孔隙比。

土的孔隙比说明土的密实程度，按其大小可对砂土或粉土进行密实度分类。例如，在《岩土工程勘察规范（2009 版）》（GB 50021—2001）中，用天然孔隙比来确定粉土的密实度，即当$e < 0.75$时，为密实；当$0.75 \leqslant e \leqslant 0.9$时，为中密；当$e > 0.9$时，为稍密。

e是个重要的物理性指标，可以用来评价天然土层的密实程度。一般，当$e < 0.6$时，土为密实的低压缩性土；当$e > 1.0$时，土为疏松的高压缩性土。

2. 孔隙率

孔隙率是土的孔隙体积与土体积之比，计算公式如下：

$$n = \frac{V_v}{V} \times 100\% \tag{3-23}$$

式中：n——土的孔隙率，%。

孔隙比和孔隙率（度）都是用以表示孔隙体积含量的概念，两者有如下关系：

$$n = \frac{e}{1+e} \text{或} e = \frac{n}{1-n} \tag{3-24}$$

汇总土的三相比例指标换算公式，见表 3-3。

表 3-3　土的三相比例指标换算公式

名称	符号	表达式	单位	换算公式
密度	ρ	$\rho=\frac{m}{V}$	g/cm^3	$\rho=\rho_d(1+w)$
重度	γ	$\gamma\approx10\rho$	kN/m^3	$\gamma=\gamma_d(1+w)$
比重	G_s	$G_s=\frac{m_s}{V_s\rho_w}$		
含水率	w	$w=\frac{m_w}{m_s}\times100\%$	%	$w=\left(\frac{\gamma}{\gamma_d}-1\right)\times100$
孔隙比	e	$e=\frac{V_v}{V_s}$		$e=\frac{n}{1-n}$
孔隙率	n	$n=\frac{V_v}{V}\times100\%$	%	$n=\frac{e}{1+e}\times100$
饱和度	s_r	$s_r=\frac{V_w}{V_v}\times100\%$	%	
干密度	ρ_d	$\rho_d=\frac{m_s}{V}$	g/cm^3	$\rho_d=\frac{\rho}{(1+w)}$
干重度	γ_d	$\gamma_d=\frac{m_s}{V}$	kN/m^3	$\gamma_d=\frac{\gamma}{(1+w)}$
饱和密度	ρ_{sat}	$\rho_{sat}=\frac{m_s+V_v\rho_w}{V}$	g/cm^3	
浮重度	γ'	$\gamma'=\gamma_{sat}-\gamma_w$	kN/m^3	

【例 3-3】某原状土样，经试验测得天然密度 $\rho=1.67g/cm^3$，含水率 w=12.9%，土粒比重 G_s=2.67，求孔隙比 e、孔隙度 n 和饱和度 s_r。

解：1）设土的体积 V=1.0cm^3，根据密度定义得

$$m=\rho V=1.67\times1=1.67\text{（g）}$$

2）根据含水率定义得

$$m_w=wm_s=0.129m_s$$

从三相图可知：

$$m=m_a+m_w+m_s$$

因为 $m_a=0$，$m_w+m_s=m$，所以 $0.129m_s+m_s=1.67$，可得

$$m_s=\frac{1.67}{1.129}\approx1.48\text{（g）},\quad m_w=1.67-1.48=0.19\text{（g）}$$

3）根据土粒比重定义（土粒的质量与同体积纯蒸馏水在 4℃时质量之比），即

$$G_s=\frac{m_s}{V_s(\rho_w)}=\frac{\rho_s}{\rho_w}$$

因为

$$G_s=2.67$$
$$\rho_w=1$$

所以

$$\rho_s = 2.67 \times 1 = 2.67\text{（g/cm}^3\text{）}$$

$$V_s = \frac{m_s}{\rho_s} = \frac{1.48}{2.67} \approx 0.554\text{（cm}^3\text{）}$$

$$V_w = \frac{m_w}{\rho_w} = \frac{0.190}{1.0} = 0.190\text{（cm}^3\text{）}$$

4）从三相图可知：

$$V = V_a + V_w + V_s = 1\text{（cm}^3\text{）}$$

因此

$$V_a = 1 - V_w - V_s = 1 - 0.554 - 0.190 = 0.256\text{（cm}^3\text{）}$$

所以

$$V_v = V - V_s = 1 - 0.554 = 0.446\text{（cm}^3\text{）}$$

5）根据孔隙比定义可得

$$e = \frac{V_a + V_w}{V_s} = \frac{0.256 + 0.19}{0.554} \approx 0.805$$

6）根据孔隙率定义可得

$$n = \frac{V_a - V_w}{V} = \frac{0.256 - 0.19}{1} = 0.066 = 6.6\%$$

7）根据饱和度定义可得

$$s_r = \frac{V_w}{V_a + V_w} = \frac{0.19}{0.256 + 0.19} \approx 0.426 = 42.6\%$$

任务三　黏性土的物理性质指标

能力目标：学生通过学习能够掌握黏性土的物理性质指标测算。

黏性土颗粒细小，比表面积大，受水的影响较大。当土中含水率较小时，土体比较坚硬，处于固体状态或半固体状态。当含水率逐渐增大，土体具有可塑状态的性质，即在外力作用下，土可以塑造成一定形状而不开裂，其体积不变；当外力去除后，土仍保持原来所得的形状。含水率继续增大，土体即开始流动。

一、黏性土的界限含水率

黏性土由一种状态过渡到另一种状态的分界含水率称为界限含水率（常用百分数表示），其包括有缩限含水率、塑限含水率、液限含水率 3 种。固态与半固态间的界限含水率称为缩限含水率（简称缩限），用 w_S 表示；半固态与可塑状态间的含水率称为塑限含水率（简称塑限），用 w_P 表示；可塑状态与流动状态间的含水率称为液限含水率（简称液限），用 w_L 表示。

从图 3-13 可知，当天然含水率大于液限时，土体处于流动状态；当天然含水率小于缩限时，土体处于固态；当天然含水率大于缩限小于塑限时，土体处于半固态；当天然含水率大于塑限小于液限时，土体处于可塑状态。

图 3-13　黏性土的状态与含水率的关系

二、黏性土的液限、塑限

1. 液限、塑限试验

塑性具有如下特征：①物体在外力作用下，可被塑成任何形态，而整体性不破坏，即不产生裂隙；②外力除去后，物体能保持变形后的形态，而不恢复原状。

黏性土具有塑性，砂土没有塑性，因此黏性土又称为塑性土，砂土称为非塑性土。

w_P 一般用搓条法测定。取如枣核大小代表性试样（若土中含有粒径大于 0.5mm 的颗粒时，用孔径 0.5mm 的筛进行筛分，将大颗粒去掉，再加入少量水调匀），放在毛玻璃板上，用手掌较平的部位均匀加压，同时搓滚小土条，当土条搓至直径 3mm 时，表面出现大量裂纹并开始断开（图 3-14），此时的含水率即为测定的 w_P。如果土条搓至直径 3mm 尚未断裂，说明此时土的含水率超过 w_P，应另取土样，在空气中稍加风干，使水分蒸发一些再搓。如果土条搓不到直径 3mm 就已断裂，说明土的含水率小于 w_P，应加少量的水调匀后再搓条。

w_L 以往多采用锥式液限仪测定（图 3-15）。土样要求同塑限试验，加少许纯水将其调成土膏，装入液限仪的试杯内，用修土刀刮平表面，将液限仪的 76g 圆锥体锥尖对准中心缓缓下降，当锥尖与土面接触时，放开锥体，让其在自重作用下下沉。如果锥体在 5s 内恰好下沉 10mm，说明土样含水率等于 w_L。若在 5s 内锥体下沉超过 10mm，说明土样含水率大于 w_L。反之小于 w_L，均应重新试验，至满足要求为止。

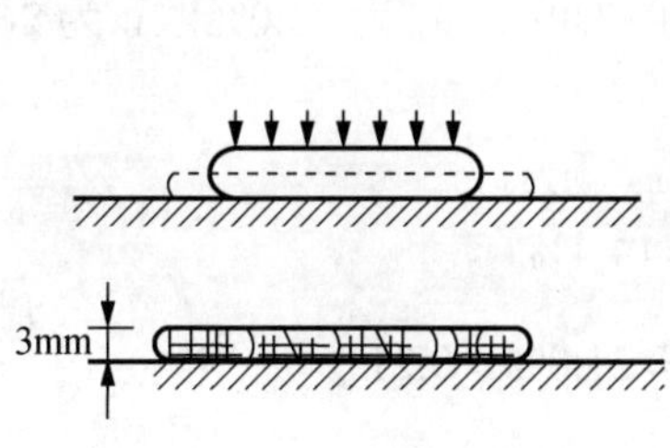

图 3-14　塑限试验

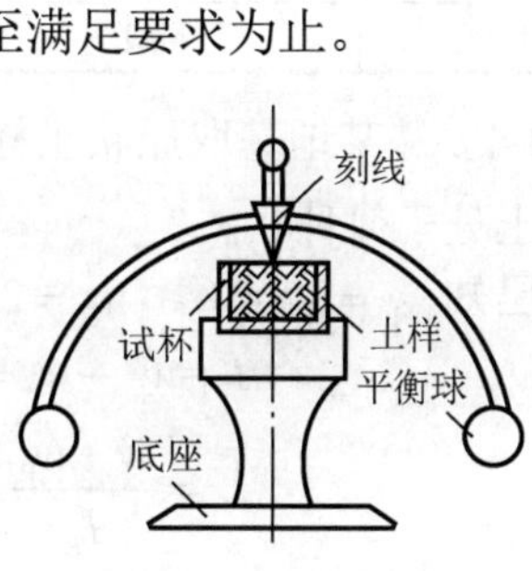

图 3-15　液限试验

上述测定液限、塑限的方法，特别是测定塑限的方法存在的主要缺点是，采用人工操作时，受人为因素的影响较大，结果不稳定。现在多采用液限、塑限联合测定仪测定液限和塑限，具体操作过程参见《公路土工试验规程》（JTG E40—2007）相关内容。

2. 塑性指数

液限与塑限的差值称为塑性指数 I_P，即

$$I_P = (w_L - w_P) \times 100 \tag{3-25}$$

I_P表示黏性土具有可塑性的含水率变化范围，计算所得塑性指数 I_P 也应用百分数表示，但习惯上不带百分号，如 $w_L = 35\%$， $w_P = 20\%$， $I_P = 15$ 。塑性指数越大，土体处于可塑状态的含水率变化范围越大，土的塑性越强，土中黏粒含量越多。因此，塑性指数的大小在一定程度上反映了颗粒吸附水能力的强弱。从土的颗粒讲，土粒越细、细粒（黏粒）含量越高，其比表面积越大，则结合水越多，塑性指数 I_P 也越大。因此，I_P 可以作为黏性土的分类标准（表 3-4）。

表 3-4　黏性土按塑性指数分类

土的名称	塑性指数
黏土	$I_P > 17$
粉质黏土	$10 < I_P \leqslant 17$

3. 液性指数

土的天然含水率与塑限之差及塑性指数之比称为土的液性指数 I_L，即

$$I_L = \frac{w - w_P}{w_L - w_P} \tag{3-26}$$

因此，可以利用液性指数表示黏性土所处的天然状态，I_L 越大，土体越软；I_L 越小，土体越坚硬。按 I_L 的大小将黏性土划分为坚硬、硬塑、可塑、软塑和流塑五种软硬状态（表 3-5）。

表 3-5　黏性土软硬状态的划分

液性指数	$I_L \leqslant 0$	$0 < I_L \leqslant 0.25$	$0.25 < I_L \leqslant 0.75$	$0.75 < I_L \leqslant 1$	$I_L > 1$
状态	坚硬	硬塑	可塑	软塑	流塑

【例 3-4】 从某地基取原状土样，测得土的 w_L 为 37.4%，w_P 为 23.0%，w 为 26.0%，试问地基土处于何种状态？

解： 已知 $w_L = 37.4\%$， $w_P = 23.0\%$， $w = 26.0\%$ ，则有

$$I_P = w_L - w_P = 37.4\% - 23.0\% = 14.4\%$$

$$I_L = \frac{w - w_P}{I_P} = \frac{26.0\% - 23.0\%}{14.4\%} = 21.0\% = 0.21$$

因为 $0 < I_L \leqslant 0.25$ ，所以该地基土处于硬塑状态。

三、黏性土的灵敏度

处在天然状态的黏性土，一般具有一定的结构性，当受到外界的扰动时，其强度降低，压缩性增大。土体的这种受扰动而强度降低的性质，通常用灵敏度来衡量。原状土的强度与同一种土经重塑后（含水率保持不变）的强度之比称为土的灵敏度，用符号 S_t 表示，即

$$S_t = \frac{q_u}{q'_u} \tag{3-27}$$

式中：S_t——黏性土的灵敏度；

q_u——原状土的无侧限抗压强度，kPa；

q'_u——与原状土密度、含水率相同，结构完全破坏的重塑土的无侧限抗压强度，kPa。

根据灵敏度 S_t 的大小，可将黏性土分为如下几类：当 $S_t \leqslant 1$ 时，不灵敏；当 $1 < S_t \leqslant 2$ 时，低灵敏；当 $2 < S_t \leqslant 4$ 时，中等灵敏；当 $4 < S_t \leqslant 8$ 时，灵敏；当 $8 < S_t \leqslant 16$ 时，很灵敏；当 $S_t > 16$ 时，流动。

土体灵敏度越高，结构性越强，受扰动后强度降低越多，所以在这类地基上进行施工时，应特别注意保护基槽，尽量减少对土体的扰动。

四、黏性土的触变性

当黏性土结构受扰动时，土的强度降低。但静置一段时间，土的强度又逐渐增长，这种性质称为土的触变性。这是由于土粒、离子和水分子体系随时间而趋于新的平衡状态之故。因此在黏性地基上打桩或进行重锤夯实时，地基土的强度受扰动而降低，在施工结束后，土的强度逐渐恢复。应该在施工结束一定时间后进行测试，这时所得的结果才是接近实际的。

五、黏性土的活动度

活动度 A 是指黏性土的塑性指数与土中粒径小于 0.002mm 颗粒百分数的比值，计算公式如下：

$$A = \frac{I_P}{P_{0.002\text{mm}}} \tag{3-28}$$

式中：A——活动度；

$P_{0.002\text{mm}}$——粒径小于 0.002mm 颗粒的质量占土总质量的百分比。

活动度反映黏性土中所含矿物的活动性。根据活动度的大小，黏性土可以分为如下 3 种：当 $A < 0.75$ 时，为非活性黏土；当 $A = 0.75 \sim 1.25$ 时，为正常黏土；当 $A > 1.25$ 时，为活性黏土。

活性黏土的矿物成分以吸水能力很强的蒙脱石等矿物为主，而非活性黏土中的矿物成分，则以高岭石等吸水能力较差的矿物为主。

任务四　无黏性土的物理性质指标

能力目标：学生通过学习能够掌握无黏性土的物理性质指标含义。

影响无黏性土工程性质的主要因素是密实度。无黏性土呈密实状态时，强度较大，属于良好的天然地基；呈松散状态时，则属于不良地基。

一、砂土的密实度

砂土的密实度可用天然孔隙比衡量，当 $e<0.6$ 时，为密实状态，强度高，压缩性小。当 $e>0.95$ 时，为松散状态，强度低，压缩性大。这种测定方法简单，但没有考虑颗粒级配的影响。例如，同样孔隙比的砂土，当颗粒均匀时，较密实；当颗粒不均时，较疏松。考虑颗粒级配的影响，通常用砂土的相对密实度 D_r 表示，即

$$D_r = \frac{e_{max} - e}{e_{max} - e_{min}} \tag{3-29}$$

式中：D_r ——砂土的相对密实度；

e_{max} ——砂土的最大孔隙比，即最疏松状态的孔隙比，其测定方法是将疏松的风干土样通过长颈漏斗轻轻地倒入容器，求其最小干密度，计算孔隙比；

e_{min} ——砂土的最小孔隙比，即最密实状态的孔隙比，其测定方法是将疏松的风干土样分三次装入金属容器，并加以振动和锤击，至体积不变为止，测出最大干密度，算出其孔隙比。

从式（3-29）可知，若砂土的天然孔隙比 e 接近于 e_{min}，D_r 接近 1，土呈密实状态；当接近 e_{max}，D_r 接近 0，土呈疏松状态。按 D_r 的大小将砂土分成 3 种密实度状态，即当 $0.67 < D_r \leqslant 1$ 时，为密实；当 $0.33 < D_r \leqslant 0.67$ 时，为中密；当 $0 < D_r \leqslant 0.33$ 时，为松散。

D_r 从理论上能反映土粒的级配、形状等因素，但是砂土很难取得原状土样，因此天然孔隙比不易测准，其相对密实度的精度就无法保证。《建筑地基基础设计规范》（GB 50007—2011）及《公路桥涵地基与基础设计规范》（JTG D63—2007）用标准贯入试验锤击数 N 来划分砂土的密实度（表 3-6）。其中，N 是在标准贯入时，用质量为 63.5kg 的重锤，落距为 76cm，自由落下，将贯入器竖直击入土中 30cm 所需要的锤击数。

表 3-6　砂土的密实度

密实度	密实	中密	稍密	松散
准贯入锤击数 N	$N>30$	$15<N\leqslant 30$	$10<N\leqslant 15$	$N\leqslant 10$

二、碎石土的密实度

碎石土既不易获得原状土样，也难以将贯入器击入土中。碎石土可根据野外鉴别方

法划分为密实、中密、稍密 3 种，见表 3-7。

表 3-7　碎石土的密实度野外鉴别方法

密实度	骨架颗粒含量和排列	可挖性	可钻性
密实	骨架颗粒含量大于总重的 70%；交错排列，连续接触	锹、镐挖掘困难，用撬棍方能松动，井壁一般较稳定	钻进极困难；冲击钻探时，钻杆、吊锤跳动剧烈；孔壁较稳定
中密	骨架颗粒含量等于总重的 60%～70%；交错排列，大部分接触	锹、镐可挖掘；井壁有掉块现象，从井壁取出大颗粒后，能保持颗粒凹面形状	钻进较困难；冲击钻探时，钻杆、吊锤跳动不剧烈；孔壁有坍塌现象
稍密	骨架颗粒含量小于总重的 60%；排列混乱，大部分不接触	锹可以挖掘；井壁易坍塌；从井壁取出大颗粒后，填充物砂土立即坍落	钻进较容易；冲击钻探时，钻杆稍有跳动；孔壁易坍塌

任务五　土的工程分类

能力目标：学生通过学习能够掌握土的工程分类方法。

自然界中土的种类很多，工程性质各异。公路工程中土的分类依据如下：

1）土颗粒组成特征：筛分法确定各粒组的含量。

2）土的塑性指标：液限、塑限和塑性指数，按液塑限联合测定法确定液限和塑限。

3）土中有机质存在情况。

根据《公路土工试验规程》(JTG E40—2007)，将土分为巨粒土、粗粒土、细粒土和特殊土。土的分类总体系如图 3-16 所示。

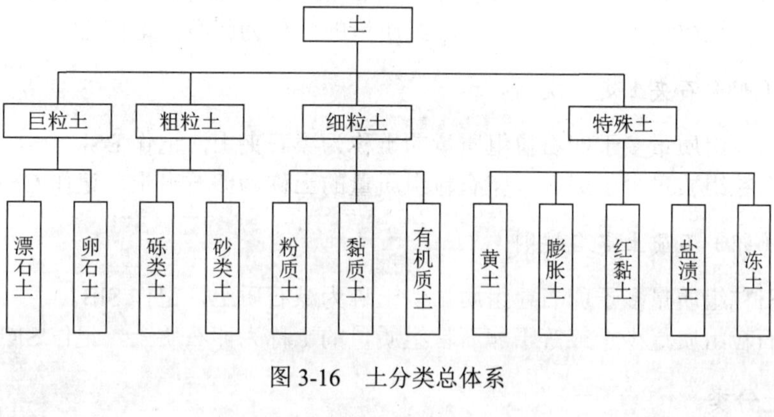

图 3-16　土分类总体系

一、巨粒土分类

巨粒土的分类体系如图 3-17 所示。

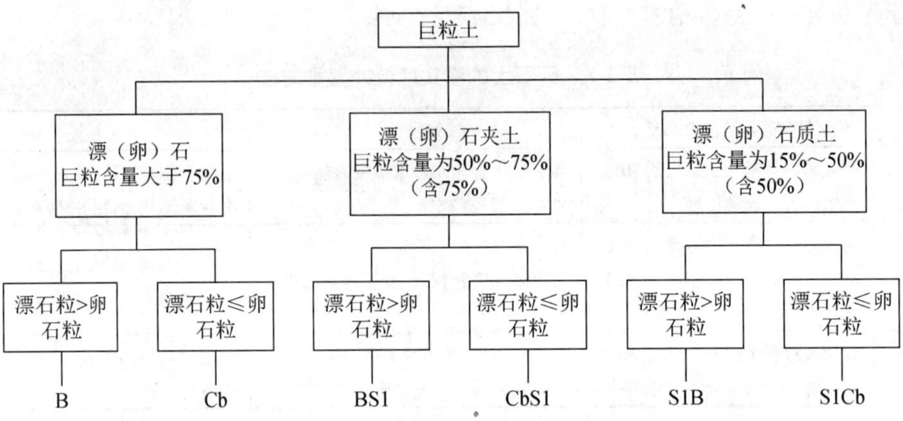

图 3-17　巨粒土的分类体系

巨粒土分类体系中的漂石换成块石，B 换成 Ba，即构成相应的块石分类体系；
巨粒土分类体系中的卵石换成小块石，Cb 换成 Cba，即构成相应的小块石分类体系

1. 巨粒土定名分类

1）巨粒组（d>60mm）质量大于总质量 75%的土称为漂（卵）石。

2）巨粒组质量为总质量 50%～75%（含 75%）的土称为漂（卵）石夹土。

3）巨粒组质量为总质量 15%～50%（含 50%）的土称为漂（卵）石质土。

4）巨粒组质量少于或等于总质量 15%的土，可去除巨粒，按粗粒土或细粒土的相应规定分类定名。

2. 漂（卵）石定名规则

1）漂石粒组（d>200mm）质量多于卵石粒组质量的土称为漂石，记作 B。

2）漂石粒组质量少于或等于卵石粒组质量的土称为卵石，记作 Cb。

3. 漂（卵）石夹土定名规则

1）漂石粒组质量多于卵石粒组质量的土称为漂石夹土，记作 BSl。

2）漂石粒组质量少于或等于卵石粒组质量的土称为卵石夹土，记作 CbSl。

4. 漂（卵）石质土定名规则

1）漂石粒组质量多于卵石粒组质量的土称为漂石质土，记作 SlB。

2）漂石粒组质量少于或等于卵石粒组质量的土称为卵石质土，记作 SlCb。

二、粗粒土分类

试样中巨粒组土粒（0.075mm≤d≤60mm）质量少于或等于总质量 15%，且巨粒组土粒与粗粒组土粒质量之和多于总土质量 50%的土称为粗粒土。

1．砾类土分类

粗粒土中砾粒组（2mm≤d≤60mm）质量多于砂粒组（0.075mm≤d≤2mm）质量的土称砾类土。砾类土的分类体系如图 3-18 所示。

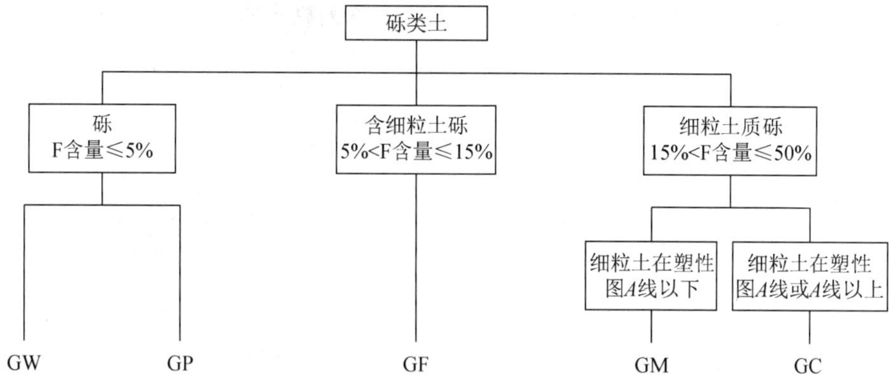

图 3-18　砾类土的分类体系

砾类土分类体系中的砾石换成角砾，G 换成 Ga，即构成相应的角砾土分类体系；F—细粒土中（C 和 M）合称

1）砾类土中细粒组质量小于或等于总质量 5%的土称为砾，按下列级配指标定名：①当 C_u≥5，且 C_c=1～3 时，称为级配良好砾，记作 GW；②不同时满足 C_u≥5，且 C_c=1～3 条件时，称为级配不良砾，记作 GP。

2）砾类土中细粒组（d≤0.075mm）质量为总质量 5%～15%（含 15%）的土称为含细粒土砾，记为 GF。

3）砾类土中细粒组质量大于总质量 15%，并小于或等于总质量的 50%的土称为含细粒土质砾，按细粒土在塑性图中的位置定名：①当细粒土位于塑性图 A 线以下时，称为粉土质砾，记作 GM。②当细粒土位于塑性图 A 线或 A 线以上时，称为黏土质砾，记作 GC。

2．砂类土分类

粗类土中砾粒组（2mm≤d≤60mm）质量少于或等于砂粒组质量的土称为砂类土。砂类土应根据其中细粒含量和类别及粗粒组的级配进行分类，分类体系如图 3-19 所示。

需要注意的是，砂可进一步分为粗砂、中砂和细砂：粒径大于 0.5mm 颗粒多于总质量 50%的砂称为粗砂；粒径大于 0.25mm 颗粒多于总质量 50%的砂称为中砂；粒径大于 0.075mm 颗粒多于总质量 75%的砂称为细砂。

1）砂类土中细粒组（d≤0.075mm）质量小于或等于总质量 5%的土称砂，按下列级配指标定名。

① 当 C_u≥5，且 C_c=1～3 时，称为级配良好砂，记作 SW。

② 不同时满足 C_u≥5，且 C_c=1～3 条件时，称为级配不良砂，记作 SP。

2）砂类土中细粒组质量为总质量 5%～15%（含 15%）的土称为含细粒土砂，记作 SF。

3）砂类土中细粒组质量大于总质量 15%，并小于或等于总质量的 50%的土称为含细粒土质砂，按细粒土在塑性图中的位置定名。

① 当细粒土位于塑性图 *A* 线以下时，称为粉土质砂，记作 SM。

② 当细粒土位于塑性图 *A* 线或 *A* 线以上时，称为黏土质砂，记作 SC。

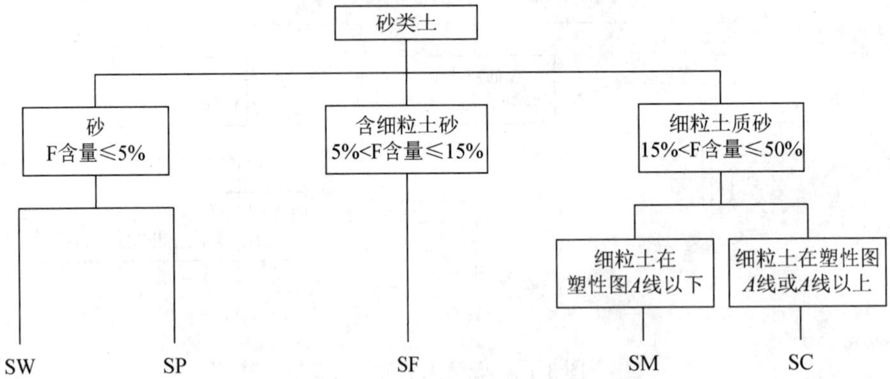

图 3-19　砂类土的分类体系

三、细粒土分类

试样中细粒组（d≤0.075mm）质量多于或等于总质量 50%的土称为细粒土，分类体系如图 3-20 所示。

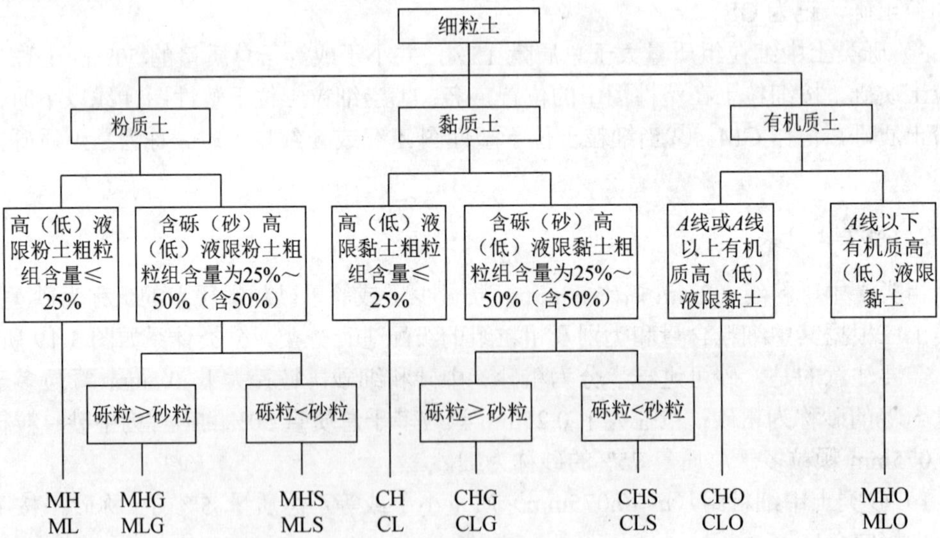

图 3-20　细粒土的分类体系

1. 按粒组成分含量分类

细粒组按粒组成分含量分类如下。

1）细粒土中粗粒组（0.075mm≤d≤60mm）质量少于或等于总质量 25%的土称为粉质土或黏质土。

2）细粒土中粗粒组质量为总质量 25%～50%（含 50%）的土称为含粗粒的粉质土或含粗粒的黏质土。

① 当粗粒组中砾粒组质量多于砂粒组质量时，称为含砾细粒土，应在细粒土代号后缀以代号 G。

② 当粗粒组中砂粒组质量多于砾粒组质量时，称为含砂细粒土，应在细粒土代号后缀以代号 S。

3）试样中有机质含量多于或等于总质量的 5%，且少于总质量的 10%的土称为有机质土。试样中有机质含量多于或等于 10%的土称为有机土。

2. 按塑性图分类

细粒土分类的塑性图（图 3-21）采用下列液限分区，即低液限<50%，高液限≥50%。

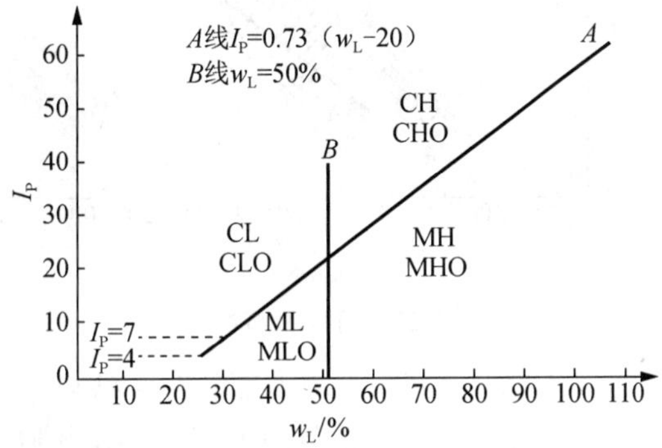

图 3-21　细粒土分类的塑性图

细粒土按其在塑性图中的位置，确定土的名称如下。

1）当细粒土位于塑性图 A 线或 A 线以上时，按下列规定命名：①在 B 线或 B 线以右，称为高液限黏土，记作 CH；②在 B 线以左，I_P=7 线以上，称为低液限黏土，记作 CL。

2）当细粒土位于 A 线以下时，按下列规定命名：①在 B 线以右，称为高液限粉土，记作 MH；②在 B 线以左，I_p=4 线以下，称为低液限粉土，记作 ML。

3）黏土～粉土过渡区（CL～ML）的土可以按相邻土层的类别考虑细分。

四、有机质土分类

土中有机质包括未完全分解的动植物残骸和完全分解的无定型物质。其中，完全分解的无定型物质多呈黑色、青黑色或暗色，有臭味，有弹性和海绵感。

有机质土应根据塑性图按下列规定命名。

1）位于塑性图 *A* 线以上：①在 *B* 线或 *B* 线以右，称为有机质高液限黏土，记作CHO；②在 *B* 线以左，I_P=7 线以上，称为有机质低液限黏土，记作 CLO。

2）位于塑性图 *A* 线以下：①在 *B* 线或 *B* 线以右，称为有机质高液限粉土，记作MHO；②在 *B* 线以左，I_P=4 线以下，称为有机质低液限粉土，记作 MLO。

3）黏土～粉土过渡区（CL～ML）的土可以按相邻土层的类别考虑细分。

五、特殊土分类

特殊土包括黄土、膨胀土、红黏土、盐渍土和冻土。

1. 黄土、膨胀土和红黏土分类

黄土、膨胀土和红黏土按特殊土塑性图（图 3-22）分类命名。

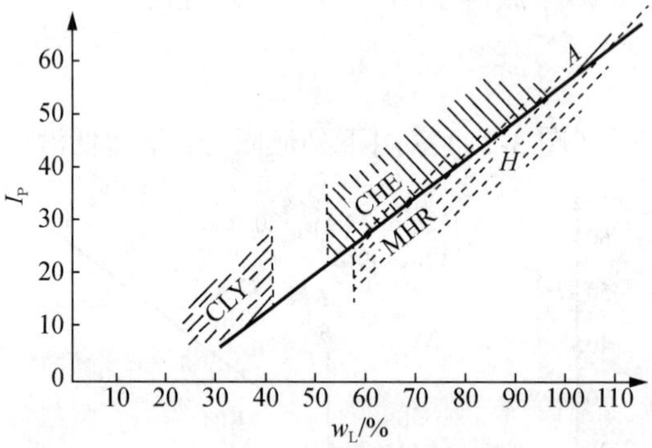

图 3-22 特殊土塑性图

1）黄土：低液限黏土（CLY），分布范围大部分在 *A* 线以上，w_L<40%。

2）膨胀土：高液限黏土（CHE），分布范围大部分在 *A* 线以上，w_L>50%。

3）红黏土：高液限粉土（MHR），分布范围大部分在 *A* 线以下，w_L>55%。

2. 盐渍土分类

盐渍土按表 3-8 的规定分类命名。

表 3-8 盐渍土工程分类

盐渍土名称	土层中平均总盐量（以质量分数）			
	氯盐渍土（Cl^{-1}/SO_4^{2-} 比值>2.0）	亚氯盐渍土（Cl^{-1}/SO_4^{2-} 比值为 1.0～2.0）	亚硫酸盐渍土（Cl^{-1}/SO_4^{2-} 比值为 0.3～1.0）	硫酸盐渍土（Cl^{-1}/SO_4^{2-} 比值<0.3）
弱盐渍土	>0.3～1.5	>0.3～1.0	>0.3～0.8	>0.3～0.5
中盐渍土	>1.5～5.0	>1.0～4.0	>0.8～2.0	>0.5～1.5
强盐渍土	>5.0～8.0	>4.0～7.0	>2.0～5.0	>1.5～4.0
过盐渍土	>8.0	>7.0	>5.0	>4.0

3. 冻土分类

冻土按冻结状态持续时间分类，可分为多年冻土、隔年冻土和季节性冻土 3 种，见表 3-9。

表 3-9　冻土按冻结状态持续时间分类

类型	持续时间 t/年	地面温度特征/℃	冻融特征
多年冻土	$t≥2$	年平均地面温度≤0	季节融化
隔年冻土	$1≤t<2$	最低月平均地面温度≤0	季节冻结
季节性冻土	$t<1$	最低月平均地面温度≤0	季节冻结

任务六　土的压实

能力目标：学生通过学习能够掌握土的压实试验的步骤。

在路基、堤坝填筑过程中，土体都要经过压实。软土地基也可以用重锤夯实或机械碾压的方法进行一定程度的改善。土的压实性是指土在反复冲击荷载作用下被压密的特性。土的压实过程就是在外力作用下土体的三相重新组合的过程。研究压实的目的是如何用最小的压实功把土压实，并达到所要求的密度。

实践证明，对过湿的土进行夯实或碾压会出现软弹现象（俗称橡皮土），此时土的密度是不会增大的；对很干的土进行夯实或碾压，也不能将土充分压实。所以，要使土的压实效果最好，含水率一定要适宜。在一定的压实能量作用下，使土最容易压实，达到最大密度的含水率称为土的最优含水率（或最佳含水率），用 w_{OP} 表示，相对应的干密度称为最大干密度，用 ρ_{dmax} 表示。通常可在室内用压实仪进行压实试验，也可在现场用碾压机械进行碾压试验，以获得土的最大干密度与对应的最优含水率的关系。

室内压实试验方法如下：将某一土样分成 6～7 份，每份中加入不同的水量，得到不同含水率的土样。将每份土样装入压实仪（图 3-23）内，进行压实，压实方法为：把某一含水率的试样分 3 层放入压实筒内，每放一层用压实锤压实。这时每一层土所做的压实功为锤体质量、锤体落距和击打次数的乘积，将土层分层压实至满筒后（试验时，使压实土稍超出筒高，然后将多余部分削去），测定压实后土的含水率和湿密度，算出干密度。用同样的方法将其他不同含水率的土样进行压实，每一土样均可得到压实后的含水率与干密度。以含水率为横坐标，干密度为纵坐标绘制出这些数据点，连接各点绘制出曲线，即为能反映土体压实特性的曲线，称为压实曲线。

图 3-23　电动压实仪

常见的压实仪种类见表 3-10。

表 3-10　压实仪种类

压实仪种类	锤质量/g	锤底直径/mm	落距/mm	压实筒尺寸		
				内径/mm	高度/mm	体积/mm^3
轻型压实仪	2500 ± 5	50 ± 0.5	300 ± 2	100.00	127	1000
南实处型压实仪	2500 ± 5	50 ± 0.5	460 ± 2	92.15	150	1000
重型压实仪	4500 ± 5	50 ± 0.5	450 ± 2	150.00	125	2209

一、黏性土的压实特性

1. 黏性土的压实曲线

黏性土的压实曲线如图 3-24 所示。由图 3-24 可知，当含水率较低时，随着含水率的增加，土的干密度也逐渐增大，表明压实效果逐步提高；当含水率超过某一限值时，干密度随着含水率增大而减小，即压密效果下降。这说明土的压实效果随着含水率而变化，并在压实曲线上出现一个峰值，相应于这个峰值的含水率即为最优含水率 w_{OP}。

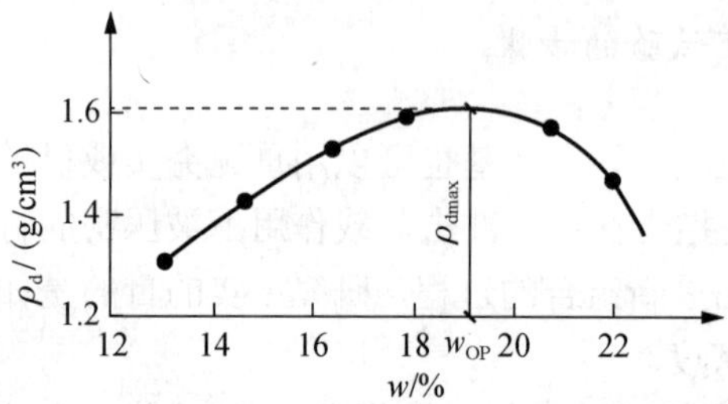

图 3-24　黏性土的压实曲线

2. 影响黏性土压实效果的因素

（1）土的性质

土是固相、液相和气相的三相体。当采用压实机械对土进行碾压时，土颗粒彼此挤紧，孔隙减小，顺序重新排列，形成新的密实体，粗粒土之间摩擦和咬合增强，细粒土之间的分子引力增大，从而提高土的强度和稳定性。在同一压实功作用下，含粗粒越多的土，其最大干重度越大。而随着粗粒土的增多，最优含水率越小，压实曲线的峰点越向左上方移动。

土的颗粒级配对压实效果也有影响。颗粒级配越均匀，压实曲线的峰值范围宽广而平缓；对于黏性土，压实效果与其中的黏土矿成分含量有关，添加木质素和铁基材料，可改善土的压实效果。

（2）土的含水率

含水率的大小对压实效果的影响显著。当黏性土含水率较小时，土中水主要是强结合水，阻止颗粒移动，受到外力作用时，不易改变原来位置，因此压实就比较困难；当含水率适当增大时，土中结合水膜变厚，土粒间的连接力减弱而使土粒易于移动，压实效果就变好；但当含水率继续增大时，土中水膜变厚，此时土中出现了自由水，压实时的土样受力时间较短，孔隙中过多的水分不易立即排出，势必阻止土粒的干扰，所以压实效果反而下降。

通过大量试验发现，黏性土的最优含水率 w_{OP} 与土的塑限很接近，约为 $w_{OP}=w_P+2$。因此，土中所含黏土矿物越多、颗粒越细，最优含水率越大。

（3）土的压实功

土的压实效果与压实功的大小有关。对同一种土，如用人力夯实或轻量级的机械压实，因为能量较小，要求土粒间有更多的水分使其润滑，因此，最优含水率较大，从而得到的最大干密度较小。当用机械夯实或用重量级的机械压实时，压实能量大，最大干密度就大。对于同一种土，用不同的功压实，得到的压实曲线如图 3-25 所示。压实曲线表明，在不同的压实功下，曲线的形状不变，但最大干密度的位置却随着压实功的增大而增大，并向左上方移动。这就是说，当压实功增大时，最优含水率减小，相应的最大干密度增大。所以，在工程实践中土的含水率较小时，应选用压实功较大的机具，才能达到所要求的密度。在碾压过程中，如未能将土压实至最密实的程度，则应增大压实功（选用功率较大的机具或增加碾压遍数）；若土的含水率较大，则应选用压实功较小的机具，否则会出现橡皮土现象。因此，若要把土压实到工程要求的干密度，必须合理控制土的含水率，选用适合的压实功。

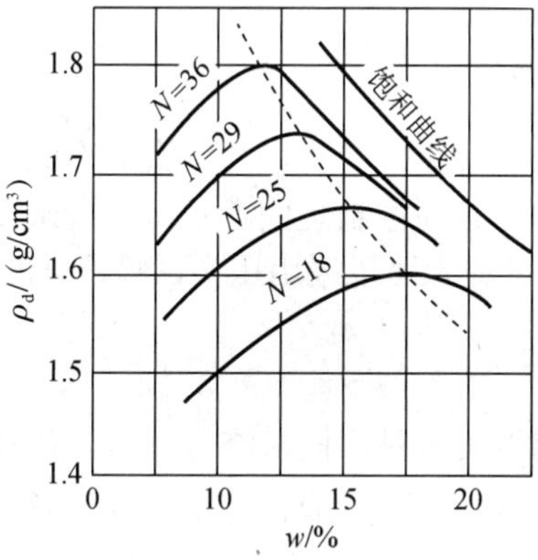

图 3-25　压实功对压实曲线的影响

N—压实次数

图 3-25 中还给出了理论饱和曲线，它表示当土处于饱和状态时，含水率与干密度的关系。压实试验不可能将土压实到完全饱和状态。压实过程只能将与大气相通的气体排出去，而封闭气体无法排出，仅能产生部分压缩。压实试验证明，黏性土在最优含水率时，压实到最大干密度，其饱和度一般为 0.8 左右。因此，压实曲线位于饱和曲线的左下方，而不会相交。

二、无黏性土的压实特性

无黏性土的压实曲线如图 3-26 所示。由图 3-26 可以看出，在风干和饱和状态下，压实都能得出较好的效果。其原理是，风干和饱和状态下不存在假黏聚力，在这两种状态之间时，受假黏聚力的影响，压实效果最差。

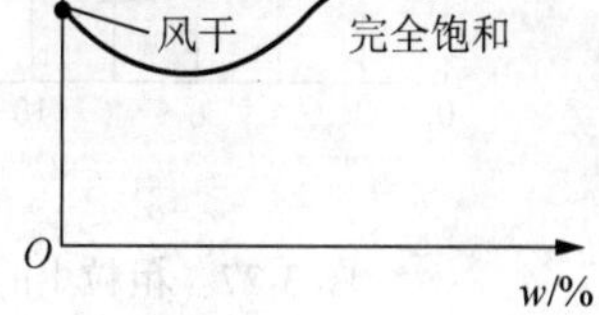

图 3-26　无黏性土的压实曲线

三、压实标准的确定与控制

工程上常采用压实度 K 作为衡量填土达到的压密标准，即

$$K=\frac{\text{填土实际干密度}}{\text{标准压实功的最大干密度}}\times 100\% \tag{3-30}$$

压实度 K 一般为 0～1，K 越大，压实质量越高，反之则差；当 $K>1$ 时，实际压实功超过标准压实功，工程等级越高要求压实度越大，反之可以略小。在填方碾压过程中，如果压实度 K 要求很高，当碾压机具碾压多遍后，压实度 K 的增长十分缓慢或达不到要求的压实度，这时切不可盲目增加碾压遍数，使碾压成本增大、施工时间延长，而且可能造成土体的剪切破坏，降低干密度，而应该认真检查土的含水率是否符合设计要求。如果含水率符合设计要求，就是由于使用的碾压机械单遍压实功过小而达不到设计要求，只能更换压实功更大的碾压机械才能达到目的。

1. 细粒土压实标准的确定

细粒土和粗粒土具有不同的压密性质，其压实的方法也不同。压实细粒土宜用夯实机具或大型的碾压机具，同时必须控制土的含水率。含水率太高或者太低都得不到好的压密效果。实践经验表明，细粒土可以采用压实试验得到的最优含水率 w_{OP} 进行控制。

2. 粗粒土压实标准的确定

压实粗粒土时，宜采用振动机具，同时充分洒水。砂和砂砾等粗粒土的压实性也与含水率有关，但不存在最优含水率。一般在完全干燥或者充分洒水饱和的情况下容易压实到较大的干密度。潮湿状态下，由于毛细压力增加了粒间阻力，压实干密度显著降低。粗砂含水率为 4%～5%，中砂含水率为 7%左右时，压实干密度最小，如图 3-26 所示。所以，在压实砂砾时要充分洒水使土料饱和。

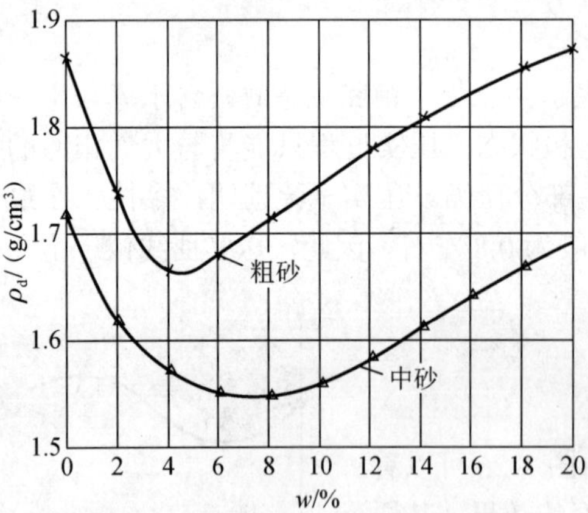

图 3-27　粗粒土的压实曲线

粗粒土的压实标准，一般用相对密实度 D_r 来控制。室内试验的结果表明，对于饱和的粗粒土，在静力或动力的作用下，相对密实度大于 0.75 时，土的强度明显增加，变形显著减小。粗粒土的压实曲线如图 3-27 所示，图中 w 为压实前含水率。

复习思考题

1. 简述土的三相组成。

2. 简述黏性土和砂性土的物理力学特性。

3. 为什么要对土进行工程分类？主要有哪些分类方法？

4. 说出分类符号 GM、ML、MHO、CLO 的具体名称。

5. 简述土的压实度定义及影响压实度的基本因素。

6. 影响土的渗透性的因素有哪些？

7. 试述层流渗透定律的意义，它对各种土的适用性如何？何为起始水力梯度？

8. 某基础工程地质勘察中，取原状土做试验，用天平称 $50cm^3$ 湿土质量为 96.25g，烘干后质量为 75.05g，土粒比重为 2.65，试计算此土样的天然密度、干密度、饱和密度、天然含水率、孔隙比和饱和度。

9. 取某湿土样 1875g，测知其含水率为 15%，若在土样中再加入 100g 水，试计算此时土样的含水率。

10. 某地基土样，用体积为 $100cm^3$ 的环刀取样试验，用天平测得环刀加湿土的质量为 250g，环刀质量为 55.00g，烘干后土样质量为 162g，土粒比重为 2.65，试计算该土样的 w、s_r、e、ρ_d。

11. 已知某砂土，e_{max}=0.862，e_{min}=0.636，砂土在天然状态下的孔隙比 e=0.736，试计算砂土的相对密实度 D_r。

12. 已知某土样的天然含水率 w=40%，塑限 w_P=45%，液限 w_L=25%，试计算该土的塑性指数 I_P 和液性指数 I_L。

项目四

土中应力计算

学习目标　1）掌握土中自重应力概念、计算方法及分布图形绘制，理解地下水对自重应力大小影响。

2）掌握刚性基础基底压力计算方法基底附加应力的概念及计算机了解基底压力的分布规律及其影响因素。

3）掌握矩形基础利用综合角点法计算附加应力的方法与条形基础及圆形基础下地基中附加应力的计算方法。

对建筑物地基进行稳定分析和沉降（变形）计算，首先应了解和计算在建筑物修建前后土体中的应力。地基中的应力主要包括由土体自重引起的自重应力和由建筑物荷载在地基中引起的附加应力。计算附加应力时，先计算基础底面的压力大小和分布。本项目主要介绍自重应力、基底压力和附加应力的基本概念及其计算方法。

任务一　土中自重应力

能力目标：学生通过学习能够掌握土的自重应力的计算方法。

土体的自重应力是指由土体自身的有效重力产生的应力。研究土体的自重应力目的是确定其初始应力状态。

假定土体为具有水平表面的半无限弹性体，则土体中所有竖直面和水平面上的均不存在剪应力，因此土体内部任一点水平面和竖直面上仅作用有竖向的自重应力和水平向的自重应力［图 4-1（a)]。

一、竖直向自重应力

土体中任意深度 z 处的竖向自重应力就等于单位面积上土柱的有效重量[图 4-1(a)]。对于天然重度为 γ 的均质土，任意深度 z 处的自重应力为

$$\sigma_{cz} = \gamma z \tag{4-1}$$

由式(4-1)可知，均质土层中的自重应力随深度线性增加，呈三角形分布[图 4-1(b)]，沿水平面则为均匀分布。

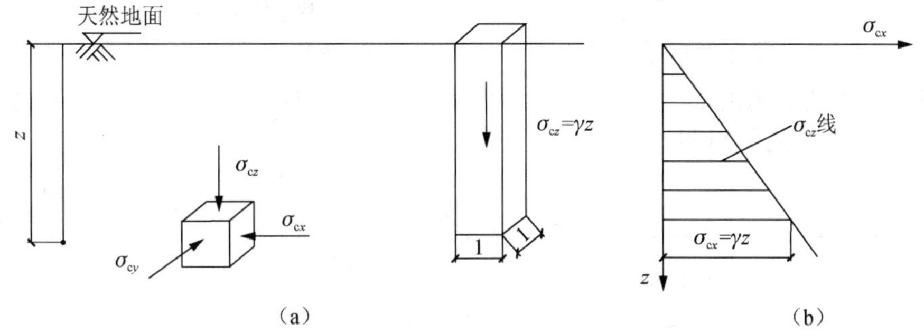

图 4-1　均质土层中自重应力

一般情况下，地基由不同性质的成层土组成，并存在地下水，各层土的重度各不相同，在地面一下任一层面处的自重应力为

$$\sigma_{cz}=\gamma_1 h_1+\gamma_2 h_2+\cdots+\gamma_n h_n=\sum_{i=1}^{n}\gamma_i h_i \tag{4-2}$$

式中：n——从天然地面到深度 z 处的土层总数；

h_i——第 i 层土的厚度，m；

γ_i——第 i 层土的重度，kN/m^3，地下水水位以上的土层一般采用天然重度，地下水水位以下的土层采用浮重度，毛细饱和带的土层采用饱和重度。

图 4-2 是按式（4-2）计算后绘制的自重应力分布曲线。从自重应力分布曲线可知，非均质土中自重应力沿深度呈折线分布，在重度变化的土层界面和地下水水位面上发生转折。

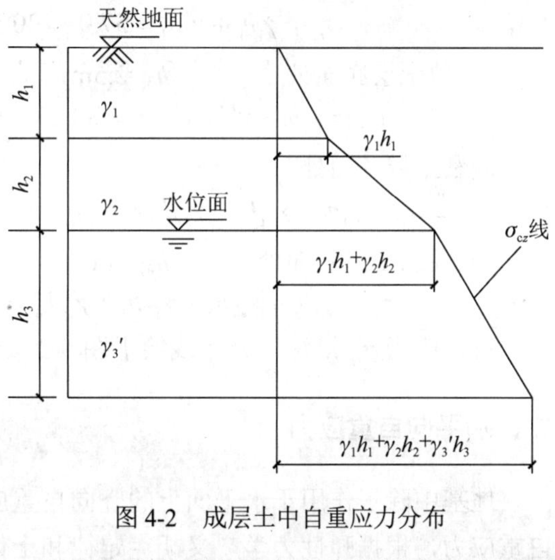

图 4-2　成层土中自重应力分布

应该说明，在静水条件下，土体中只有粒间应力（即有效应力）才能引起土体变形，土的自重应力是由土体自身的有效重力产生的应力，所以竖向和水平向的自重应力均是指有效应力，在进行自重应力计算时，地下水水位以下土层必须以浮重度代替天然重度。

在地下水水位以下，如果埋藏有不透水层（如基岩层、连续分布的硬黏性土层），由于不透水层中不存在水的浮力，其层面及层面以下的自重应力按上覆土层的水土总重计算，这样在不透水层界面上自重应力产生突变。

地下水水位的升降会引起土中自重应力的变化，如大量抽取地下水造成地下水水位大幅度下降，使原水位以下土体中的有效应力增加，造成地表大面积下沉。

必须指出，自然界中的土层形成，至今已经历了很长的地质年代，在自重应力作用下引起的变形早已完成。但对于新近沉积的土层或新近堆填的土层，在自重应力作用下的变形尚未完成，还应考虑它们在自重应力作用下的变形。

【例 4-1】某地基由多层土组成，其地质剖面图如图 4-3（a）所示，试计算并绘制自重应力 σ_{cz} 沿深度的分布图。

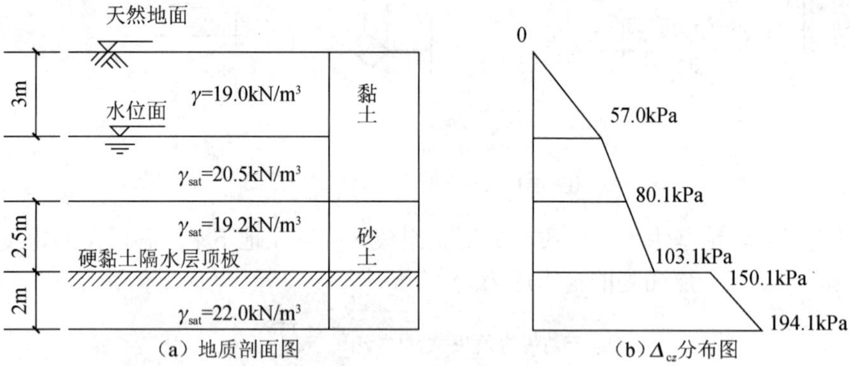

图 4-3　例 4-1 图

解： 1）地下水水位处　　h_1=3m

$$\sigma_{cz} = \gamma_1 h_1 = 19.0 \times 3 = 57.0 \text{（kPa）}$$

2）黏土层底面处　　h_2=2.2m

$$\sigma_{cz} = \gamma_1 h_1 + \gamma_2' h_2 = 57.0 + (20.5 - 10) \times 2.2 = 80.1 \text{（kPa）}$$

3）砂土层底面处　　h_3=2.5m

$$\sigma_{cz} = \gamma_1 h_1 + \gamma_2' h_2 + \gamma_3' h_3 = 80.1 + (19.2 - 10) \times 2.5 = 103.1 \text{（kPa）}$$

硬黏土层顶面处

$$\sigma_{cz} = \gamma_1 h_1 + \gamma_{sat} h_2 + \gamma_{sat} h_3 = 57.0 + 20.5 \times 2.2 + 19.2 \times 2.5 = 150.1 \text{（kPa）}$$

4）硬黏土层底面处　　h_4=2m

$$\sigma_{cz} = \gamma_1 h_1 + \gamma_{sat} h_2 + \gamma_{sat} h_3 + \gamma_{sat} h_4 = 150.1 + 22.0 \times 2 = 194.1 \text{（kPa）}$$

自重应力 σ_{cz} 沿深度分布线绘于图 4-3（b）中。

二、水平向自重应力

地基中除了作用于水平面上的竖向自重应力以外，还存在作用于竖直面上的水平向自重应力，根据弹性力学广义胡克定律和土体的侧限条件，推导得

$$\sigma_{cx} = \sigma_{cy} = K_0 \sigma_{cz} \tag{4-3}$$

式中：K_0——土的侧压力系数（也称静止土压力系数）。可通过试验求得，无试验资料时可按经验公式或经验值确定。

任务二　基 底 压 力

能力目标：学生通过学习能够掌握基底压力计算方法。

建筑物上部结构荷载和基础自重通过基础传递给地基，作用于基础底面传至地基的单位面积压力称为基底压力，又称为接触压力。其反作用力，即地基土层反向施加于基础底面上的压力称为基底反力。

基底压力的分布和大小与多种因素有关，它既与基础的形状、大小、刚度和埋置深度有关，又与基础上作用荷载的性质（中心、偏心、倾斜等）及大小、地基土性质有关。例如，柔性基础的基底压力与作用在基础上的荷载分布相同，如图 4-4（a）所示。又如，刚度较大的条形基础受中心荷载作用，若建造在砂土地基上，其基底压力中间大而边缘为零，类似于抛物线形分布，如图 4-4（b）所示；若建造在黏性土地基上，当荷载较小时，基底压力分布边缘大、中间小，类似于马鞍形分布，而当荷载逐渐增大后，转变为抛物线形分布，如图 4-4（c）所示。

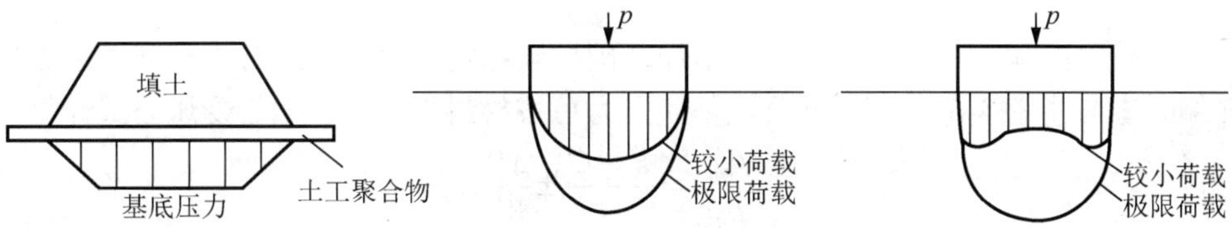

（a）柔性基础　（b）刚性基础，砂土地基　（c）刚性基础，黏性土地基

图 4-4　基础基底压力分布示意图

对于刚性较大的基础，虽然基底压力分布十分复杂，但经验表明，当基础宽度不太大，而荷载较小的情况时，基底压力分布可近似地按直线变化考虑，根据材料力学公式进行简化计算，这也是目前工程实践中采用的简化计算方法。

一、中心荷载作用下的基底压力

当基础受中心荷载作用时，荷载的合力通过基础形心，假定基底压力呈均匀分布（图 4-5），此时基底压力设计值按材料力学公式，有

$$p=\frac{F+G}{A} \tag{4-4}$$

式中：F——上部结构传至基础顶面的竖向力设计值，kN。

G——基础自重设计值及其上回填土重标准值的总和，kN；另外，$G=\gamma_G Ad$，γ_G为基础及回填土的平均重度，一般取 20kN/m^3，地下水水位以下部分用有效重度；d 为基础埋置深度，必须从室内设计地面或室内外平均设计地面算起，m。

A——基底面积，m^2。

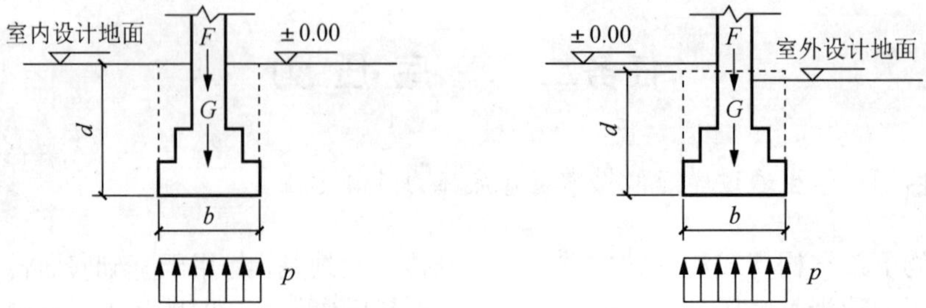

（a）从室内设计地面算起　　（b）从室外平均设计地面算起

图 4-5　中心荷载作用下的基底压力分布

对于荷载沿长度方向均匀分布的条形基础（当基础长度与宽度之比大于等于 10，可将基础视作条形基础），沿长度方向截取 1m 的基底面积来计算，此时，式（4-4）中的 A 取基础宽度 b，而 F 和 G 则为沿基础延伸方向截取 1m 长的截条上的相应荷载值，单位为 kN/m。

二、偏心荷载作用下的基底压力

基础受单向偏心荷载作用时，为增加基础抗倾稳定，设计时通常将基础长边 l 方向放在偏心方向［图 4-6（a）］。此时，基底压力可按材料力学短柱偏心受压公式计算。

$$\begin{matrix} p_{\max} \\ p_{\min} \end{matrix} = \frac{F+G}{A} \pm \frac{M}{W} \tag{4-5}$$

式中：$p_{\max}$、$p_{\min}$——基础边缘最大应力、最小应力设计值，$\mathrm{kN/m^2}$。

M——作用于基础底面形心上的力矩设计值，$\mathrm{kN \cdot m}$。

W——基础底面的抵抗矩，$\mathrm{m^3}$；对于矩形截面，$W=\dfrac{bl^2}{6}$。

设偏心荷载（F+G）的偏心矩为 e［图 4-6（b）］，则有

$$M=(F+G)e$$

将 $M=(F+G)e$、$W=\dfrac{bl^2}{6}$ 和 A=bl 代入式（4-5），得

$$\begin{matrix} p_{\max} \\ p_{\min} \end{matrix} = \frac{F+G}{bl}\left(1 \pm \frac{6e}{l}\right) \tag{4-6}$$

由式（4-6）计算可知：

1）当 $e<\dfrac{l}{6}$ 时，基底压力呈梯形分布，如图 4-6（c）所示。

2）当 $e=\dfrac{l}{6}$ 时，基底压力呈三角形分布，如图 4-6（d）所示。

3）当 $e>\dfrac{l}{6}$ 时，基底压力 $p_{\min}<0$，表明基底出现拉应力，地基与基础之间不能承受拉应力，此时基底与地基间局部脱离，从而使基底压力重新分布。根据基底反力与偏

心荷载相平衡的条件，偏心荷载必须作用在基底压力分布图形的形心上［图 4-6（e)]，因而基底压力分布图形的底边长度必为 3(l/2−e)，由力的平衡条件，得

$$F+G=\frac{1}{2}p_{\max}\times 3\left(\frac{l}{2}-e\right)b$$

$$p_{\max}=\frac{2(F+G)}{3\left(\frac{l}{2}-e\right)b} \tag{4-7}$$

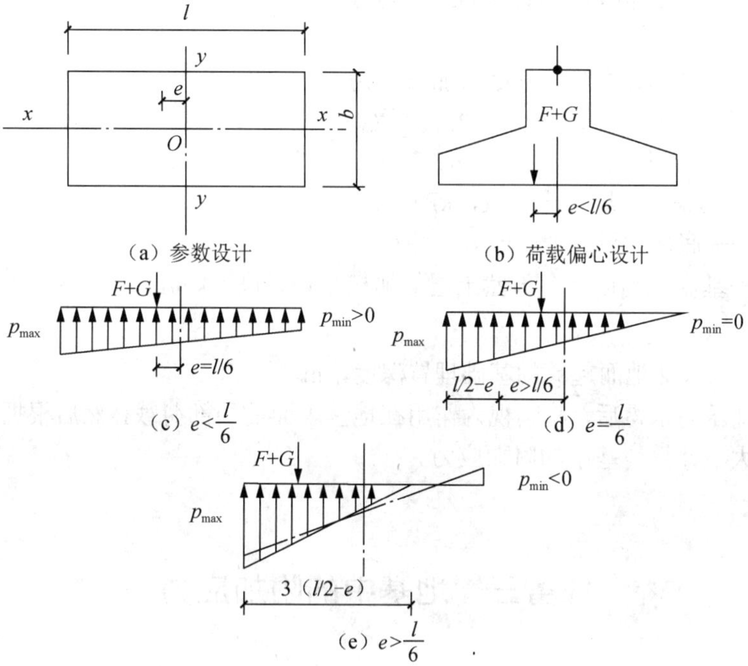

图 4-6　单向偏心荷载下的矩形基底压力分布图

值得注意的是，当计算得到 $p_{\min}<0$ 时，一般应调整结构设计和基础尺寸设计，以避免基底与地基间局部脱离的情况。

计算基底压力时，作用于建筑物上的水平荷载通常按均匀分布于整个基础底面计算。

三、基底附加压力

作用于地基表面，在建造建筑物新增加的压力称为基底附加压力，即导致地基中产生附加应力的那部分基底压力。通常土体在自重作用下早已变形稳定，只有因建造建筑物而新增的外加荷载才能导致地基发生新的变形。实际工程中，一般基础都有一定的埋置深度，该处原有的自重应力因开挖基坑而卸除，所以，基底附加压力在数值上等于基底压力扣除基底标高处原有土体的自重应力，如图 4-7 所示。

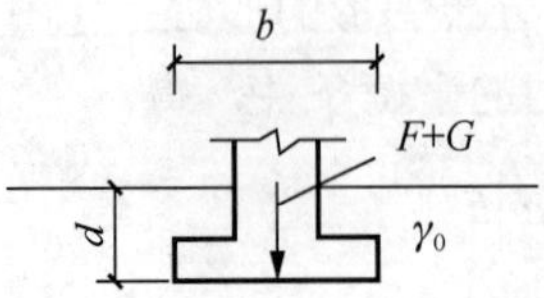

（a）基底断面关系

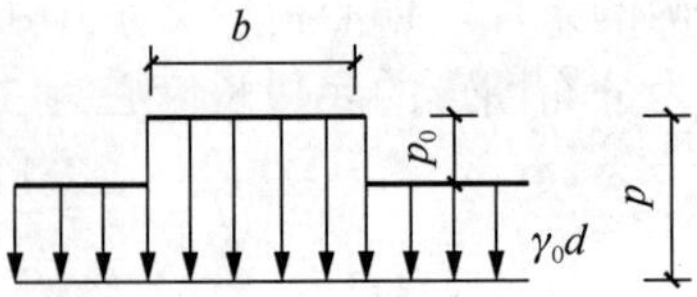

（b）压力关系

图 4-7　基底附加压力

基底压力均匀分布时，基底附加压力为

$$p_0 = p - \gamma_0 d \tag{4-8}$$

基底压力呈梯形分布时，基底附加压力为

$$\frac{p_{0\max}}{p_{0\min}} = \frac{p_{\max}}{p_{\min}} - \gamma_0 d \tag{4-9}$$

式中：p_0——基底附加压力设计值，kPa。

p——基底压力设计值，kPa。

γ_0——基底标高以上各天然土层的加权平均重度，kN/m^3；地下水水位以下取有效重度。

d——从天然地面起算的基础埋置深度，m。

基底附加压力求得后，将其视为作用在地基表面的局部荷载，然后根据基底附加压力的分布和大小计算地基中的附加应力。

任务三　地基中的附加应力

能力目标：学生通过学习能够掌握地基土中的附加应力计算方法。

新增外加荷载在地基土体中引起的应力称为附加应力。在求解地基中的附加应力时，假定地基土是连续、均匀、各向同性的半无限完全弹性体，然后根据弹性理论的基本公式进行计算。根据不同地基中应力分布的特点，将附加应力的计算分为空间问题和平面问题两大类。若附加应力是三维坐标 x、y、z 的函数，称为空间问题，如矩形、圆形等基础下的附加应力计算属于空间问题；若附加应力是二维坐标 x、z 的函数，称为平面问题，如条形基础下的附加应力计算即属于平面问题。

一、竖向集中荷载作用下的地基附加应力

1885 年法国学者布西内斯克（Boussinesq）用弹性理论推导得出半空间弹性体表面作用有竖向集中力 p 时，在弹性体内任一点 M 所产生的应力解析解。以 p 的作用点为坐标原点，p 的作用线为 z 轴，建立如图 4-8 所示的三维坐标系，M 点坐标为（x、y、z）。

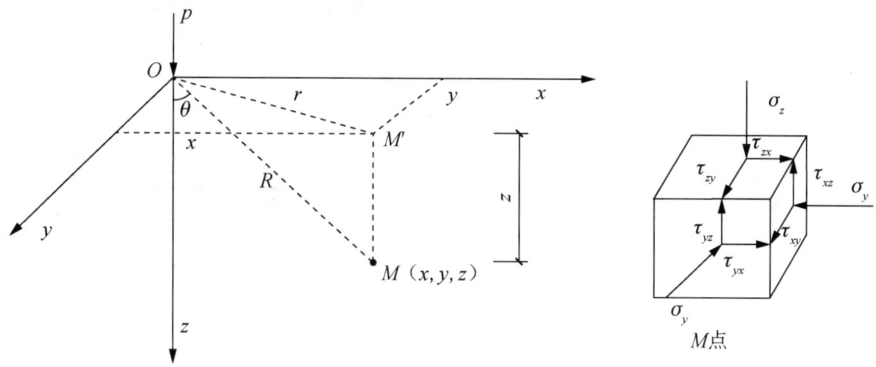

（a）三维坐标系　　（b）M点应力关系

图 4-8　竖向集中荷载作用下的应力

布西内斯克用弹性理论推导得出 M 点的 6 个附加应力分量，即 σ_x、σ_y、σ_z、τ_{xy}、τ_{yz}、τ_{zx} 的表达式。其中，对建筑地基沉降计算直接有关的是竖向法向应力分量 σ_z，σ_z 的表达式为

$$\sigma_z=\frac{3pz^3}{2\pi R^5}=\frac{3p}{2\pi R^2}\cos^3\theta \tag{4-10}$$

利用图 4-8 的几何关系可知，$R^2=r^2+z^2$，式（4-10）可改写为

$$\sigma_z=\frac{3pz^3}{2\pi R^5}=\frac{3}{2\pi}\frac{1}{\left[1+\left(\frac{r}{z}\right)^2\right]^{\frac{5}{2}}}\frac{p}{z^2}=K\frac{p}{z^2} \tag{4-11}$$

式中：R——M 点至坐标原点 O 的距离，m；

r——M 点在半空间表面投影点 N 至坐标原点 O 的距离，m；

K——竖向集中力作用下的竖向附加应力系数，无因次，是 r/z 的函数，可由表 4-1 查得。

表 4-1　图 4-8 竖向集中力作用下的竖向附加应力系数 K

r/z	K	r/z	K	r/z	K	r/z	K	r/z	K
0.00	0.4775	0.50	0.2733	1.00	0.0844	1.50	0.0251	2.00	0.0085
0.05	0.4745	0.55	0.2466	1.05	0.0744	1.55	0.0224	2.20	0.0058
0.10	0.4657	0.60	0.2214	1.10	0.0658	1.60	0.0200	2.40	0.0040
0.15	0.4516	0.65	0.1978	1.15	0.0581	1.65	0.0179	2.60	0.0029
0.20	0.4329	0.70	0.1762	1.20	0.0513	1.70	0.0160	2.80	0.0021
0.25	0.4103	0.75	0.1565	1.25	0.0454	1.75	0.0144	3.00	0.0015
0.30	0.3849	0.80	0.1386	1.30	0.0402	1.80	0.0129	3.50	0.0007
0.35	0.3577	0.85	0.1226	1.35	0.0357	1.85	0.0116	4.00	0.0004
0.40	0.3294	0.90	0.1083	1.40	0.0317	1.90	0.0105	4.50	0.0002
0.45	0.3011	0.95	0.0956	1.45	0.0282	1.95	0.0095	5.00	0.0001

由式（4-11）计算，可绘制出土中附加应力分别沿水平向和竖直向的分布图及 σ_z 的等值线图（图 4-9）。从图 4-9 中可知在集中力作用下，附加应力 σ_z 的分布规律。

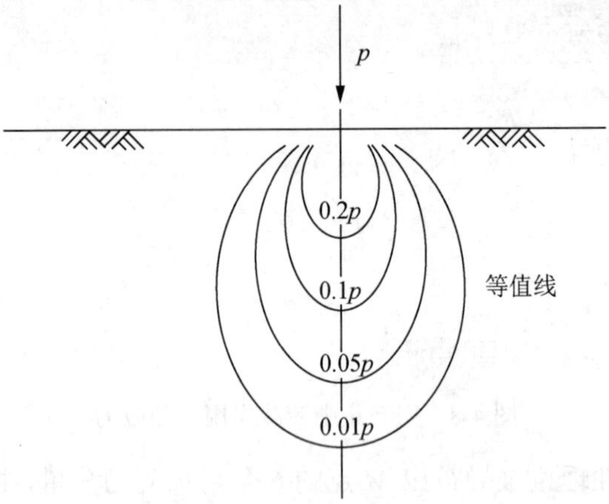

图 4-9　土中 σ_z 的等值线图

地面下任一深度的水平面上，距离地面越深，附加应力的分布范围越广，在集中力作用线上的附加应力最大，向两侧逐渐减小，如图 4-10（z 轴左侧）所示；同一竖向线上的附加应力随深度而变化，在集中力作用线上，当 z=0 时，$\sigma_z \to \infty$，随着深度增加，σ_z 逐渐减小，如图 4-10（z 轴右侧）所示；剖面图上的附加应力等值线如图 4-9 所示，在空间上附加应力等值面呈泡状，称为应力泡。

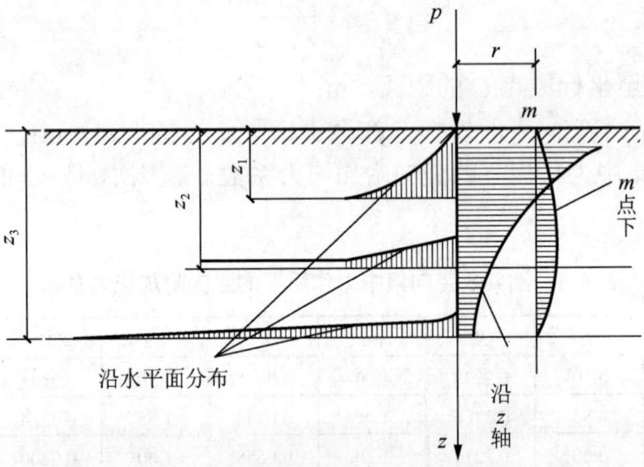

图 4-10　集中力作用下土中 σ_z 的分布

从上述分析可知，竖向集中力作用引起的附加应力向深部向四周无限传播，在传播过程中，应力强度不断降低，这种现象称为应力扩散。

当土体表面作用有几个集中力时，可分别算出各集中力在地基中引起的附加应力，如图 4-11 中的 a 线和 b 线所示。然后根据应力叠加原理求出附加应力的总和，如图 4-11 中的 c 线所示。

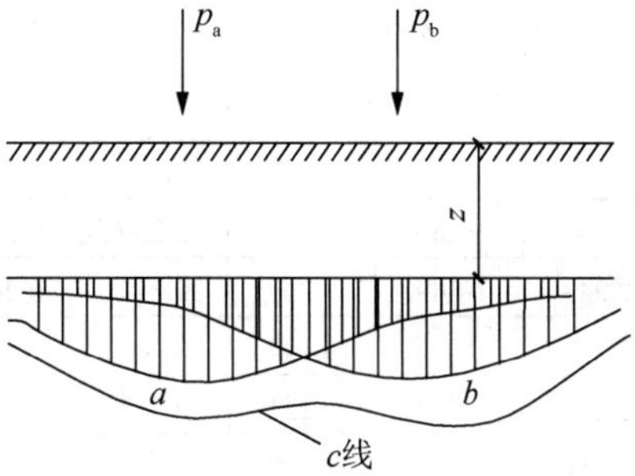

图 4-11　两个集中力作用下 σ_z 的叠加

二、矩形基础地基中的附加应力计算

矩形基础长度为 l，基础宽度为 b，当 $l/b<10$，其地基附加应力计算问题属于空间问题。下面按基底荷载分布的不同形式计算附加应力。

（一）垂直均布荷载

竖向均布荷载 p 作用于矩形基底，以基底角点为原点，建立如图 4-12 坐标系。在基底面取微面积 $\mathrm{d}x\mathrm{d}y$，该微面积上作用荷载 $\mathrm{d}p=p\mathrm{d}x\mathrm{d}y$ 可被当作集中力，将 $\mathrm{d}p$ 代入布西内斯克解，即式（4-11）中，沿长度 l 和宽度 b 两个方向二重积分，可求得角点下任一深度 z 处 M 点的附加应力。

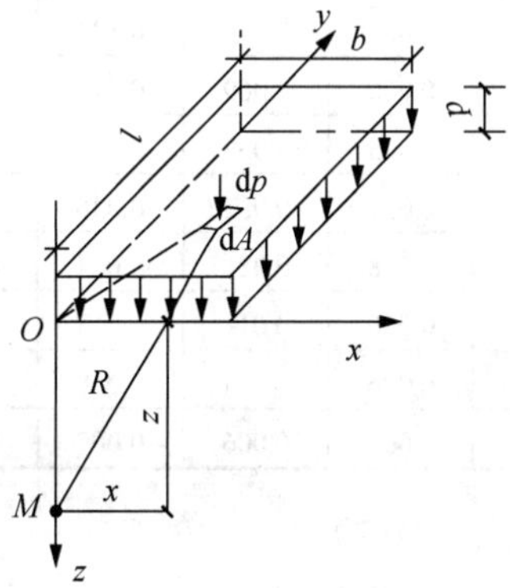

图 4-12　垂直均布荷载作用时角点下的附加应力

$$\sigma_z=\int_0^l\int_0^b\frac{3p}{2\pi}\frac{z^3}{(x^2+y^2+z^2)^{5/2}}\mathrm{d}x\mathrm{d}y$$

$$=\frac{p}{2\pi}\left[\arctan\frac{m}{n\sqrt{1+m^2+n^2}}+\frac{mn}{\sqrt{1+m^2+n^2}}\left(\frac{1}{m^2+n^2}+\frac{1}{1+n^2}\right)\right]\qquad(4\text{-}12)$$

式中：z——从基底面起算的深度，m；

p——基底附加压力，kPa；

b——沿荷载变化方向矩形基底边长，m；

l——矩形基底另一边长，m；

m、n——$m=z/b$，$n=l/b$，可由表 4-2 查得。

表 4-2 矩形面积上均布荷载作用下，角点下竖应力系数α_a

深宽比	矩形面积长宽比 $n=l/b$									
$m=z/b$	1.0	1.2	1.4	1.6	1.8	2.0	3.0	4.0	5.0	≥10
0	0.250	0.250	0.250	0.250	0.250	0.250	0.250	0.250	0.250	0.250
0.2	0.249	0.249	0.249	0.249	0.249	0.249	0.249	0.249	0.249	0.249
0.4	0.240	0.242	0.243	0.243	0.244	0.244	0.244	0.244	0.244	0.244
0.6	0.223	0.228	0.230	0.232	0.232	0.233	0.234	0.234	0.234	0.234
0.8	0.200	0.208	0.212	0.215	0.217	0.218	0.220	0.220	0.220	0.220
1.0	0.175	0.185	0.191	0.196	0.198	0.200	0.203	0.204	0.204	0.205
1.2	0.152	0.163	0.171	0.176	0.179	0.182	0.187	0.188	0.189	0.189
1.4	0.131	0.142	0.151	0.157	0.161	0.164	0.171	0.173	0.174	0.174
1.6	0.112	0.124	0.133	0.140	0.145	0.148	0.157	0.159	0.160	0.160
1.8	0.097	0.108	0.117	0.124	0.129	0.133	0.143	0.146	0.147	0.148
2.0	0.084	0.095	0.103	0.110	0.116	0.120	0.131	0.135	0.136	0.137
2.5	0.060	0.069	0.077	0.083	0.089	0.093	0.106	0.111	0.114	0.115
3.0	0.045	0.052	0.058	0.064	0.069	0.073	0.087	0.093	0.096	0.099
4.0	0.027	0.032	0.036	0.040	0.044	0.048	0.060	0.067	0.071	0.076
5.0	0.018	0.021	0.024	0.027	0.030	0.033	0.044	0.050	0.055	0.061
7.0	0.010	0.011	0.013	0.015	0.016	0.018	0.025	0.031	0.035	0.043
9.0	0.006	0.007	0.008	0.009	0.010	0.011	0.016	0.020	0.024	0.032
10.0	0.005	0.006	0.007	0.007	0.008	0.009	0.013	0.017	0.020	0.028

将式（4-12）简写成

$$\sigma_z = K_c p \tag{4-13}$$

式中：K_c——垂直均布荷载下矩形基底角点下的竖向附加应力系数，无量纲，$K_c = f(m,n)$。

垂直均布荷载作用时角点下的附加应力对于矩形基础内外任一点基底下的附加应力计算，可利用式（4-13）和应力叠加原理求解，称为角点法。

利用角点法计算下列情况下的地基附加应力：

1）矩形荷载面内任一点 O 之下的附加应力［图 4-13（a）]：

$$\sigma_z = (K_{cI} + K_{cII} + K_{cIII} + K_{cIV}) p$$

2）矩形荷载面边缘上任一点 O 之下的附加应力［图 4-13（b）]：

$$\sigma_z = (K_{cI} + K_{cII}) p$$

3）矩形荷载面边缘外一点 O 之下的附加应力［图 4-13（c）]：

$$\sigma_z = (K_{cI} - K_{cII} + K_{cIII} - K_{cIV}) p$$

式中：Ⅰ——$Ofbg$；

Ⅲ——$Oecg$。

4）矩形荷载面外任一点 O 之下的附加应力［图 4-13（d）]：

$$\sigma_z = (K_{c\mathrm{I}} - K_{c\mathrm{II}} - K_{c\mathrm{III}} + K_{c\mathrm{IV}})p$$

式中：Ⅰ——*Ohce*；

Ⅱ——*Ogde*；

Ⅲ——*Ohbf*。

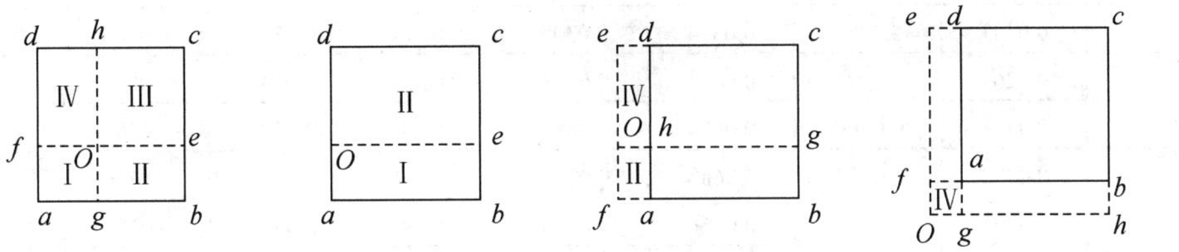

（a）荷载在截面内　（b）荷载在截面边缘上　（c）荷载在截面边缘外　（d）荷载在截面处某一点

图 4-13　角点法的应用

（二）垂直三角形分布荷载

矩形基底上作用有垂直三角形分布荷载，其最大荷载强度为 p_t，将荷载强度为零的角点 1 作为坐标原点，如图 4-14 所示。同样，在荷载面积上取集中力为

$$\mathrm{d}p = p_t \frac{x}{b} \mathrm{d}x\mathrm{d}y$$

代入布西内斯克解，即式（4-11）中，用积分法求得零角点 1 下任一深度 z 处 M 点的附加应力，即

$$\sigma_z = K_{t1} p_t \tag{4-14}$$

式中：K_{t1}——垂直三角形分布荷载作用矩形基底零角点 1 下竖向附加应力系数，无量纲，$K_{t1} = f(m,n)$，可由表 4-3 查得，即

$$K_{t1} = \frac{mn}{2\pi}\left[\frac{1}{\sqrt{m^2+n^2}} - \frac{n^2}{(1+n^2)\sqrt{1+m^2+n^2}}\right] \tag{4-15}$$

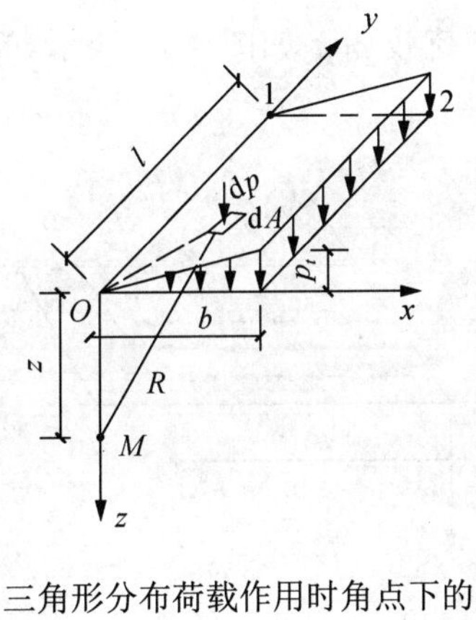

图 4-14　三角形分布荷载作用时角点下的附加应力

表 4-3　矩形面积上三角形分布荷载作用下，压力为零的角点以下的竖应力系数α_t

$m=z/b$	$n=l/b$							
	0.2	0.6	1.0	1.4	1.8	3.0	8.0	10.0
0	0.0000	0.0000	0.0000	0.0000	0.0000	0.0000	0.0000	0.0000
0.2	0.0233	0.0296	0.0304	0.0305	0.0306	0.0306	0.0306	0.0306
0.4	0.0269	0.0487	0.0531	0.0543	0.0546	0.0548	0.0549	0.0549
0.6	0.0259	0.0560	0.0654	0.0684	0.0694	0.0701	0.0702	0.0702
0.8	0.0232	0.0553	0.0688	0.0739	0.0759	0.0773	0.0776	0.0776
1.0	0.0201	0.0508	0.0666	0.0735	0.0766	0.0790	0.0796	0.0796
1.2	0.0171	0.0450	0.0615	0.0698	0.0738	0.0774	0.0783	0.0783
1.4	0.0145	0.0392	0.0554	0.0644	0.0692	0.0739	0.0752	0.0753
1.6	0.0123	0.0339	0.0492	0.0586	0.0639	0.0697	0.0715	0.0715
1.8	0.0105	0.0294	0.0453	0.0528	0.0585	0.0652	0.0675	0.0675
2.0	0.0090	0.0255	0.0384	0.0474	0.0533	0.0607	0.0636	0.0636
2.5	0.0063	0.0183	0.0284	0.0362	0.0419	0.0514	0.0547	0.0548
3.0	0.0046	0.0135	0.0214	0.0280	0.0331	0.0419	0.0474	0.0476
5.0	0.0018	0.0054	0.0088	0.0120	0.0148	0.0214	0.0296	0.0301
7.0	0.0009	0.0028	0.0047	0.0064	0.0081	0.0124	0.0204	0.0212
10.0	0.0005	0.0014	0.0024	0.0033	0.0041	0.0066	0.0128	0.0139

同理，荷载强度最大值角点 2 下任一深度 z 处 M 点的附加应力为

$$\sigma_z = K_{t2} p_t \tag{4-16}$$

式中：K_{t2}——矩形基底荷载强度最大值角点 2 下竖向附加应力系数，$K_{t2}=f(m,n)$，可由表 4-3 查得。

同理，计算中可利用角点法。

（三）水平均布荷载

矩形基底作用有水平均布荷载 p_h，如图 4-15 所示。水平荷载起始边角点 1 下任一深度 z 处竖向附加应力为

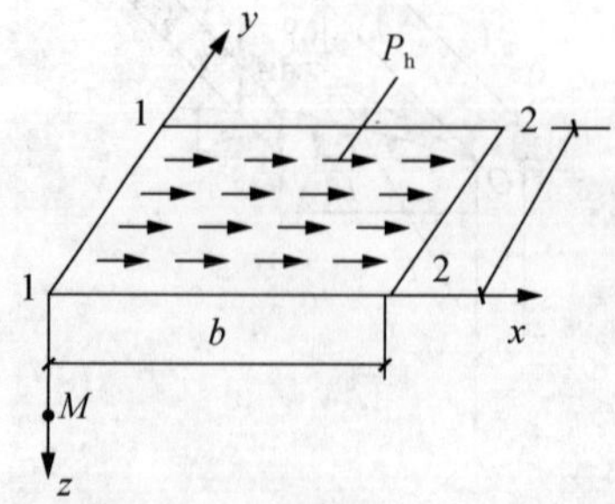

图 4-15　水平均布荷载作用角点下的附加应力

$$\sigma_z = -K_h p_h \tag{4-17}$$

水平荷载终止边角点 2 下任一深度 z 处的竖向附加应力为

$$\sigma_z = +K_h p_h \tag{4-18}$$

式中：K_h——水平均布荷载作用矩形基底角点下竖向附加应力系数，无量纲，$K_c = f(m,n)$，可由表 4-4 查得，即

$$K_h = \frac{m}{2\pi}\left[\frac{1}{\sqrt{m^2+n^2}} - \frac{n^2}{(1+n^2)\sqrt{1+m^2+n^2}}\right] \tag{4-19}$$

表 4-4　矩形面积作用水平均布荷载时角点下的应力系数 α_h

$n=z/b$	$m=l/b$										
	1.0	1.2	1.4	1.6	1.8	2.0	3.0	4.0	6.0	8.0	10.0
0.0	0.1592	0.1592	0.1592	0.1592	0.1592	0.1592	0.1592	0.1592	0.1592	0.1592	0.1592
0.2	0.1518	0.1523	0.1526	0.1528	0.1529	0.1529	0.1530	0.1530	0.1530	0.1530	0.1530
0.4	0.1328	0.1347	0.1356	0.1362	0.1365	0.1367	0.1371	0.1372	0.1372	0.1372	0.1372
0.6	0.1091	0.1121	0.1139	0.1150	0.1156	0.1160	0.1168	0.1169	0.1170	0.1170	0.1170
0.8	0.0861	0.0900	0.0924	0.0939	0.0948	0.0955	0.0967	0.0969	0.0970	0.0970	0.0970
1.0	0.0666	0.0708	0.0735	0.0753	0.0766	0.0774	0.0790	0.0794	0.0795	0.0796	0.0796
1.2	0.0512	0.0553	0.0582	0.0601	0.0615	0.0624	0.0645	0.0650	0.0652	0.0652	0.0652
1.4	0.0395	0.0433	0.0460	0.0480	0.0494	0.0505	0.0528	0.0534	0.0537	0.0537	0.0538
1.6	0.0308	0.0341	00366	0.0385	0.0400	0.0410	0.0436	0.0443	0.0446	0.0447	0.0447
1.8	0.0242	0.0270	0.0293	0.0311	0.0325	0.0336	0.0362	0.0370	0.0374	0.0375	0.0375
2.0	0.0192	0.0217	0.0237	0.0253	0.0266	0.0277	0.0303	0.0312	0.0317	0.0318	0.0318
2.5	0.0113	0.0130	0.0145	0.0157	0.0167	0.0176	0.0202	0.0211	0.0217	0.0219	0.0219
3.0	0.0070	0.0083	0.0093	0.0102	0.0110	0.0117	0.0140	0.0150	0.0156	0.0158	0.0159
5.0	0.0018	0.0021	0.0024	0.0027	0.0030	0.0032	0.0043	0.0050	0.0057	0.0059	0.0060
7.0	0.0007	0.0008	0.0009	0.0010	0.0012	0.0013	0.0018	0.0022	0.0027	0.0029	0.0030
10.0	0.0002	0.0003	0.0003	0.0004	0.0004	0.0005	0.0007	0.0008	0.0011	0.0013	0.0014

同理，计算中可利用角点法。

【例 4-2】有两相邻基础 A 和 B，其尺寸、相对位置及基底附加压力分布如图 4-16（a）所示。若考虑相邻荷载的影响，试求 A 基础底面中心点 O 下 2m 处的竖向附加应力。

解：1）求基础 A 引起的附加应力：将基础 A 分为如图 4-16（b）所示的 4 个小矩形，矩形长 l=1m，宽 b=1m，由 m=1、n=2 查表 4-2 得 K_c=0.0840，则有

$$\sigma_z' = 4K_c p = 4\times0.0840\times200 = 67.2 \text{（kPa）}$$

2）求基础 B 引起的附加应力：将基础 B 分为如图 4-16（b）所示的Ⅰ（$Oabc$）、Ⅱ（$Odec$）、Ⅲ（$Oafg$）、Ⅳ（$Odhg$）4 个矩形。

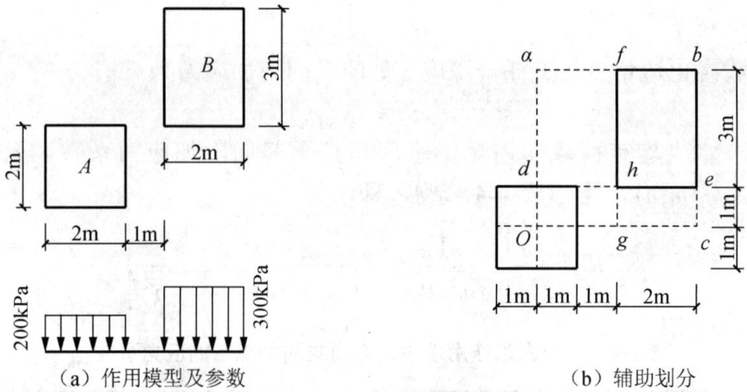

图 4-16　例 4-2 图

矩形Ⅰ由 m=1.0、n=0.5，查表 4-2 得 K_{c1}=0.2444；矩形Ⅱ由 m= 4.0、n=2.0，查得 K_{c2}=0.1350；矩形Ⅲ由 m=2.0、n=1.0，查得 K_{c3}=0.1999；矩形Ⅳ由 m= 2.0、n=2.0，查得 K_{c4}=0.1202。

复习思考题

1．研究地基变形的目的是什么？

2．某土层物理性质指标如图 4-17 所示，试计算图中的自重应力。

（1）没有地下水；（2）地下水在天然底面下 1m 位置。

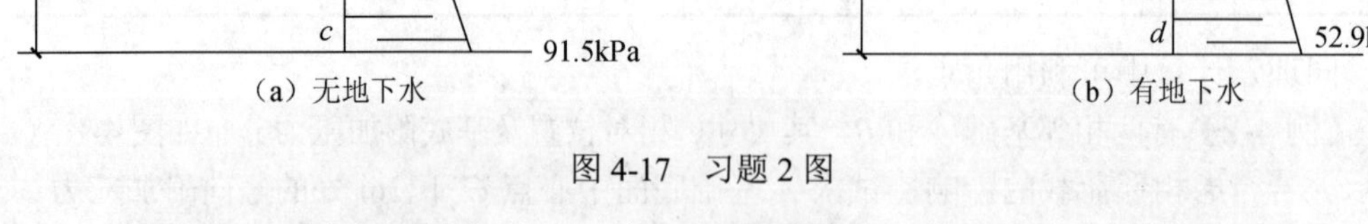

图 4-17　习题 2 图

3．在基底下深度相同的条件下，条形基础端部中点的附加应力是条形基础中央部位的（　　）。

A．一倍　　B．一半　　C．二倍　　D．四倍

4．一墙下条形基础底宽 1.5m，埋深 1.5m，承重墙传来的中心竖向荷载为 195kN/m^3，地基土天然重度为 18.0kN/m^3，基础及回填土平均重度为 20kN/m^3，则基底附加应力

为（　　）。

A．130.0kPa　　B．133.0kPa　　C．136.0kPa　　D．140.0kPa

5．已知矩形基础（承受竖向均布荷载）中心点深 3m 处，土的附加应力为 120kPa，则该矩形基础角点下深 6m 处土的附加应力为（　　）。

A．120kPa　　B．60kPa　　C．30kPa　　D．15kPa

6．大面积均布荷载在地基土中引起的竖向附加应力 σ_{sz} 沿深度呈（　　）分布。

A．曲线形　　B．三角形　　C．梯形　　D．矩形

7．已知某均布受荷面积如图 4-18 所示，求深度 10m 处 *A* 点与 *O* 点的竖向附加应力比值（用括号表示）。

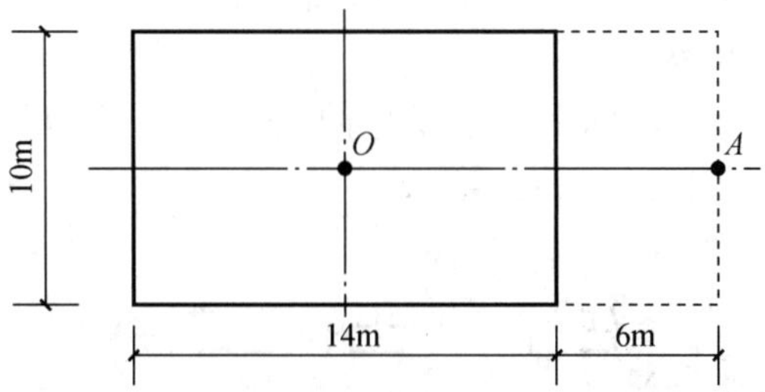

图 4-18　习题 7 图

8．如图 4-19 所示，某矩形荷载 p=200kPa 作用于地表面，矩形面积为 $A \times B$=105m^2。已知角点下 z=100m 深处 *N* 点的 σ_z =24kPa，求矩形中点以下的 z=5m 点处的竖向附加应力。

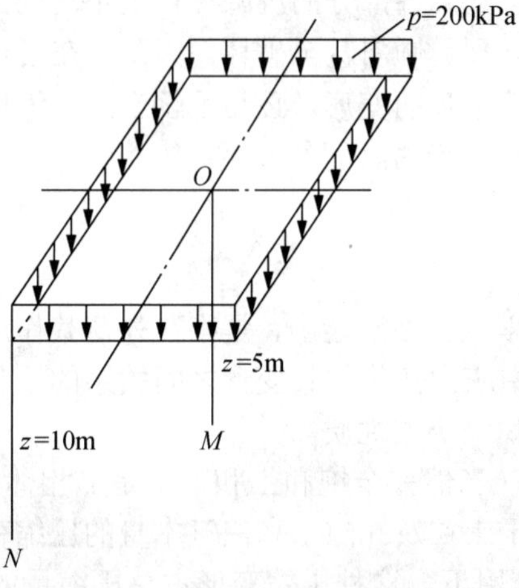

图 4-19　习题 8 图

9．试述基底压力、基底附加应力的含义及它们之间的关系。

10．说明集中荷载作用下地基中附加应力的分布规律。

项目五

土的压缩性与变形计算

学习目标 1）理解土的压缩性和压缩指标的概念，完成压缩试验。

2）掌握计算地基最终沉降量的常用方法——分层总和法，了解规范推荐的规范法。

3）认识饱和土体渗透固结的概念，明确地基沉降与时间的关系，进行固结度的计算。

任务一 土的压缩性

能力目标：学生通过学习能够掌握土的压缩实质。

在建筑物引起的附加应力作用下，地基土将产生压缩变形，引起基础沉降。建筑物荷载差异和地基土不均匀，基础各部分的沉降往往是不均匀的，当不均匀沉降超过一定限度时，将导致建筑物的开裂、倾斜甚至破坏。因此，在设计地基基础时，对地基的变形必须加以控制。为了计算地基的变形，必须了解土的压缩性，利用压缩性指标计算基础的最终沉降量及研究地基变形与时间的关系。

一、土的压缩性概念

土的压缩性是土的力学基本性质之一，是指在外荷载作用下，土体产生体积压缩的性质，也可以说是反映土中应力变化与其变形之间关系的一种工程地质，即土体的压缩性是土体在压力作用下体积缩小的性质。

由于地基土是三相体（当然完全饱和土和干土是二相体），因此土体受力压实后，其压缩变形包括：一是由于土粒及孔隙水和空气本身的压缩变形，试验研究表明，在一般压力（100～600kPa）作用下，这种压缩变形占总压缩量的比例甚微，可忽略不计；二是土中部分孔隙水和空气被挤出，使土粒产生相对位移，重新排列压密。同时还可能有部分封闭气体被压缩或溶解于孔隙水中，使孔隙体积减小，从而导致土的结构产生变形，这是引起土体压缩的主要原因。

需要指出，土的压缩变形需要一定的时间才能完成，对于无黏性土，压缩过程所需的时间较短；而对于饱和黏性土，由于透水性小，水被挤出的较慢，压缩过程所需要的时间相当长，可能需几年甚至几十年才能达到压缩稳定。因此，将土体在压力作用下，其压缩量随时间增长的过程，称为土的固结。

二、压缩性指标

1. 压缩试验和压缩曲线

土的压缩变形主要是由于孔隙减小，可以用压力与孔隙体积之间的变化来说明土的压缩性，并用于计算地基沉降量。土的压缩性高低及压缩变形随时间发生变化，其规律可通过压缩试验（也称固结试验）或现场荷载试验确定。

既然土体的压缩是孔隙体积减小的结果，由孔隙比的定义公式$e=\dfrac{V_v}{V_s}$可知，当土粒体积保持不变时，孔隙体积V_v的变化完全可用孔隙比e的变化来表示。因此，可以将土的压缩变形过程视为土的孔隙比e随着压应力p的增加而逐渐减小的过程。则孔隙比e与压力p二者之间的关系曲线可由侧限压缩试验确定。

图 5-1 是压缩仪（也称固结仪）示意图，侧限压缩试验一般在实验室进行。其试验方法是：先用环刀切取原状土，连同环刀放入容器，土样上下两面均有透水石。使土样受压缩时便于孔隙水自由排出。另设有加压装置，通过传压活塞可给土样施加压力。土样的变形可通过测微表读值得到。在加压过程中，由于金属环刀及护环的限制，土样在压力作用下只能发生竖向压缩，而不能产生侧向变形（膨胀），因此称为侧限条件下的压缩试验。试验的目的是测定出在各级压力（p=50kPa、100kPa、200kPa、300kPa、400kPa）作用下，每次试土样压缩稳定后的相应压缩变形量Δs_i，从而算出相应的孔隙比（e_1，e_2，…）和压缩性指标。

设原状土样受压前的初始高度为H_0，土粒体积$V_s=1$，孔隙体积$V_v=e_0$，受压后的土样高度为$H_1=H_0-\Delta s_i$，土粒体积不变$V_s=1$，孔隙体积$V_v=e_1$（图 5-2）。试验过程中，土粒体积V_s不变，并且在侧限条件下试验土样的横截面面积A也不变。

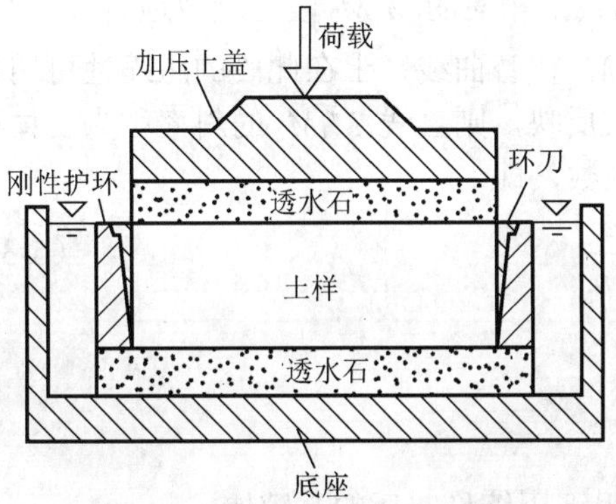

图 5-1　侧限压缩试验示意图

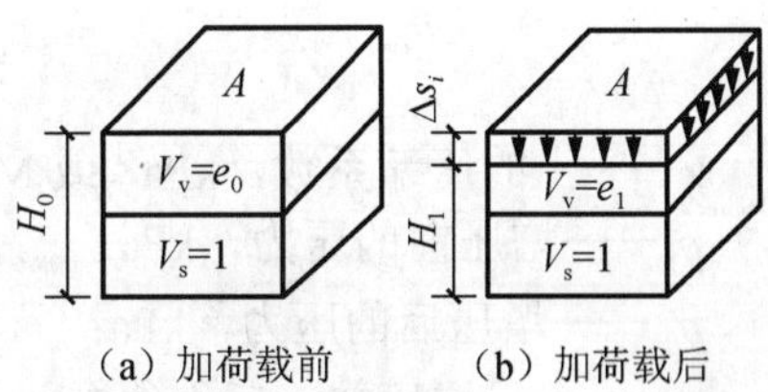

图 5-2　侧限压缩土样孔隙比变化

受压前体积为

$$1+e_0=H_0A$$

受压后土样体积为

$$1+e_1=H_1A$$

由于以上两式土样横截面积 A 相等，即

$$\frac{1+e_0}{H_0}=\frac{1+e_1}{H_1} \tag{5-1}$$

将 $H_1=H_0-\Delta s_i$ 代入式（5-1）得到

$$e_1=e_0-\frac{\Delta s_i}{H_0}(1+e_0)$$

$$e_0=\frac{G_s\rho_w(1+w_0)}{\rho_0}-1 \tag{5-2}$$

式中：e_0——土样初始孔隙比；

G_s——土粒相对密度；

ρ_w——水的密度，g/cm^3；

ρ_0——土样的初始密度，g/cm^3；

w_0——土样的初始含水率，以小数计算。

利用式（5-2）算出各级压力作用下相应的孔隙比 e，然后以孔隙比 e 为纵坐标，以压力 p 为横坐标，根据试验结果绘出土的 e-p 曲线，如图 5-3 所示。

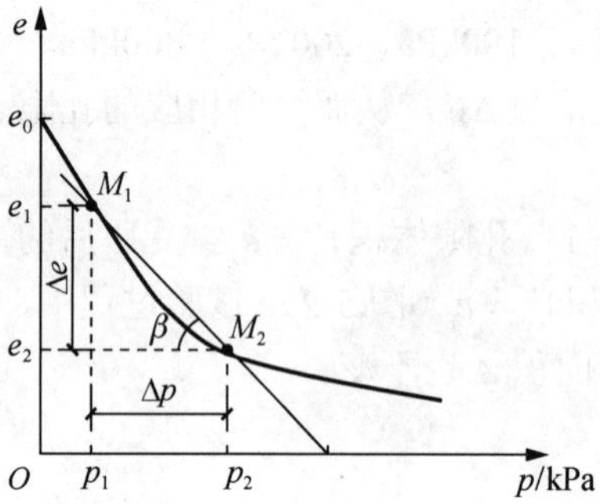

图 5-3　土的 e-p 曲线

2. 压缩性指标

（1）压缩系数 α

e-p 曲线可反映土的压缩性高低，压缩曲线越陡，说明随着压力的增加，土的孔隙比减小越多，则土的压缩性越高；若曲线越平缓，则土的压缩性越低。在工程上，当压力 p 的变化范围不大时（图 5-3 中 p_1～p_2），压缩曲线上相应的 M_1M_2 段可近似地看成直线，即用割线 M_1M_2 代替曲线，土在此段的压缩性可用该割线的斜率来反映，则直线 M_1M_2 的斜率称为土体在该段的压缩系数，即

$$\alpha=\frac{e_1-e_2}{p_2-p_1} \tag{5-3}$$

式中：α——土的压缩系数，kPa^{-1} 或 MPa^{-1}；

p_1——增压前的压力，kPa；

p_2——增压后的压力，kPa；

e_1、e_2——增压前、后土体在 p_1 和 p_2 作用下压缩稳定后的孔隙比。

由式（5-3）可知，α 越大，说明压缩曲线越陡，表明土的压缩性越高；α 越小，则曲线越平缓，表明土的压缩性越低。但必须注意，压缩曲线并非直线，因此同一种土的压缩系数并非常数，它取决于压力间隔（p_2-p_1）及起始压力 p_1 的大小。从对土评价的

一致性出发，工程实用上常取压力 $p_1 = 100\text{kPa}$、$p_2 = 200\text{kPa}$ 对应的压缩系数 α_{1-2} 作为判别土压缩性的标准。按照 α_{1-2} 的大小将土的压缩性划分如下：① α_{1-2} <0.1 MPa^{-1} 属低压缩性土；②0.1 MPa^{-1}≤ α_{1-2} <0.5 MPa^{-1} 属中压缩性土；③ α_{1-2} ≥0.5 MPa^{-1} 属高压缩性土。

（2）压缩模量 E_s

根据 e-p 曲线，可求出另一个压缩性指标，即压缩模量。压缩模量是指土在有侧限压缩的条件下，竖向压力增量 $\Delta p = (p_2 - p_1)$ 与相应的应变增量 Δe 的比值，其单位为 kPa 或 MPa，表达式为

$$E_s = \frac{\Delta p}{\Delta e} = \frac{\Delta p}{\Delta s / H_1} = \frac{p_2 - p_1}{(e_1 - e_2)/(1 + e_1)} = \frac{1 + e_1}{\alpha} \tag{5-4}$$

E_s 越大，表示土的压缩性越低；E_s 越小，则表示土的压缩性越高。一般情况下，按照 E_s 的大小可将土的压缩性划分如下：① E_s <4MPa 属高压缩性土；② E_s =4～15MPa 属中压缩性土；③ E_s >15MPa 属低压缩性土。

3. 土的弹性变形和残余变形

当压缩试验加压过程完成后，还可逐级卸荷，观察土样的回弹变形或体积膨胀，即恢复变形的情况。其试验结果可以绘出土样的回弹曲线或膨胀曲线，如图 5-4 所示。试验证明，土样不能恢复到原来状态，这说明土体不是理想弹性体，其中回弹的一部分变形称为土的弹性变形——主要是土粒、水膜和封闭气体产生的压缩变形可以恢复。但土体中大部分变形不能恢复——主要是土被压密后的孔隙体积减小及相应的孔隙中水空气被挤出，土粒重新排列所致的，这部分变形称为残余变形。

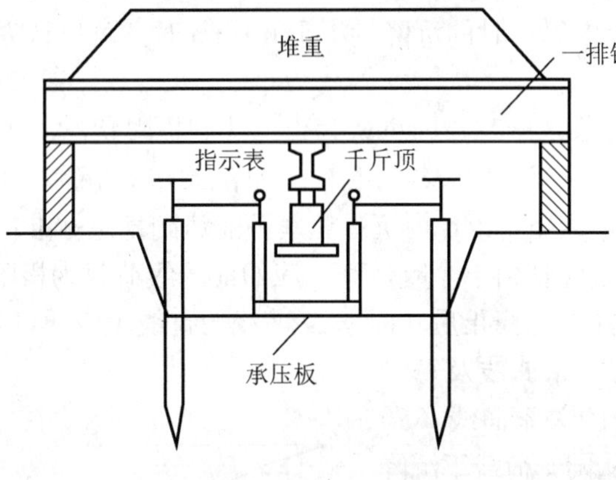

图 5-4　土的回弹曲线

土体一旦经过一次压缩和回弹过程后，土的孔隙比已明显减小。如果再次加荷，所得到的再压曲线比第一次压缩曲线必将平缓得多，这意味着土的压缩性已显著降低。这样可利用土的这种特性，对原来压缩性较大的地基进行加荷预压，从而可以减小基础沉降量。

固结试验简单易行，但所需土样是在现场取样得到，在现场取样、运输、室内试件制作等过程中，不可避免地对土样产生了不同程度的扰动。试验时的各种试验条件（如侧限条件、加荷速率、排水条件、温度及土样与环刀之间的摩擦力等）也不可能做到完

全与现场天然土的实际情况相同。即室内固结试验得到的压缩指标并不能完全反映现场天然土的压缩性。因此，必要时，需要在现场进行荷载试验。

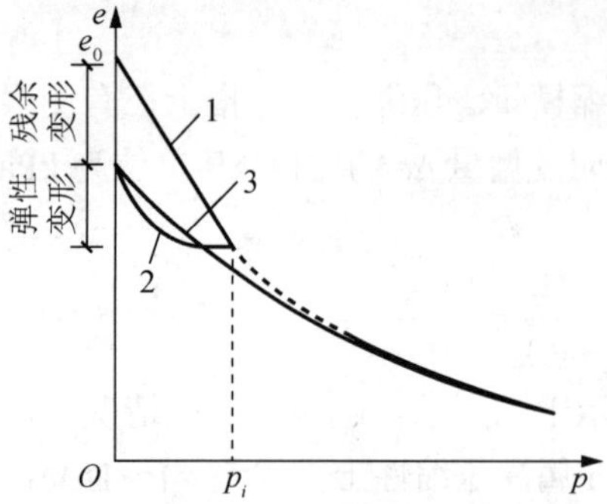

图 5-5　荷载试验示意图

1—压缩曲线；2—回弹曲线；3—再压缩曲线

（1）试验方法

荷载试验通常是在基础底面标高处或需要进行试验的土层标高处进行，当试验土层顶面具有一定埋置深度时，需要挖试坑，荷载试验示意图如图 5-5 所示。试坑尺寸以能设置试验装置，便于操作为宜，当试坑深度较大时，确定试坑宽度时还应考虑避免坑外土体对试验结果产生影响，一般规定试坑宽度不应小于 $3b$（b 为承压板的宽度或直径）。试验点一般布置在勘查取样的钻孔附近。承压板的面积一般为 0.25～1.0m^2，挖试坑和放置试验设备时，必须注意保持试验土层的原状土结构和天然湿度，试验土层顶面一般采用不超过 20mm 厚的粗砂、中砂找平。

试验加荷标准：第一级荷载（包括设备重力）应接近所卸除的自重应力，其相应的沉降不计，以后每级荷载增量对较软的土采用 10～25kPa，对较密实的土采用 50kPa。加荷等级不应小于 8 级，最终施加的荷载应接近土的极限荷载，并不少于荷载设计值的两倍。载荷试验的观测标准如下：

1）每级加荷后，按间隔 10min、10min、10min、15min、15min 及以后每间隔 30min 读一次沉降，当连续 2h 内每小时的沉降量小于 0.1mm 时，可以认为变形已趋于稳定，可加下一级荷载。

2）当出现有下列现象之一时，即可认为土已达到极限状态：①承压板周围土有明显的侧向挤出隆起（砂土）或发生裂纹（黏性土和粉土）；②沉降急剧增大，p-S 曲线出现陡降段；③在某一级荷载下，24h 内沉降速率不能达到稳定标准；④ $S/b \geqslant 0.06$。当满足终止加荷的前 3 个条件任何一个时，其对应的前一级荷载为极限荷载。

根据沉降观测记录并进行修正后（即 p-S 曲线的直线段应通过坐标原点），可以绘制荷载与相应沉降量的关系曲线及每一级荷载下沉降量与时间的关系曲线（S-t 曲线），如图 5-6 所示。从同一荷载下沉降与时间的关系来看，不同的土在变形过程中所反映的特征也是不一样的，砂土的沉降很快就达到稳定，而饱和黏土却很慢。

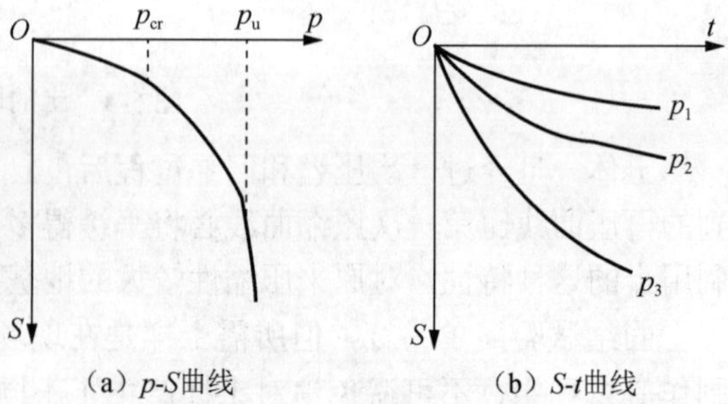

（a）p-S曲线　（b）S-t曲线

图 5-6　荷载试验的 p-S 曲线和 S-t 曲线

应该注意：由于试验时承压板的面积有限，压力的影响深度只限于承压板下不厚的一层土，影响深度为 $1.5b$～$2b$，不能完全反映压缩层土的性质，因此，在利用载荷试验资料研究地基的压缩性特别是在确定土的承载力时，应采取分析的态度。必要时应在地基主要压缩层范围内的不同深度上进行载荷试验。

（2）变形模量

土的变形模量是指土体在无侧限条件下的应力与应变的比值，并以符号 E_0 表示。E_0 的大小值可由载荷试验结果求得，在 p-S 曲线的直线段或接近于直线段任选一段压力 p 和它对应的沉降 S，利用弹性力学公式，反求出地基的变形模量。

$$E_0 = \omega(1-\mu^2)\frac{pb}{S} \tag{5-5}$$

式中：ω——沉降影响系数，方形承压板 $\omega = 0.88$，圆形承压板 $\omega = 0.79$；

b——承压板的边长或直径，mm；

μ——土的泊松比，一般为 0.2～0.4；

p——荷载，取直线段内的荷载值，一般取比例极限荷载 p_{cr}，kPa；

S——荷载 p 对应的沉降量，mm；

E_0——土的变形模量，kPa 或 MPa。

有时，p-S 曲线并不出现直线段，因此建议，对中、高压缩性粉土，取 S=0.02b 及对应的荷载 p；对低压缩性粉土、黏性土、碎石土及砂土，可取 S=0.01b～0.015b 及其对应的荷载 p 代入式（5-5）计算 E_0。

载荷试验在现场进行，对地基扰动较小，土中应力状态在承载板较大时与实际基础情况比较接近，测出的指标比较能较好地反映土的压缩性质。但载荷试验工作量大、时间长，所规定沉降稳定标准带有较大的近似性，据有些地区的经验，它所反映的土的固结程度通常仅相当于实际建筑施工完毕时的早期沉降。此外，载荷试验的影响深度一般只能达 1.5b～2b。对于深层土，曾在钻孔内用小型承压板借助钻杆进行深层载荷试验。但在地下水水位以下，由于清理孔底困难和受力条件复杂等因素，数据不准确，因此国内外常用旁压或触探试验测定深层的变形模量。

（3）变形模量和压缩模量之间的关系

载荷试验确定土的变形模量是在无侧限条件即单向受力条件下的应力与应变的比值，而室内压缩试验是确定的压缩模量在完全侧限条件下的土应力与应变的比值。利用三向应力条件下的广义胡克定律可以分析二者之间的关系。根据广义胡克定律，在三向应力作用下的竖向应变分别为

$$\varepsilon_z = \frac{1}{E_0}\left[\sigma_z - \mu(\sigma_x + \sigma_y)\right]$$

对室内侧限压缩条件下土样，有 $\sigma_z = p$，$\varepsilon_x = \varepsilon_y = 0$，$\sigma_x = \sigma_y = k_0\sigma_z = k_0 p$，$k_0 = \dfrac{\mu}{1-\mu}$，代入上式得 $\varepsilon_z = \dfrac{p}{E_0}\left(1-\dfrac{2\mu^2}{1-\mu}\right)$，即 $E_0 = \dfrac{p}{\varepsilon_z}\left(1-\dfrac{2\mu^2}{1-\mu}\right)$。

由式（5-4）可知，压缩试验土样在压力增量 $\Delta p = p$ 作用下的竖向应变 ε_z 为

$$\varepsilon_z = \frac{\Delta e}{1+e_1} = \frac{a}{1+e_1}p = \frac{p}{E_s}$$

$$E_0=\left(1-\frac{2\mu^2}{1-\mu}\right)E_s$$

令 $\beta=1-\frac{2\mu^2}{1-\mu}$，上式改写为

$$E_0=\beta E_s \tag{5-6}$$

必须指出，式（5-6）是 E_0 与 E_s 之间的理论关系。实际上，由于现场荷载试验测定 E_0 和室内压缩试验测定 E_s 时，各有些无法考虑到的因素，式（5-6）不能准确反映 E_0 与 E_s 之间的实际关系。这些因素主要如下：压缩试验的土样容易受到较大的扰动（尤其是低压缩性土），荷载试验与压缩试验的加荷速率、压缩稳定标准都不一样，μ 不易精确确定等。根据统计资料，E_0 可能是 E_s 的几倍，一般说来，土越坚硬，倍数越大，而软土的 E_0 与 E_s 比较接近。

（4）弹性理论法计算沉降

弹性理论方法假定地基为半无限直线变形体，应用布西内斯克的竖向位移解答，在荷载作用面积范围内积分得到地基最终沉降量的表达式。

若在地基表面作用一竖向集中力 F，地面某点（其坐标为 z=0，R=r）的沉降量为

$$S=\omega=\frac{F(1-\mu^2)}{\pi E_0 r} \tag{5-7}$$

若在地面表面局部面积 F 上作用着分布荷载 $p_0(x,y)$，则地面上任一点的沉降量可由式（5-7）积分而得

$$S=(x,y)=\frac{1-\mu^2}{\pi E_0}\iint_A \frac{p_0(x,y)\mathrm{d}F}{r}$$

上式的求解与基础刚度、形状、尺寸大小及计算点位置等因素有关。一般求解后可写成如下形式：

$$S=\frac{p_0 b\omega(1-\mu^2)}{E_0} \tag{5-8}$$

式中：p_0——基底附加压力，kPa。

采用弹性理论方法计算沉降，其正确性往往取决于 E_0 的选取。一般，假定在整个地基土层中不变，这只有当地基土层比较均匀时才是近似的。实际地基土的 E_0 随着深度是变化的。弹性理论方法的压缩层厚度理论上是无穷大，这与实际不符。但由于它的计算过程简单，所以还常用于一般的沉降计算中。

任务二　地基最终沉降量计算

能力目标：学生通过学习能够掌握地基土的压缩分析方法。

土体在外荷载作用下会产生压缩变形，水利工程设施的建造必然引起地基的沉降，正常情况下，随着时间的推移沉降会趋于稳定。如果在工程完工后经过相当长的时间沉

降仍未稳定，则会影响水利工程设施的正常使用，特别是有较大的不均匀沉降，将会对结构产生附加应力，影响其安全使用。为确保水利工程设施等结构的安全使用，必须将地基沉降控制在允许范围内，并且需要了解和估计沉降随时间的发展及趋于稳定的可能性。

地基最终沉降量是指地基在建筑物荷载作用下压缩变形达到完全稳定时，地基表面的沉降量。计算地基最终沉降量的目的是确定建筑物最大沉降值（沉降量、沉降差、倾斜），并将其控制在建筑物所允许的范围内，以保证建筑物的安全和正常使用。计算地基最终沉降量的方法包括分层总和法和规范法。

一、分层总和法

分层总和法是将地基土在一定深度范围内划分若干薄层，先求得各个薄层的压缩量，再将各个薄层的压缩量累加起来的总压缩量，即基础的沉降量的方法。

1. 计算假定

1）地基中划分各薄层均在无侧向膨胀情况下产生竖向压缩变形。这样计算基础沉降时，就可以使用室内固结试验的成果，如压缩模量、*e-p* 曲线。

2）基础沉降量按基础底面中心垂线上的附加应力进行计算。实际上基底下同一深度上偏离中垂线的其他各点的附加应力比中垂线上的均较小，这样会使计算结果比实际稍偏大，可以抵消一部分由基本假定所造成的误差。

3）对于每一薄层而言，从层顶到层底的应力是变化的，计算时均近似地取层顶和层底应力的平均值。划分的土层越薄，由这种简化所产生的误差就越小。

4）只计算压缩层范围内的变形。压缩层是指基础底面以下地基中显著变形的那部分土层。由于基础下引起土体变形的附加应力随深度的增加而减小，自重应力则相反。因此，一定深度地基土的应力变化值已不大，相应的压缩变形也就很小，计算基础沉降时可将其忽略不计。这样，从基础底面到该深度之间的土层，被称为压缩层。压缩层的厚度称为压缩层的计算深度。

2. 计算公式

（1）各薄层压缩量计算公式

在地基沉降量计算深度范围内取一薄层土，并令为第 i 层，其厚度为 h_i，如图 5-7 所示。在附加应力作用下，该土层的压缩量为 Δs_i，其应变 $\Delta\varepsilon = \dfrac{\Delta s_i}{h_i}$。若假定土层不发生侧向膨胀，则与室内压缩试验情况接近，可以根据式（5-4）列出下列等式：

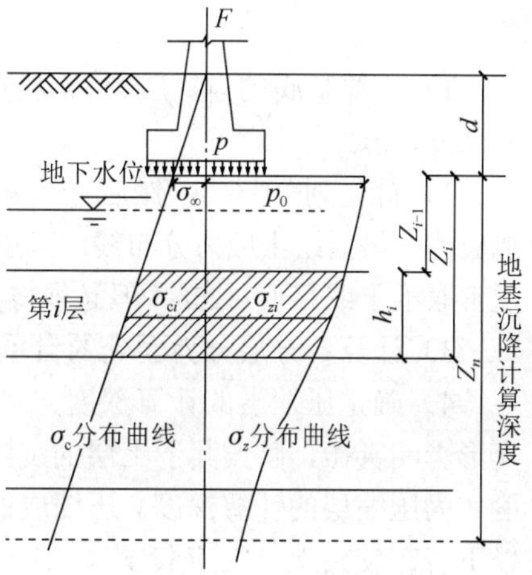

图 5-7　分层总和法计算地基沉降量

$$\Delta\varepsilon=\frac{\Delta s_i}{h_i}=\frac{e_{1i}-e_{2i}}{1+e_{1i}}$$

式中：Δs_i——第 i 层土的压缩量，mm；

h_i——第 i 层土的厚度，m；

e_{1i}——第 i 层土对应于 p_{1i} 作用下的孔隙比；

e_{2i}——第 i 层土对应于 p_{2i} 作用下的孔隙比。

因此，薄层土沉降量，即沉降量为

$$\Delta s_i=\frac{e_{1i}-e_{2i}}{1+e_{1i}}h_i \tag{5-9}$$

或引入式（5-4）中的压缩模量 E_s，则可写成如下形式：

$$\Delta s_i=\frac{(p_{2i}-p_{1i})}{E_{si}}h_i=\frac{\overline{\sigma}_{zi}}{E_{si}}h_i \tag{5-10}$$

式中：$\overline{\sigma}_{zi}$——第 i 层平均的附加应力，kPa；

p_{1i}——第 i 层土的自重应力平均值 $p_{1i}=\overline{\sigma}_{ci}$，kPa；

p_{2i}——第 i 层土的自重应力和附加应力共同作用下的平均值 $p_{2i}=\overline{\sigma}_{ci}+\overline{\sigma}_{zi}$，kPa；

E_{si}——第 i 层土的压缩模量，kPa。

计算地基沉降量时，分层厚度 h_i 越薄，计算值越精确，因此取土的分层厚度为 $0.4b$（b 为基础宽度，m）。

（2）各薄层压缩量求和公式

如前所述，基础的总沉降量 S_n 就是在压缩层范围内各薄层压缩量的总和，即

$$S_n=\sum_{i=1}^{n}\Delta s_i \tag{5-11}$$

3．计算步骤

1）计算基底的自重应力 γh 及基底处附加压力 p_0（$p_0=p-\gamma d$），其中 d 是基础的埋置深度，m。

2）首先划分薄层，然后计算基础底面中心垂线上各薄层上下面处的自重应力和附加应力，最后绘出应力分布线。薄层厚度通常取小于或等于 $0.4b$（基础宽度），水闸地基通常取小于或等于 $0.25b$。但必须将不同土层的界面或潜水水位面划分为薄层的分界面。

3）计算各分层分界面处的自重应力 σ_{ci} 和附加应力 σ_{zi}，并绘制分布曲线。

4）确定压缩层的计算深度 Z_n。考虑到基底下一定深度处，附加应力对地基的压缩变形影响甚微，以致其下土层的沉降量可以忽略不计。因此，工程中常以基底至这个深度作为压缩层的计算深度。压缩层的计算深度的下限，一般取 $\sigma_z\leqslant0.2\sigma_{cz}$ 处，在该深度以下若有软黏土，则应取 $\sigma_z\leqslant0.1\sigma_{cz}$ 处。

5）计算各分层的平均自重应力 $\overline{\sigma}_{ci}$ 和平均附加应力 $\overline{\sigma}_{zi}$。平均应力取上、下分层分界面处应力的算术平均值，即 $\overline{\sigma}_{ci}=\dfrac{\sigma_{ci-1}+\sigma_{ci}}{2}$，$\overline{\sigma}_{zi}=\dfrac{\sigma_{zi-1}+\sigma_{zi}}{2}$。

6）在 e-p 曲线上由 $p_{1i}=\overline{\sigma}_{ci}$ 和 $p_{2i}=\overline{\sigma}_{ci}+\overline{\sigma}_{zi}$ 查出相应的孔隙比 e_{1i} 和 e_{2i}。

7）用式（5-9）或式（5-10）计算各薄层的压缩量 Δs_i。

8）用式（5-11）计算各薄层压缩量的总和 S_n。

【例 5-1】一水闸基础宽度 $b=20\text{m}$，长度 $l=200\text{m}$，作用在基底上的荷载如图 5-8（a）所示，沿宽度方向的竖向偏心荷载 $P=360000\text{kN}$（偏心距 $e=0.5\text{m}$），水平荷载 $P_{\text{H}}=30000\text{kN}$。地基分两层，上层为软黏土，湿重度 $\gamma=19.62\text{kN/m}^3$，浮重度 $\gamma'=9.81\text{kN/m}^3$，下层为中密砂，地下水水位在基底以下 3m 处。在基底以下 0～3m、3～8m、8～15m 范围内，软黏土的压缩曲线如图 5-9 中的Ⅰ、Ⅱ、Ⅲ所示，试计算基础中心点（点 2）和两侧边点（点 1、点 3）的最终沉降量。

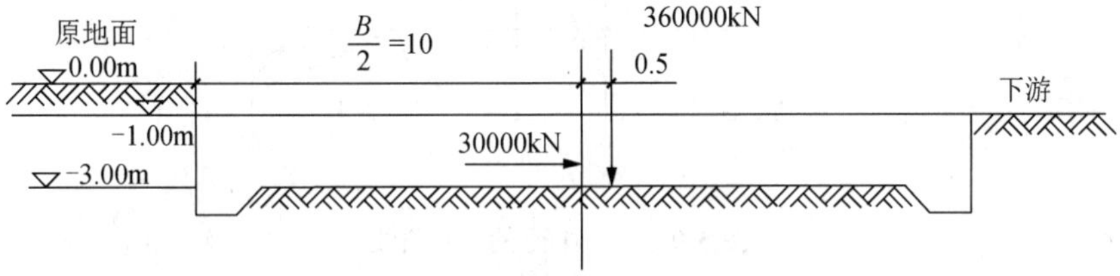

（a）基底荷载

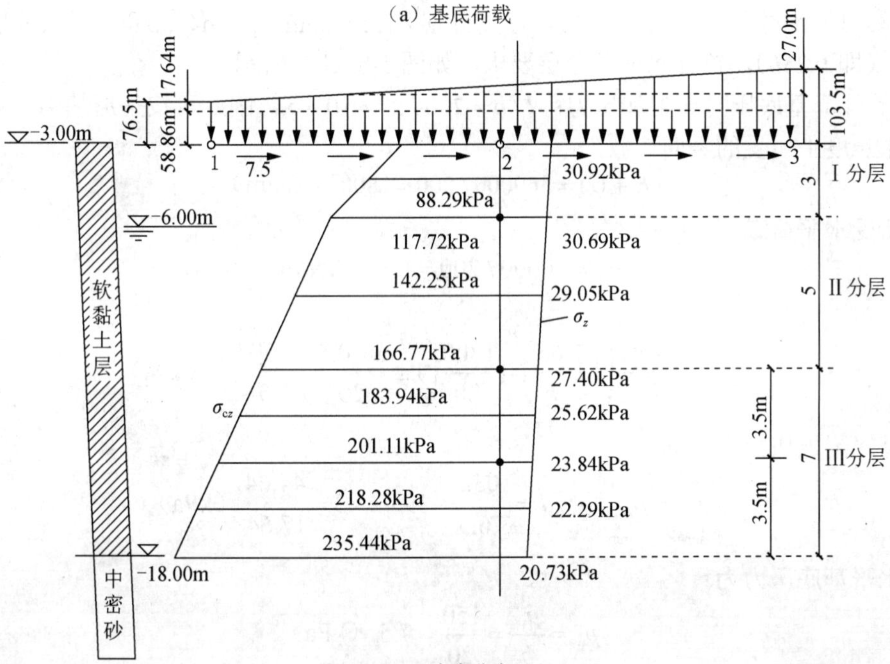

（b）应力分布

图 5-8　例 5-1 图

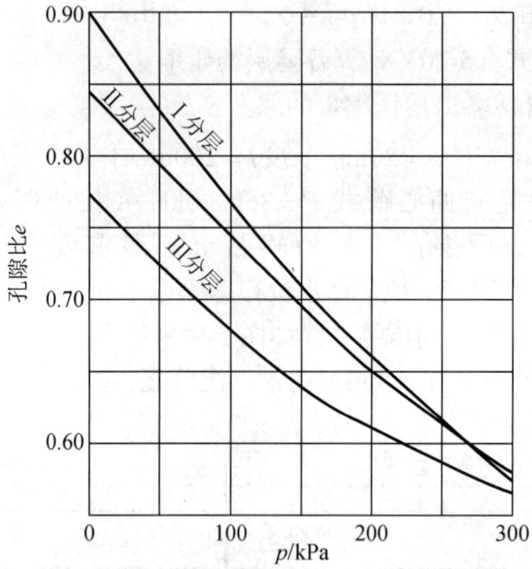

图 5-9　例 5-1 土的 e-p 曲线

解：1）地基分层：共分 4 层，厚度分别为 3m、5m、3.5m、3.5m，最大分层厚度为 5m（即 $0.25b$），符合水地基分层要求，如图 5-8（b）所示。

2）计算基底压力和附加压力：$l/b=200/20=10>5$，因此可按条形基础计算。基础每米长度上所受的竖向荷载为

$$(F+G)=360000/200=1800\text{（kN/m）}$$

所受水平荷载

$$p_{\mathrm{H}}=30000/200=150\text{（kN/m）}$$

即为

$$p_{\substack{\max\\ \min}}=\frac{F+G}{b}\left(1\pm\frac{6e}{b}\right)=\frac{1800}{20}\left(1\pm\frac{6\times0.5}{20}\right)=\begin{matrix}103.5\\76.5\end{matrix}\text{（kPa）}$$

基底附加压力为

$$p_{0\substack{\max\\ \min}}=p_{\substack{\max\\ \min}}-\gamma_0 d=\begin{matrix}103.5\\76.5\end{matrix}-19.62\times3=\begin{matrix}44.64\\17.64\end{matrix}\text{（kPa）}$$

水平基底压力为

$$p_{\mathrm{h}}=\frac{p_{\mathrm{H}}}{b}=\frac{150}{20}=7.5\text{（kPa）}$$

基底压力及基底附加压力分布如图 5-8（b）所示。

3）各分层分界面处的自重应力计算如下：

基底处（z=0）

$$\sigma_{\mathrm{c0}}=\gamma_0 d=19.62\times3=58.86\text{（kPa）}$$

地下水水位处（z=3m）

$$\sigma_{\mathrm{c3}}=19.62\times(3+3)=117.72\text{（kPa）}$$

基底以下 8m 处（z=8m）

$$\sigma_{c8}=117.72+9.81\times5=166.77\ \text{(kPa)}$$

基底以下 11.5m 处（z=11.5m）

$$\sigma_{c11.5}=166.77+9.81\times3.5\approx201.11\ \text{(kPa)}$$

中密砂层顶面处（z=15m）

$$\sigma_{c15}=201.11+9.81\times3.5\approx235.45\ \text{(kPa)}$$

自重应力分布如图 5-8（b）所示。

4）计算各分层层面处的附加应力：

以基础中心点为例，将竖向基底附加压力分为均布荷载和三角形荷载，其中竖向均布荷载 P_0 为 17.64kPa，三角形竖向荷载 $p_t=44.64-17.64=27$（kPa）。此外，水平荷载 p_h 为 7.5kPa，各荷载在地基中引起的附加应力计算见表 5-1，附加应力如图 5-8（b）所示。

5）确定压缩层的计算深度 Z_n：

深度为 z=15m 处，$\dfrac{\sigma_z}{\sigma_c}=\dfrac{20.73}{235.44}<0.1$，因此压缩层的计算深度 Z_n 可取 15m。

表 5-1　基底中心点（点 2）附加应力计算表

z/m	z/b	$p_0=17.64$kPa		$p_t=27$kPa		$p_h=7.5$kPa		$\sum\sigma_z$ / kPa
		b=20m　x/b=0.5						
		K_z^s	σ_z	K_z^t	σ_z	K_z^h	σ_z	
0	0	1.00	17.64	0.50	13.50	0	0	31.14
3	0.15	0.99	17.46	0.49	13.23	0	0	30.69
8	0.40	0.88	15.52	0.44	11.88	0	0	27.40
11.5	0.58	0.77	13.58	0.38	10.26	0	0	23.84
15	0.75	0.67	11.82	0.33	8.91	0	0	20.73

6）计算各分层的平均自重应力 $\overline{\sigma}_{ci}$ 和平均附加应力 $\overline{\sigma}_{zi}$：

第一层的平均自重应力 $\overline{\sigma}_{c1}$ 和平均附加应力 $\overline{\sigma}_{z1}$ 为

$$\overline{\sigma}_{c1}=(58.86+117.72)/2=88.29\ \text{(kPa)}$$

$$\overline{\sigma}_{z1}=(31.14+30.69)/2\approx30.92\ \text{(kPa)}$$

同理计算其他各层的平均自重应力和平均附加应力见表 5-2。

表 5-2　基底中心点的沉降量计算结果表

分层编号	分层厚度/cm	初始应力平均值 $\overline{\sigma}_{ci}$/kPa	附加应力平均值 $\overline{\sigma}_{zi}$/kPa	最终应力平均值 $(\overline{\sigma}_{ci}+\overline{\sigma}_{zi})$/kPa	初始孔隙比 e_{1i}	最终孔隙比 e_{2i}	$\dfrac{e_{1i}-e_{2i}}{1+e_{1i}}$	$\Delta s_i=\dfrac{e_{1i}-e_{2i}}{1+e_{1i}}h_i$ /cm
Ⅰ	300	88.29	30.92	119.21	0.783	0.745	0.0213	6.4
Ⅱ	500	142.25	29.05	171.30	0.695	0.665	0.0177	8.9
$Ⅲ_1$	350	183.94	25.62	209.56	0.619	0.604	0.0093	3.2
$Ⅲ_2$	350	218.28	22.29	240.57	0.602	0.590	0.0075	2.6

注：$S_n=\sum\Delta s_i$ =21.1cm。

7）计算基底中心点的沉降量：

由初始应力平均值$\overline{\sigma}_{ci}$查出初始孔隙比e_{1i}，由最终应力平均值（$\overline{\sigma}_{ci}+\overline{\sigma}_{zi}$）查出最终孔隙比$e_{2i}$，求出各土层沉降量$\Delta s_i$，然后求和得到基底中心点的沉降量$S_n$（表 5-2）。

按上述同样方法可以计算点 1 和点 3 的沉降量分别为 4.3cm 和 7.2cm。

二、规范法

《建筑地基基础设计规范》（GB 50007—2011）推荐的地基最终沉降量计算方法是修正形式的（简化了的）分层总和法。它也采用了侧限条件的压缩性指标，但运用了地基平均附加应力系数计算，规定了地基沉降计算深度的新标准，并提出地基沉降计算经验修正系数，使计算成果接近实测值。

地基平均附加应力系数$\overline{\alpha}$是指从基底至地基任意深度z范围内的附加应力分布图面积A对基底附加压力与地基深度的乘积p_0z的比值，即$\overline{\alpha}=A/p_0z$，也即$A=p_0z\overline{\alpha}$。假设地基土是均质的，在侧限条件下的压缩模量E_s不随深度而变，则从基底至任意深度z范围内的压缩量s'为

$$s'=\int_0^z\varepsilon \mathrm{d}z=\frac{1}{E_s}\int_0^z\sigma_z \mathrm{d}z=\frac{p_0}{E_s}\int_0^z\alpha \mathrm{d}z=\frac{A}{E_s}=\frac{p_0z\overline{\alpha}}{E_s} \tag{5-12}$$

成层土地基中第i层的沉降量Δs_i为

$$\Delta s_i=\frac{p_0\left(z_i\overline{\alpha}_i-z_{i-1}\overline{\alpha}_{i-1}\right)}{E_{si}} \tag{5-13}$$

则按分层总和法计算地基沉降量的公式为

$$s_0=\sum_{i=1}^{n}\Delta s_i=\sum\frac{p_0\left(z_i\overline{\alpha}_i-z_{i-1}\overline{\alpha}_{i-1}\right)}{E_{si}} \tag{5-14}$$

式（5-12）～式（5-14）中：ε——土的压缩应变，$\varepsilon=\sigma_z/E_s$；

p_0——基底附加压力，kPa;

z_{i-1}、z_i——第i层的上层面与下层面至基础底面的距离，m;

$\overline{\alpha}_{i-1}$、$\overline{\alpha}_i$——z_{i-1}和z_i范围内竖向平均附加应力系数，可查表 5-3;

$p_0z_{i-1}\overline{\alpha}_{i-1}$、$p_0z_i\overline{\alpha}_i$——$z_{i-1}$和$z_i$范围内竖向附加应力面积$A_{i-1}$和$A$，kPa·m;

s_0——分层总和法计算的地基沉降量，mm。

表 5-3 为矩形基础受竖向均匀荷载作用下基础中心点下地基平均附加应力系数$\overline{\alpha}_i$。对于其他情况的平均附加应力系数，可由《建筑地基基础设计规范》（GB 50007—2011）中查得，本书此处从略。

表 5-3　矩形基础受均布荷载基础中心点下的地基平均附加应力系数 $\bar{\alpha}_i$

z/b	l/b												
	1.0	1.2	1.4	1.6	1.8	2.0	2.4	2.8	3.2	3.6	4.0	5.0	>10
0.0	1.000	1.000	1.000	1.000	1.000	1.000	1.000	1.000	1.000	1.000	1.000	1.000	1.000
0.2	0.987	0.990	0.991	0.992	0.992	0.992	0.993	0.993	0.993	0.993	0.993	0.993	0.993
0.4	0.936	0.947	0.953	0.956	0.958	0.960	0.961	0.962	0.962	0.963	0.963	0.963	0.963
0.6	0.858	0.878	0.890	0.898	0.903	0.906	0.910	0.912	0.913	0.914	0.914	0.915	0.915
0.8	0.775	0.801	0.810	0.831	0.839	0.844	0.851	0.855	0.857	0.858	0.859	0.860	0.860
1.0	0.689	0.738	0.749	0.764	0.775	0.783	0.792	0.798	0.801	0.803	0.804	0.806	0.807
1.2	0.631	0.663	0.686	0.703	0.715	0.725	0.737	0.744	0.749	0.752	0.754	0.756	0.758
1.4	0.573	0.605	0.629	0.648	0.661	0.672	0.687	0.696	0.701	0.705	0.708	0.711	0.714
1.6	0.524	0.556	0.580	0.599	0.613	0.625	0.614	0.651	0.658	0.663	0.666	0.670	0.675
1.8	0.482	0.513	0.537	0.556	0.571	0.583	0.600	0.611	0.619	0.624	0.629	0.633	0.633
2.0	0.446	0.475	0.499	0.518	0.533	0.545	0.563	0.575	0.584	0.590	0.594	0.600	0.605
2.2	0.414	0.443	0.466	0.484	0.499	0.511	0.530	0.543	0.552	0.558	0.563	0.570	0.577
2.4	0.387	0.414	0.436	0.454	0.469	0.481	0.500	0.513	0.523	0.530	0.535	0.543	0.551
2.6	0.362	0.389	0.410	0.428	0.442	0.455	0.473	0.487	0.496	0.504	0.509	0.518	0.528
2.8	0.341	0.366	0.387	0.404	0.418	0.430	0.449	0.463	0.472	0.480	0.486	0.495	0.506
3.0	0.322	0.346	0.366	0.383	0.397	0.409	0.427	0.441	0.451	0.459	0.465	0.477	0.487
3.2	0.305	0.328	0.348	0.364	0.377	0.389	0.407	0.420	0.431	0.439	0.445	0.455	0.468
3.4	0.289	0.312	0.331	0.346	0.359	0.371	0.388	0.402	0.412	0.420	0.427	0.437	0.452
3.6	0.276	0.297	0.315	0.330	0.343	0.353	0.372	0.385	0.395	0.403	0.410	0.421	0.436
3.8	0.263	0.284	0.301	0.316	0.328	0.339	0.356	0.369	0.379	0.388	0.394	0.405	0.422
4.0	0.251	0.271	0.288	0.302	0.314	0.325	0.342	0.355	0.365	0.373	0.379	0.391	0.408
4.2	0.241	0.260	0.276	0.290	0.300	0.312	0.328	0.341	0.352	0.359	0.366	0.377	0.396
4.4	0.231	0.250	0.265	0.278	0.290	0.300	0.316	0.329	0.339	0.347	0.353	0.365	0.384
4.6	0.222	0.240	0.255	0.268	0.279	0.289	0.304	0.317	0.327	0.335	0.341	0.353	0.373
4.8	0.214	0.231	0.245	0.258	0.269	0.279	0.294	0.300	0.316	0.324	0.330	0.342	0.362
5.0	0.206	0.223	0.237	0.249	0.260	0.269	0.284	0.296	0.306	0.313	0.320	0.332	0.352

注：l、b 为矩形的长边与短边，Z 为基底以下的深度。

地基沉降计算深度 Z_n 应满足下列条件：由该深度处向上取按表 5-4 规定的计算厚度 Δz（图 5-10）所得的计算沉降 Δs_n 应满足如下要求（包括考虑相邻荷载的影响）：

$$\Delta s_n \leqslant 0.025\sum_{i=1}^{n}\Delta s_i \tag{5-15}$$

表 5-4　计算厚度 Δz 值　（单位：m）

b	$b\leqslant 2$	$2<b\leqslant 4$	$4<b\leqslant 8$	$8<b$
Δz	0.3	0.6	0.8	1.0

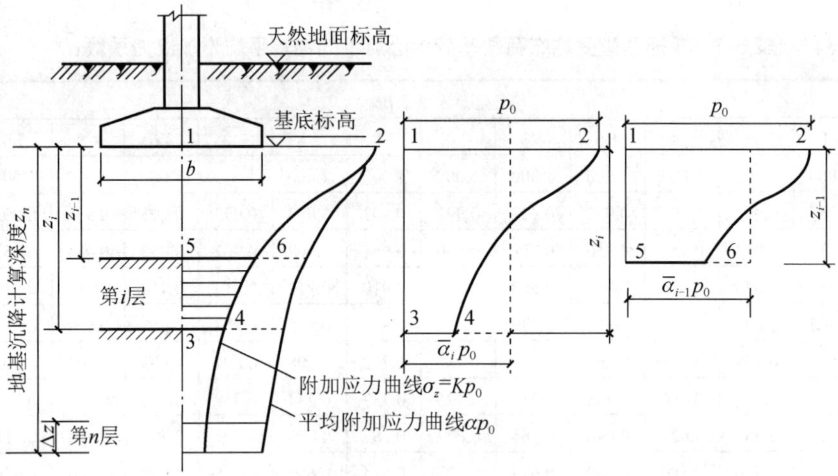

图 5-10　应力面积计算分层沉降量

按式（5-15）所确定的沉降计算深度，当有较软弱土层时，应向下继续计算，直至软弱土层中所取规定厚度Δz的计算沉降量满足式（5-15）为止。当无相邻荷载影响，基础宽度b在 1～30m 范围内时，基础中心点的地基沉降计算深度，也可如下简化计算，即

$$Z_n = b(2.5-0.4\ln b) \tag{5-16}$$

为了提高计算的准确度，地基沉降计算深度范围内的计算沉降量s'需乘以一个沉降计算经验系数ψ_s，即

$$S=\psi_s s_0=\psi_s\sum_{i=1}^{n}\frac{p_0}{E_{si}}\left(z_i\overline{\alpha}_i-z_{i-1}\overline{\alpha}_{i-1}\right) \tag{5-17}$$

式中：ψ_s——沉降计算经验系数，根据地区沉降观测资料及经验确定，也可采用表 5-5 的数值（表 5-5 中f_{ak}为地基承载力特征值）；

E_{si}——基础底面下第i层土的压缩模量，应取土的自重应力至土的自重应力和附加应力之和的压应力段计算，kPa。

表 5-5　沉降计算经验系数ψ_s

基底附加压力/kPa	$\overline{E}_s$				
	2.5m	4.0m	7.0m	15.0m	20.0m
$p_0 \geqslant f_{ak}$	1.4	1.3	1.0	0.4	0.2
$p_0 \leqslant 0.75 f_{ak}$	1.1	1.0	0.7	0.4	0.2

表 5-5 中$\overline{E}_s$为沉降计算深度范围内压缩模量当量值，应按如下计算：

$$\overline{E}_s=\frac{\sum A_i}{\sum\frac{A_i}{E_{si}}}=\frac{p_0\sum\left(z_i\overline{\alpha}_i-z_{i-1}\overline{\alpha}_{i-1}\right)}{p_0\sum\frac{\left(z_i\overline{\alpha}_i-z_{i-1}\overline{\alpha}_{i-1}\right)}{E_{si}}}=\frac{\sum\left(z_i\overline{\alpha}_i-z_{i-1}\overline{\alpha}_{i-1}\right)}{\sum\frac{\left(z_i\overline{\alpha}_i-z_{i-1}\overline{\alpha}_{i-1}\right)}{E_{si}}} \tag{5-18}$$

式中：A_i——第i层土附加应力系数沿土层厚度的积分值。

【例 5-2】图 5-11 所示为某基础。基底为正方形，边长为 b=4m，基础埋藏深度 d=1m，作用于基底中心荷载 N=1760kN（包括基础自重），地基为粉质黏土，其天然重度$\gamma=16\text{kN/m}^3$，地下水水位埋藏深度 3.4m，地下水水位以下土的饱和重度$\gamma_{sat}=18.2\text{kN/m}^3$。土层压缩模量如下：地下水水位以上$E_{s1}=5.5\text{MPa}$，地下水水位以下$E_{s2}=6.5\text{MPa}$。地基土的承载力特征值$f_{ak}=94\text{kPa}$，试用规范法计算柱基中心的沉降量。

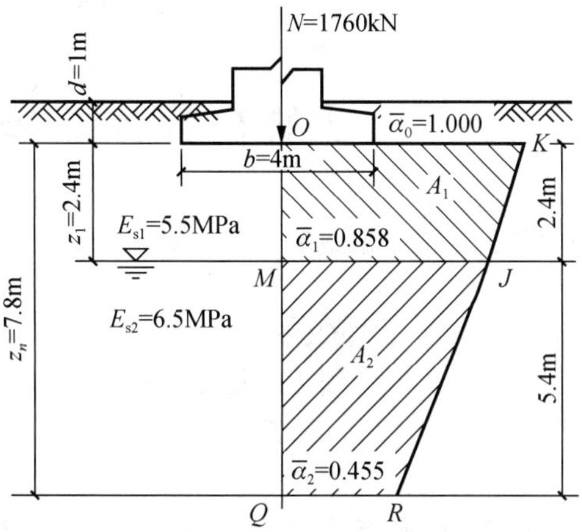

图 5-11　例 5-2 图

解：1）按式（5-16）地基沉降计算深度Z_n：

$$Z_n=b(2.5-0.4\ln b)=4\times(2.5-0.4\ln 4)=7.8\ \text{（m）}$$

2）计算基底附加压力p_0：

$$p_0=\frac{N}{bl}-\gamma_0 d=\frac{1760}{4\times 4}-16\times 1=94.0\ \text{（kPa）}$$

3）确定平均附加应力系数$\overline{\alpha}_i$：由$l/b=1$，$z/b=0$、0.6、1.95 分别查表 5-3 得$\overline{\alpha}_0=1.0$、$\overline{\alpha}_1=0.858$、$\overline{\alpha}_2=0.455$。

4）确定沉降计算经验系数ψ_s：

压缩模量当量值为

$$\overline{E}_s=\frac{\sum A_i}{\sum\frac{A_i}{E_{si}}}=\frac{p_0\sum\left(z_i\overline{\alpha}_i-z_{i-1}\overline{\alpha}_{i-1}\right)}{p_0\sum\frac{\left(z_i\overline{\alpha}_i-z_{i-1}\overline{\alpha}_{i-1}\right)}{E_{si}}}=\frac{\sum\left(z_i\overline{\alpha}_i-z_{i-1}\overline{\alpha}_{i-1}\right)}{\sum\frac{\left(z_i\overline{\alpha}_i-z_{i-1}\overline{\alpha}_{i-1}\right)}{E_{si}}}$$

$$=\frac{(2.4\times 0.858-0\times 1.0)+(7.8\times 0.455-2.4\times 0.858)}{\frac{(2.4\times 0.858-0\times 1.0)}{5.5}+\frac{(7.8\times 0.455-2.4\times 0.858)}{6.5}}$$

$$=\frac{2.06+1.49}{\frac{2.06}{5.5}+\frac{1.49}{6.5}}=5.88\ \text{（MPa）}$$

由$p_0=f_{ak}$和$\overline{E}_s=5.88\text{MPa}$查表 5-5 得$\psi_s=1.11$。

5）计算柱基中心的沉降量，则有

$$s=\psi_{s}s_{0}=\psi_{s}\sum_{i=1}^{n}\frac{p_{0}}{E_{si}}\left(z_{i}\overline{\alpha}_{i}-z_{i-1}\overline{\alpha}_{i-1}\right)$$

由图 5-11 可知，$z_0=0$，$z_1=2400\text{mm}$，$z_2=7800\text{mm}$，即

$$s=1.11\times94\times\left[\frac{(2400\times0.858-0\times1.0)}{5500}+\frac{(7800\times0.455-2400\times0.858)}{6500}\right]=63\ （\text{mm}）$$

任务三　饱和土的渗透固结的概念

能力目标：学生通过学习能够掌握饱和土的渗透固结过程。

土的压缩随时间增长的过程称为土的固结。饱和土在荷载作用下，土粒互相挤紧，孔隙水逐渐排出，引起孔隙体积减小直到压缩稳定，这需要一定的时间过程，这一过程的快慢，取决于土的渗透性，因此也可以将饱和土体的固结称为渗透固结。地基的固结也就是地基沉降的过程。对于无黏性土地基，由于渗透性强，压缩性低，地基沉降的过程时间短，一般在施工完成时，地基沉降可基本完成。而黏性土地基，特别是饱和黏土地基，由于渗透性弱，压缩性高，地基沉降的时间过程长，地基沉降往往延续至完工后数年，甚至数十年才能达到稳定。因此，对于建造在黏土地基上的重要建筑物，常常需要了解地基沉降与时间的关系，以便考虑建筑物有关预留部分的净空、连接方式、施工顺序和进度。

地基沉降与时间的关系常以饱和土体单向渗透固结理论为基础。下面介绍饱和土体单向渗透固结理论，根据此理论分析地基沉降与时间关系的计算方法及应用。

一、饱和土的单向渗透固结模型

对于饱和土而言，孔隙水在荷载作用下沿着竖直方向渗流，土体的压缩就在竖直方向产生。这种压缩过程称为单向渗透固结。

饱和土是由土粒构成的土骨架和充满于孔隙中的孔隙水两部分组成。显然，外荷载在土中引起的附加应力σ_z是由孔隙水和土骨架来分担的，由孔隙水承担的压力（即附加应力）作用在孔隙水中引起的应力称为孔隙水压力，用u表示。孔隙水压力高于原来承受的静水压力，因此又称为超静水压力。与静水压力一样，孔隙水压力是各个方向都相等的中性压力，不会使土骨架发生变形。由土骨架承担的压力，即附加应力在土骨架引起的应力称为有效应力，用σ'表示，它能使土粒彼此挤紧，引起土的变形。在固结过程中，孔隙水压力和有效应力的比例不断变化，而这一过程中，根据平衡条件，任一时刻 t 的有效应力σ'和孔隙水压力u之和总是等于作用在土中的附加应力σ_z，即$\sigma_z=u+\sigma'$。

为了说明饱和土的单向渗透固结过程，可用图 5-12 所示的弹簧-活塞模型来说明。

弹簧-活塞模型是将饱和土体表示为一个有弹簧、活塞的充满水的容器。弹簧代表土的骨架，容器内的水表示土中孔隙水，由容器中水承担的压力相当于孔隙水压力u，由弹簧承担的压力相当于有效应力σ'。首先，在荷载刚施加的瞬间（t=0），孔隙水来不及排出，此时$u=\sigma_z$，$\sigma'=0$。然后，随时间（0<t<∞）变化，水从活塞小孔逐渐排出，u逐渐降低并转化为σ'，此时$\sigma_z=u+\sigma'$。最后（t=∞），由于水的停止排出，孔隙水压力u等于0，压力σ_z全部转移给弹簧即$\sigma_z=\sigma'$，渗透固结完成。

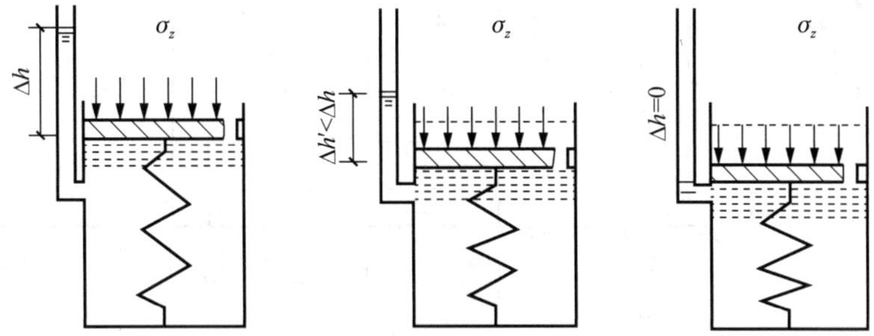

（a）t=0，u=p，σ'=0　（b）0<t<∞，u+σ'=p　（c）t=∞，σ'=p，u=0

图 5-12　饱和土的单向渗透固结模型

由此可见，饱和土的固结就是孔隙水压力u消散和有效应力σ'相应增长的过程。

二、饱和土的单向渗透固结理论

1. 基本假设

饱和土体单向渗透固结理论的基本假设如下：

1）地基土为均质、各向同性和完全饱和的。

2）土的压缩完全是由于孔隙体积的减小而引起，土粒和孔隙水均不可压缩。

3）土的压缩与排水仅在竖直方向发生，侧向既不变形，也不排水。

4）土中水的渗透符合达西定律，土的固结快慢取决于渗透系数的大小。

5）在整个固结过程中，假定孔隙比e、压缩系数a和渗透系数K为常量。

6）荷载是连续均布的，并且是一次瞬时施加的。

2. 计算公式

饱和土体的固结过程就是孔隙水压力向有效应力转化的过程。图 5-13 表示厚度为H的饱和黏性土层，顶面透水，底面不透水，孔隙水只能由下向上单向单面排出，土层顶面作用有连续均布荷载p，属于单向渗透固结情况。

由于荷载p是连续均布，土层中的附加应力σ_z将沿深度H均匀分布，且$\sigma_z=p$，当刚加压的瞬间（t=0），黏性土层中来不及排水，整个土层中$u=\sigma_z,\sigma'=0$。经瞬间以后（0<t<∞），黏性土层顶面的孔隙水先排出，u下降并转化为σ'，接着土层深处的孔隙水随着时间

的增长而逐渐排出，u 也就逐渐向 σ' 转化，此时土层中 $u+\sigma'=\sigma_z$，直到最后（$t=\infty$），在荷载 p 作用下，应被排出的孔隙水全部排出，当整个土层中 $u=0$、$\sigma'=\sigma_z$ 时，达到固结稳定。

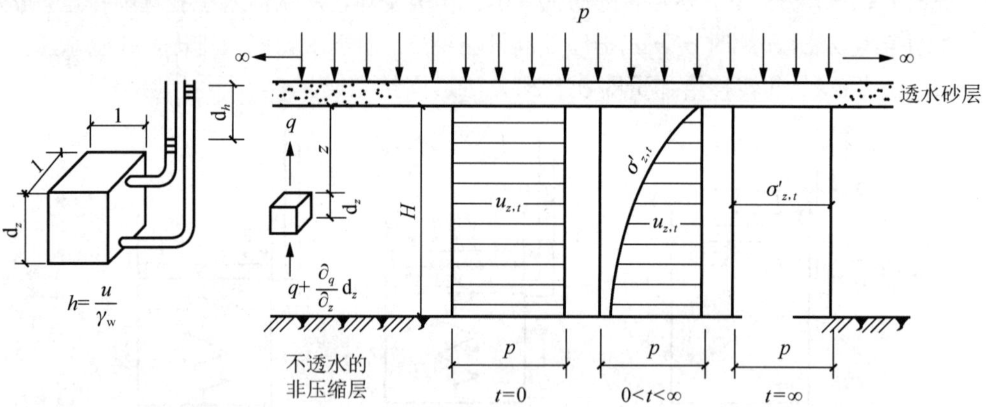

图 5-13　饱和土的固结过程

根据公式推导可得到某一时刻 t，深度 z 处的孔隙水压力表达式如下：

$$u=\frac{4}{\pi}\sigma_z\sum_{m=1}^{\infty}\frac{1}{m}\sin\left(\frac{m\pi z}{2H'}\right)\mathrm{e}^{\frac{-m^2\pi^2}{4}T_v} \tag{5-19}$$

式中：m——正整奇数（1，3，5，…）；

e——自然对数的底；

H'——土层最大排水距离，单面排水为土层厚度 H，双面排水取 $H/2$；

T_v——时间因数，$T_v=\dfrac{C_v t}{H'^2}$；

C_v——固结系数，$C_v=\dfrac{k(1+e_1)}{\alpha\gamma_w}$，$m^2/a$；

k——土的渗透系数，m/s；

a——土的压缩系数，MPa^{-1}；

e_1——土层固结前的初始孔隙比；

γ_w——水的重度，$9.8kN/m^3$。

3. 地基变形与时间关系

根据式（5-19）所示的孔隙水压力 u 随时间 t 和深度 z 变化的函数解，即可求得地基在任一时间的固结度。地基在固结过程中任一时刻 t 的固结沉降量 S_t 与其最终沉量 S 之比，称为地基在 t 时的固结度，用 U_t 表示，即

$$U_t=\frac{S_t}{S} \tag{5-20}$$

由于土体的压缩变形是由有效应力 σ' 引起的，因此，地基中任一深度 z 处，历时 t 后

的固结度也可表达为

$$U_t = \frac{\sigma'}{\sigma_z} = \frac{\sigma_z - u}{\sigma_z} = 1 - \frac{u}{\sigma_z} \tag{5-21}$$

因为地基中各点应力不等，所以各点的固结度也不同，实用上用平均固结度U_t表示，即

$$U_t = 1 - \frac{\int_0^H u \mathrm{d}z}{\int_0^H \sigma_z \mathrm{d}z} \tag{5-22}$$

对于图 5-13 所示的单面排水，附加应力均布的情况，地基的平均固结度经过公式推导可得：

$$U_t = 1 - \frac{8}{\pi^2}\left(\mathrm{e}^{-\frac{\pi^2}{4}T_\mathrm{v}} + \frac{1}{9}\mathrm{e}^{-\frac{9\pi^2}{4}T_\mathrm{v}} + \cdots \right) \tag{5-23}$$

式（5-23）括号中的级数收敛很快，实用上取第一项，即

$$U_t = 1 - \frac{8}{\pi^2}\mathrm{e}^{-\frac{\pi^2}{4}T_\mathrm{v}} \tag{5-24}$$

由式（5-24）可知，平均固结度U_t是时间因数 T_v 的函数，它与土中的附加应力分布情况有关，式（5-23）适用于附加应力均匀分布的情况，也适用于双面排水情况。对于地基为单面排水，且上、下附加应力不相等的情况，可由$\alpha = \sigma'_z / \sigma''_z$（$\sigma'$为透水面处的附加应力，$\sigma''$为不透水面处的附加应力，对于双面排水（$\alpha$=1），查图 5-14 相应的曲线，得出固结度$U_t$。

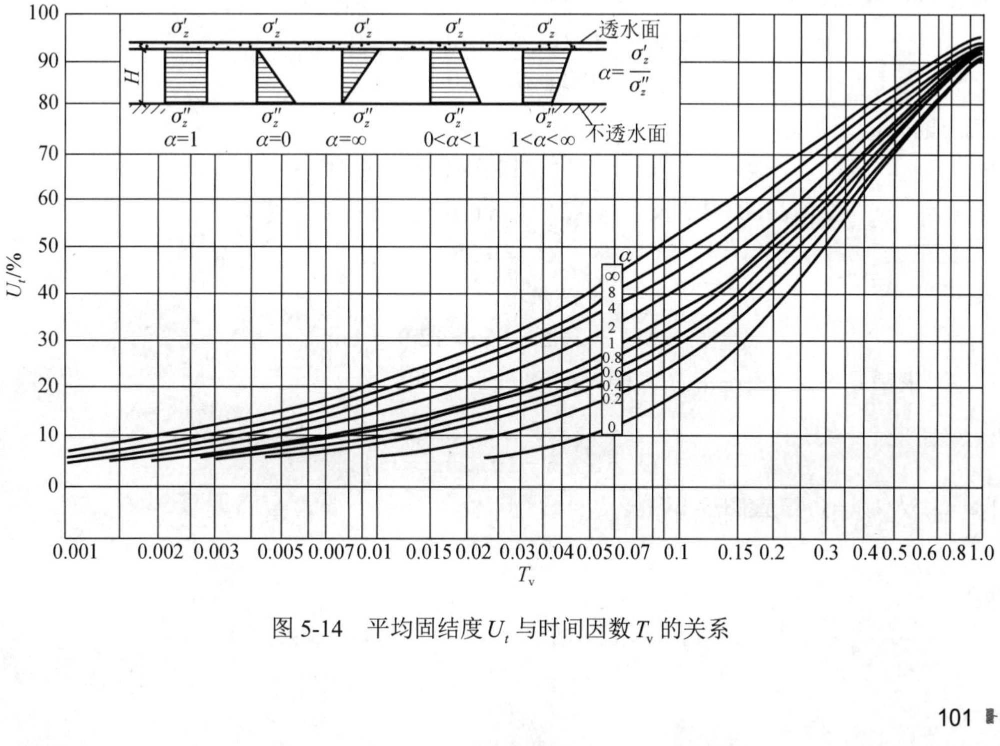

图 5-14　平均固结度U_t与时间因数T_v的关系

由时间因数 T_{v} 与平均固结度 U_t 的关系曲线（图 5-14）可解决以下问题：

1）计算加荷后历时 t 的地基沉降量 S_t。对于此类问题，可先求出地基的最终沉降量 S，然后根据已知条件计算出土层的固结系数 C_{v} 和时间因数 T_{v}，由 $\alpha=\sigma_z'/\sigma_z''$ 及 T_{v} 查出固结度 U_t，最后用式（5-20）求出 S_t。

2）计算地基沉降量达 S_t 时所需的时间 t。对于此类问题，也可先求出地基的最终沉降量 S，再由式（5-21）求出固结度 U_t，最后由 $\alpha=\sigma_z'/\sigma_z''$ 及 U_t 查出时间因数 T_{v} 并求出所需时间 t。

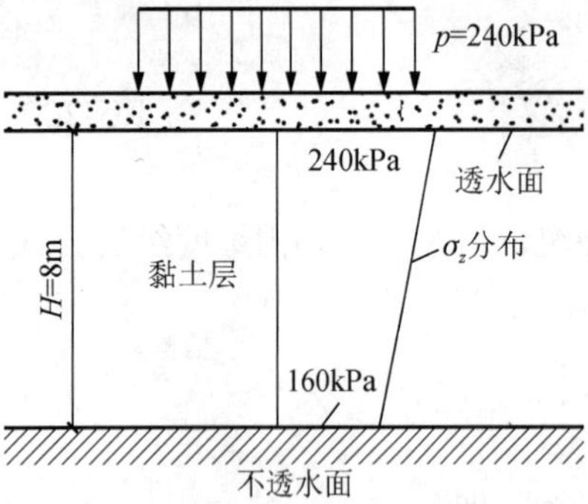

图 5-15　例 5-3 图

【例 5-3】某地基压缩土层为厚 8m 的饱和软黏土层，上部为透水的砂层，下部为不透水层。软黏土加荷之前的孔隙比 $e_1=0.7$，渗透系数 $k=2.0\text{cm/s}$，压缩系数 $a=0.25\text{MPa}^{-1}$，附加应力分布如图 5-15 所示。求：

1）加荷一年后地基沉降量为多少？

2）地基沉降达 10cm 所需的时间是多少？

解：1）求加荷一年后的地基沉降 S_t。

软黏土层的平均附加应力为

$$\overline{\sigma}_z=(240+160)/2=200\text{（kPa）}$$

地基最终沉降量为

$$S=\frac{a}{1+e_1}\overline{\sigma}_zH=\frac{0.25\times10^{-3}}{1+0.7}\times200\times800=23.5\text{（cm）}$$

软黏土的固结系数为

$$C_{\mathrm{v}}=\frac{k(1+e_1)}{a\gamma_{\mathrm{w}}}=\frac{2\times10^{-2}\times(1+0.7)}{0.25\times9.8\times10^{-3}}=13.9\text{（m}^2\text{/s）}$$

软黏土的时间因数为

$$T_{\mathrm{v}}=C_{\mathrm{v}}t/H'^2=13.9\times1/8^2\approx0.217$$

由 $\alpha=\sigma_z'/\sigma_z''=240/160=1.5$ 及 $T_{\mathrm{v}}=0.217$，查图 5-14 得

$$U_t=0.55$$

因此

$$S_t=SU_t=23.5\times0.55=12.9\text{（cm）}$$

2）求地基沉降达 10cm 所需的时间 t。

固结度

$$U_t=S_t/S=10/23.5=0.43$$

由 $\alpha=1.5$ 及 $U_t=0.43$ 查图 5-14 得

$$T_{\mathrm{v}}=0.13$$

则有

$$t=T_{\mathrm{v}}H'^2/C_{\mathrm{v}}=0.13\times8^2/13.9=0.60\text{（s）}$$

复习思考题

1．土的压缩变形过程为什么可视为土的孔隙比随压应力增加而逐渐减小的过程？

2．什么是压缩曲线？它是怎样获得的？有什么作用？

3．什么是土的压缩系数？它怎样反映土的压缩性？一种土的压缩系数是否为常数？其大小还与什么条件有关？

4．分层总和法的基本假定是什么？为什么计算结果精确度不高？

5．某工程 3 号钻孔土样 3-1 粉质黏土和土样 3-2 淤泥质黏土的压缩试验数据列于表 5-6 中，试绘制 *e-p* 曲线，并计算 a_{1-2} 和评价其压缩性。

表 5-6　试验数据

垂直压力/kPa		0	50	100	200	300	400
孔隙比	土样 3-1	0.866	0.799	0.770	0.736	0.721	0.714
	土样 3-2	1.085	0.960	0.890	0.803	0.748	0.707

6．某矩形基础的底面尺寸为 $4\text{m}\times2.5\text{m}$，天然地面下基础埋藏深度为 1m，设计地面高出天然地面 0.4m，计算资料如图 5-16 所示（压缩曲线用习题 5 的）。试按分层总和法计算基础中心点的沉降量。

7．某基础压缩层为饱和黏土层，层厚为 10m，上下为砂土。由基底附加压力在黏土层中引起的附加应力 σ_z 分布如图 5-17 所示。已知黏土层的物理力学指标为 $a=0.25\text{MPa}^{-1}$，$e_1=0.8$，$k=2\text{cm/s}$，试求：

1）加荷一年后地基的沉降量；

2）地基沉降量达到 25cm 时所需的时间。

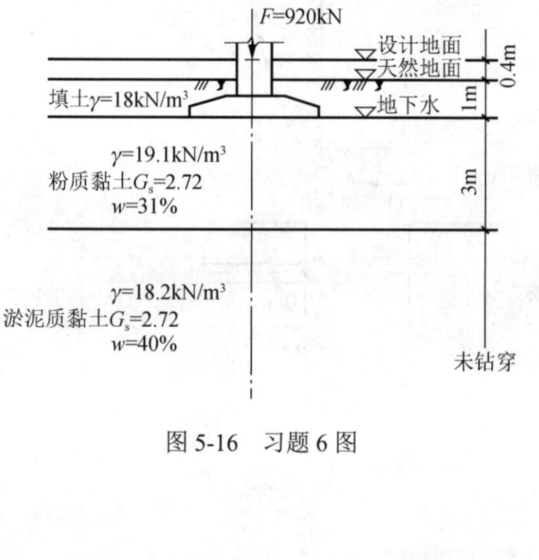

图 5-16　习题 6 图

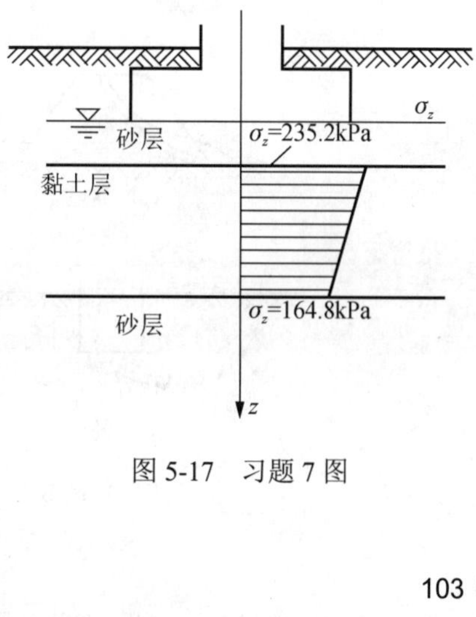

图 5-17　习题 7 图

项目六

土的抗剪强度与地基承载力

学习目标

1）理解土的抗剪强度概念，了解土的抗剪强度的应用。
2）掌握库仑定律，理解土的抗剪强度的构成因素。
3）描述土的抗剪强度理论，能分析与判断土中应力的极限平衡条件。
4）完成直接剪切试验并整理试验结果，描述三轴剪切试验原理。
5）理解地基承载力的概念，描述地基的破坏变形阶段、地基容许承载力确定的 3 种方法。能用规范法确定地基容许承载力。

任务一　土的强度分析

能力目标：学生通过学习能够掌握土体抗剪强度分析方法。

土的抗剪强度是指土体抵抗剪切破坏的极限能力。当土体受到外荷载作用后，土中各点将产生剪应力，若某点剪应力达到抗剪强度，土体就沿着剪应力作用方向产生相对滑动，则该点便发生剪切破坏。工程实践和室内试验都证实，土是由于受剪切而产生破坏的，剪切破坏是强度破坏的重要特点。因此，土的强度问题实质上就是土的抗剪强度问题。图 6-1 所示为剪切变形导致土体发生破坏的现象。

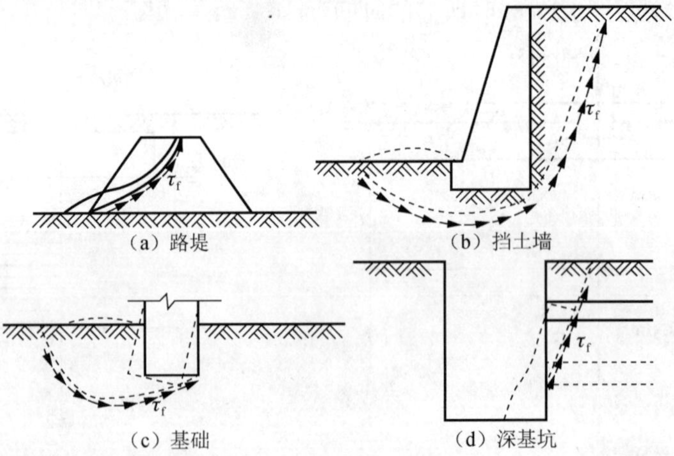

图 6-1　工程中的承载力问题

τ_f —抗剪强度

任务二　土的强度理论与强度指标

能力目标：学生通过学习能够掌握土体状态的判断方法。

一、抗剪强度的库仑定律

1776 年，法国的物理学家查尔斯·库仑根据直接剪切试验绘出抗剪强度曲线（图 6-2）。以此提出砂土和黏性土的抗剪强度表达式。

砂土

$$\tau_f = \sigma\tan\varphi \tag{6-1}$$

黏性土

$$\tau_f = \sigma\tan\varphi + c \tag{6-2}$$

式中：τ_f——土的抗剪强度，kPa；

σ——作用在剪切面的法向压力，kPa；

φ——土的内摩擦角，（°）；

c——土的黏聚力，kPa。

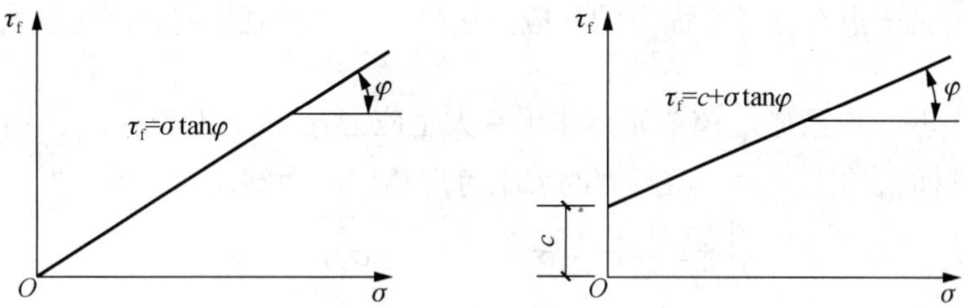

（a）砂土　　（b）黏性土

图 6-2　抗剪强度曲线图

式（6-1）和式（6-2）统称为库仑公式或库仑定律。其中，c 和 φ 是土的抗剪强度指标。c 和 φ 在一定条件下是常数，c、φ 的大小反映土的抗剪强度的高低。砂土的抗剪强度由土的内摩擦力（$\sigma\tan\varphi$）组成，它主要是土粒之间的滑动摩擦及凹凸面间的镶嵌作用所产生的摩阻力，其大小取决于土粒表面粗糙度、土的密实度及颗粒级配等因素。黏性土的抗剪强度由于土的内摩擦力和黏聚力组成，黏聚力 c 是由土粒之间的胶结作用、结合水膜及水分子引力作用等形成的，其大小与土的矿物组成和压密程度有关。

二、土的抗剪强度的构成因素

库仑公式中 c 和 φ 是土的抗剪强度指标，反映了土的抗剪强度的构成因素。按照库仑定律，对于某一种土，它们是作为常数来使用的，实际上它们是随着具体试验条件变化的，不完全是常数，对于洁净的干砂，黏聚力 c=0，因此有式（6-1），其实非干砂土也可以有一些很小的黏聚力（一般不超过 9.81kPa），这或者是由于砂土中夹有一些黏土颗粒，或者是因为砂土处于潮湿（但不是饱和）状态，由于毛细水的作用而形成黏聚力，砂土的内摩擦角 φ 值取决于砂粒间的摩擦阻力及联锁作用。一般中砂、粗砂、砾砂的 φ=32°～40°；粉砂、细砂的 φ=28°～36°。孔隙比越小时，φ 越大。但是，含水饱和的粉砂、细砂很容易失去稳定，因此必须采取慎重的态度，有时取 φ=20°。

关于黏性土的抗剪强度，主要是黏聚力 c 的问题。这里包括：一是由于土粒间水膜与相邻土粒之间的分子引力所形成的黏聚力，通常称之为“原始黏聚力”，当土被压密时，土粒间的距离减小，原始黏聚力随之增大，当土的天然结构被破坏时，将丧失的原始黏聚力一部分，但会随着时间而恢复其中的一部分；二是由于土中化合物的胶结作用而形成的黏聚力，通常称为固化黏聚力，当土的天然结构被破坏时，即丧失这一部分黏聚力，而且短期内不能恢复。

黏性土的抗剪强度指标的变化范围很大，与土的种类有关，并且与土的天然结构是否被破坏，试样在法向压力下的排水固结，试验方法等因素有关。大致可以认为黏性土的黏聚力从小于 9.81kPa 到近似为 200kPa 以上。

三、土的强度理论——极限平衡条件

当土体中某一点在任意平面上的剪应力达到土的抗剪强度时，称该点处于极限平衡状态。

在土体中取一单元体，该单元体作用有大主应力 σ_1 和小主应力 σ_3。由材料力学可知，其任意斜面上的正应力与剪应力的大小可用莫尔应力圆表示（图 6-3），其关系式为

$$\begin{cases}\sigma=\dfrac{1}{2}(\sigma_1+\sigma_3)+\dfrac{1}{2}(\sigma_1-\sigma_3)\cos 2\alpha \\ \tau=\dfrac{1}{2}(\sigma_1-\sigma_3)\sin 2\alpha\end{cases} \tag{6-3}$$

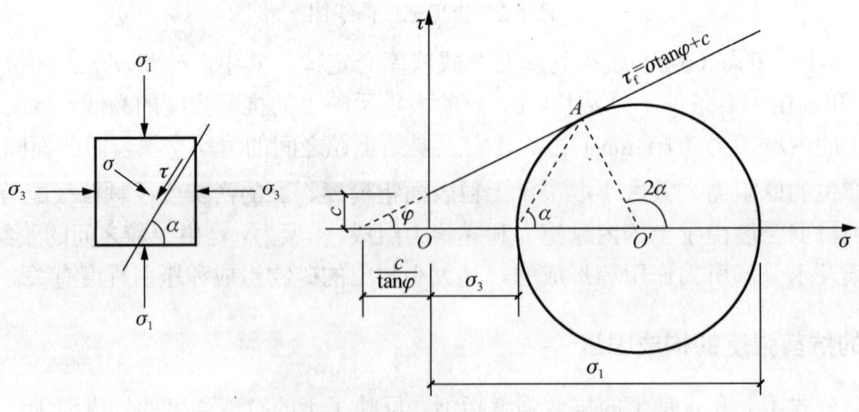

图 6-3　土中一点达极限平衡时的莫尔应力圆

由莫尔应力圆可知，圆周上的 A 点表示与水平线成 α 角的斜截面，A 点的坐标表示该斜截面上的剪应力 τ 和正应力 σ 。将图 6-2 的抗剪强度直线与图 6-3 的莫尔应力圆绘于同一直角坐标系上，可出现 3 种情况（图 6-4）：

1）应力圆与库仑直线相离（Ⅰ），说明应力圆代表的单元体上各截面的剪应力均小于抗剪强度，即各截面都不破坏，所以该点处于稳定状态。

2）应力圆与库仑直线相割（Ⅲ），说明库仑直线上方的一段弧所代表的各截面的剪应力均大于抗剪强度，即该点已有破坏面产生，事实上这种应力状态是不可能存在的。

3）应力圆与库仑直线相切（Ⅱ），说明单元体上有一个截面的剪应力刚好等于抗剪强度，而处于极限平衡状态，其余所有的截面都有 $\tau < \tau_f$ ，因此，该点处于极限平衡状态。所以圆（Ⅱ）称为极限应力圆。

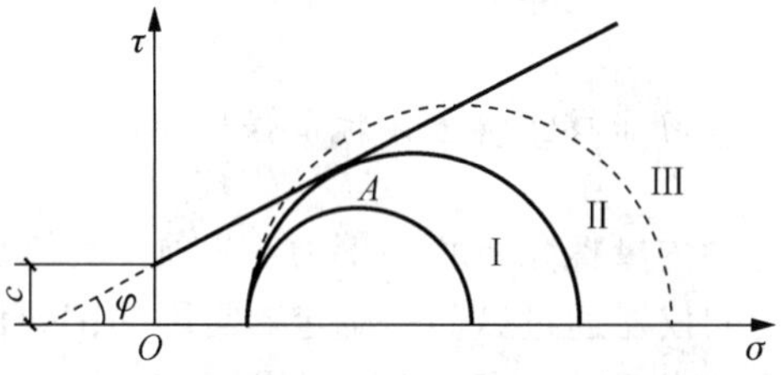

图 6-4　莫尔应力圆与抗剪强度之间的关系

根据极限应力圆与抗剪强度线之间的几何关系，可求得抗剪强度指标 c 、φ 和主应力 σ_1 、σ_3 之间的关系。由图 6-4 可知：

$$AO' = \frac{\sigma_1 - \sigma_3}{2}\text{；}\quad OO' = \frac{\sigma_1 + \sigma_3}{2} + c\cot\varphi$$

由几何条件可得

$$\sin\varphi = \frac{\sigma_1 - \sigma_3}{\sigma_1 + \sigma_3 + 2c\cot\varphi} \tag{6-4}$$

式（6-4）经三角变换后，得到如下极限平衡条件式：

$$\sigma_1 = \sigma_3 \tan^2\left(45^\circ + \frac{\varphi}{2}\right) + 2c\tan\left(45^\circ + \frac{\varphi}{2}\right) \tag{6-5}$$

或

$$\sigma_3 = \sigma_1 \tan^2\left(45^\circ - \frac{\varphi}{2}\right) - 2c\tan\left(45^\circ - \frac{\varphi}{2}\right) \tag{6-6}$$

由图 6-4 中的几何关系可知，土体的破坏面（剪破面）与大主应力作用面的夹角 α 为

$$2\alpha = 90^\circ + \varphi\text{，即 } \alpha = 45^\circ + \frac{\varphi}{2} \tag{6-7}$$

式（6-4）～式（6-6）是验算土体中某点是否达到极限平衡状态的判断式，也是表示 c、φ、σ_1、σ_3 之间的关系式，在地基稳定计算和土压力计算中都要用到。

【例 6-1】某土层的抗剪强度指标 $\varphi = 20^\circ$ ，$c = 20\text{kPa}$ ，其中某一点的大主应力

$\sigma_1 = 300\text{kPa}$，小主应力$\sigma_3 = 120\text{kPa}$。问：

1）该点是否破坏？

2）若保持小主应力σ_3不变，该点不破坏的σ_1最大为多少？

解：1）将$\sigma_3 = 120\text{kPa}$，代入式（6-5）得

$$\sigma_1' = 120\tan^2\left(45° + \frac{20°}{2}\right) + 2\times 20\tan\left(45° + \frac{20°}{2}\right) = 301.88\ (\text{kPa}) > \sigma_1 = 300\ (\text{kPa})$$

因此该点稳定。

2）若σ_3不变，由上式计算可知，保持该点不破坏时σ_1的最大值为301.88kPa。

任务三　强度指标的测定方法

能力目标：学生通过学习能够掌握土体抗剪强度指标的测量方法。

土的抗剪强度指标包括内摩擦角φ和黏聚力c两项，其值是地基与基础设计的重要参数，该指标需要用专门的仪器通过试验来确定。常用的试验仪有直接剪切仪、无侧限压缩仪（图 6-5）、三轴剪切仪和十字板剪切仪（图 6-6）等。由于各种仪器的构造和试验条件、原理及方法均不同，对于同样的土也会得出不同的试验结果，所以需要根据工程的实际情况来选择适当的试验方法。本节介绍常用的直接剪切试验和三轴剪切试验。

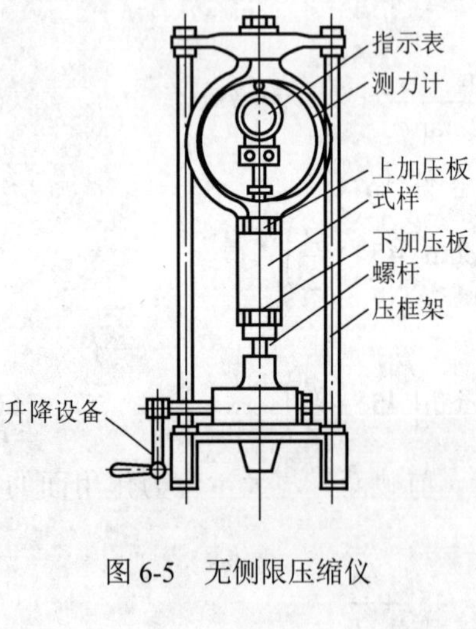

图 6-5　无侧限压缩仪

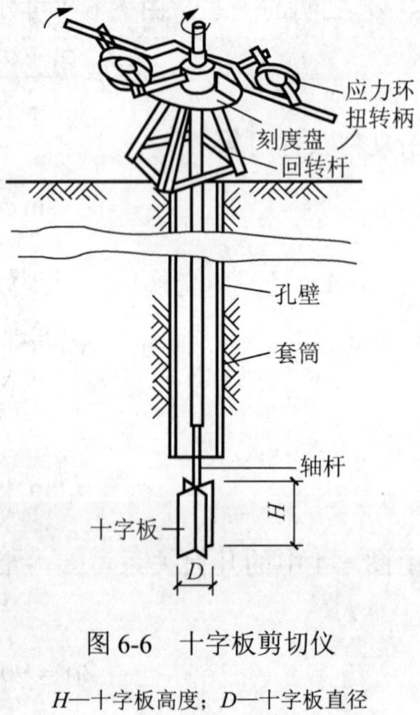

图 6-6　十字板剪切仪

H—十字板高度；D—十字板直径

一、直接剪切试验

直接剪切试验是应用较早的一种测定土的抗剪强度指标的方法，其试验原理易于理解，试验设备简单、操作方便，因此应用较为广泛，是《土工试验方法标准 2007 版》(GB/T 50266—1999）规定使用的方法之一。

直剪试验按加荷载方式分为应变式和应力式两类，前者是以等速推动剪切盒使土样受剪，后者则是分级施加水平剪力于剪力盒使土样受剪。我国目前普遍应用的是应变式直剪仪。如图 6-7 所示，剪力盒分为上盒和下盒两部分，试验时先用插销将上、下盒位置固定起来，用环刀切取原状土样（一般环刀高 2～2.5cm，横截面积 F 为 $30cm^2$ 或 $32.2cm^2$)，把土样推入剪力盒内后，拔去插销，通过传压活塞向土样施加竖向力 N。这样土样上承受平均压应力 $\sigma = \dfrac{N}{F}$。然后在下盒上施加水平力，水平力由小到大逐步增加，上盒、下盒间随之产生相对移动，使土样受剪，直到土样被剪坏，即测得其最大的水平力 T_{max}。剪坏时土样剪切面上的平均极限剪应力为 $\tau_f = \dfrac{T_{max}}{F}$，也即在压应力 σ 作用下的抗剪强度为 τ_f。

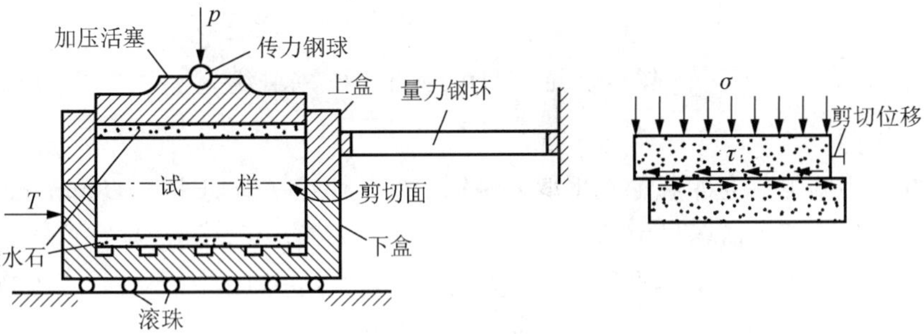

（a）直剪仪简图　　（b）试样受剪情况

图 6-7　直接剪切仪示意图

$\sigma = \dfrac{p}{A}$；$\tau = \dfrac{T}{A}$；A—试样面积

例如，当剪应力-剪切位移曲线出现峰值时，取峰值剪应力为破坏时的剪应力 τ_f，当无峰值时可取对应于剪切位移 $\lambda = 6mm$ 时的剪应力作为 τ_f。整个试验共需取 4～5 个相同的土样，在不同的竖向压力下剪切。这样，对应于几个不同的压应力 σ_1，σ_2，σ_3,…可以得到相应的抗剪强度 τ_{f1}，τ_{f2}，τ_{f3},…。试验结果表明，抗剪强度与作用在剪切面上的压应力呈线性关系。取压应力 σ 为横坐标，抗剪强度 τ_f 为纵坐标，按所得的试验数据，先在图上点出 4～5 点，然后通过点群重心，可绘制出一条直线，如图 6-8 所示，称为抗剪强度线，以近似地表示 σ-τ_f 的关系。

直接剪切试验目前依然是室内最基本的抗剪强度测定方法。试验和工程实践都表明土的抗剪强度是与土受力后的排水固结状况有关，因而在工程设计中所需要的强度指标试验方法必须与现场的施工加荷实际相符合。若软土地基上快速堆填路堤，由于加荷速度快，地基土体渗透性低，则这种条件下的强度和稳定问题是处于不能排水条件下的稳定分析问题，它就要求室内的试验条件能模拟实际加荷状况，即在不能排水的条件下进行剪切试验。但是直剪仪的构造却无法做到任意控制土样是否排水的要求，为了在直剪试验中能考虑这类实际需要，很早以来就通过采用不同的加荷速率来达到排水控制的要求，这便是直剪试验中 3 种不同试验方法，即快剪、固结快剪和慢剪的出发点。

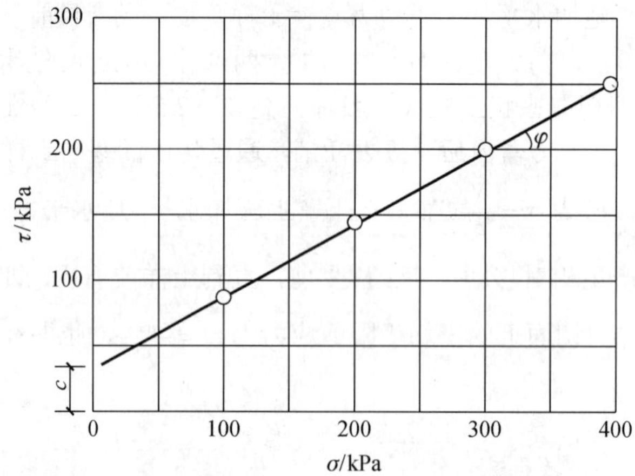

图 6-8　抗剪强度与垂直压力关系曲线

（1）快剪

竖向压力施加后立即施加水平剪力进行剪切，快速（剪切速率 0.8mm/min）把土样剪破，一般从加荷到剪坏只用几分钟。由于剪切速率快，可认为土样在这样短暂时间内没有排水固结或者说模拟了“不排水”剪切情况。当地基土排水不良，工程施工进度又快，土体将在没有固结的情况下承受荷载时，宜用此法。

（2）固结快剪

竖向压力施加后，给以充分时间使土样排水固结。固结终了后再施加水平剪力，快速地（剪切速率为 0.8mm/min）把土样剪坏，即剪切时模拟不排水条件。当建筑物在施工期间允许土体充分排水固结，但完工后可能有突然增加的荷载作用时，宜用此法。

（3）慢剪

竖向压力施加后，让土样排水固结，固结后以慢速（剪切速率 0.04mm/min）施加水平剪力，使土样在受剪过程中一直有充分时间排水固结。当地基排水条件良好（如砂土或砂土中夹有薄黏性土层），土体易在较短时间内固结，工程的施工进度较慢且使用中无突然增加的荷载时，可选用此法。

上述 3 种试验方法对黏性土是有意义的，但效果要视土的渗透性大小而定。对于无黏性土，土的渗透性很大，即使快剪也会产生排水固结，所以常只采用一种剪切速率排水剪试验。

二、三轴剪切试验

三轴压缩试验原理是根据莫尔–库仑强度理论得出的。三轴压缩仪主要由压力室、加压系统和量测系统组成，图 6-9 是三轴压缩仪的压力室示意图，它是金属顶盖、底座和透明有机玻璃圆筒组成的密闭容器。

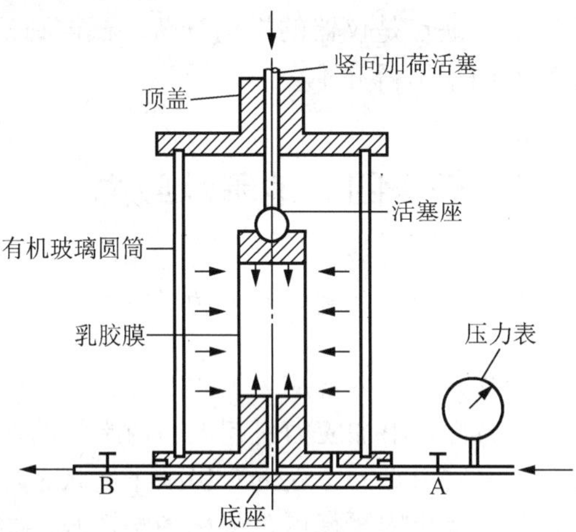

图 6-9　三轴剪切仪压力室示意图

试验时，先将圆柱形土样套在乳胶膜内，将它放入透明、密闭压力室内，然后通过底座中的阀门 A，向压力室内压入水，使试样的三个轴向受到相同的压力σ_3，此时土样没有剪应力，再通过活塞座施加竖向压力q，使土样中产生剪应力。在固定σ_3作用下，不断增大q，直至土样剪破。根据最大主应力$\sigma_1 = \sigma_3 + q$和最小主应力σ_3，可绘出一个极限应力圆。取 3～5 个相同土样，在不同的周围压力σ_3下进行剪切破坏，可得到相应的σ_1，便可绘制出几个极限应力圆，这些极限应力圆的公切线，即该土样的抗剪强度线（图 6-10）。由此得出c、φ值。

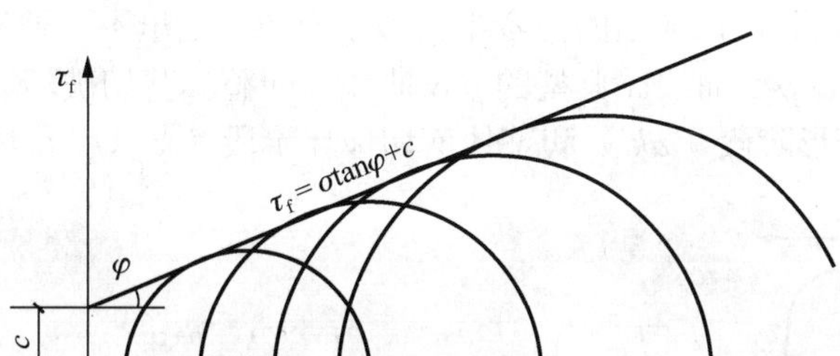

图 6-10　三轴剪切试验成果图

根据试验排水条件的不同，对应于直接剪切试验的快剪、固结快剪和慢剪试验，三轴压缩试验也可分为不排水剪、固结不排水剪和排水剪 3 种试验方法：①不排水剪是在试样施加σ_3和q时始终关闭 B 阀，不让试样排水。②固结不排水剪是在施加固结压力σ_3时，打开 B 阀，让试样充分排水固结。然后关闭 B 阀，逐级增大q，使试样剪破。③排水剪则是在试验时，始终打开阀门 B，让试样自由排水。对于不排水剪和固结不排水剪试验，还可测出试样中产生的孔隙水压力u，因而可以求出土的有效应力抗剪强度指标c'、φ'值，这种方法称为有效应力法。

三轴压缩试验教直接剪切试验完善，其优点是能比较严格地控制排水条件，并能测定试样的孔隙水压力变化，受力条件比较符合实际，没有人为地限定破裂面，破裂面是最弱面，试验结果较为准确。缺点是仪器的机构复杂，试样制备、试验操作比较麻烦，费用较高，因此一般生产部门采用得并不多。

任务四　地基承载力

能力目标： 学生通过学习能够掌握地基承载力的分析方法。

地基承受建筑物荷载的作用后，内部应力发生变化。一方面，附加应力引起地基土变形造成建筑物沉降。另一方面，附加应力引起地基内土体的剪应力增加，当某一点的剪应力达到土的抗剪强度时，这一点的土就处于极限平衡状态。若土体中某一区域内各点都达到极限平衡状态，就形成极限平衡区，或称为塑性区。如荷载继续增大，地基内极限平衡区的发展范围随之不断扩大，局部的塑性区发展成为连续贯穿到地表的整体滑动面。这时，基础下一部分土体将沿滑动面产生整体滑动，称为地基失去稳定。如果这种情况发生，建筑物将发生严重的塌陷、倾倒等灾害性的破坏。

地基承受荷载的能力称为地基的承载力。地基承载力的确定一般有如下 3 种途径，即利用现场载荷试验成果、利用理论公式、按规范表格法。

一、按现场载荷试验确定地基承载力

地基从开始发生变形到失去稳定（即破坏）的发展过程，可利用现场荷载试验来说明（关于现场荷载试验，在前面的内容中已做了介绍，这里不再赘述）。图 6-11（a）表示由载荷试验测得的 p-S 曲线。典型的 p-S 曲线（即整体剪切破坏）可以分成压密阶段（oa）、局部剪切变形阶段（ak）和整体剪切破坏阶段（k 以后）。

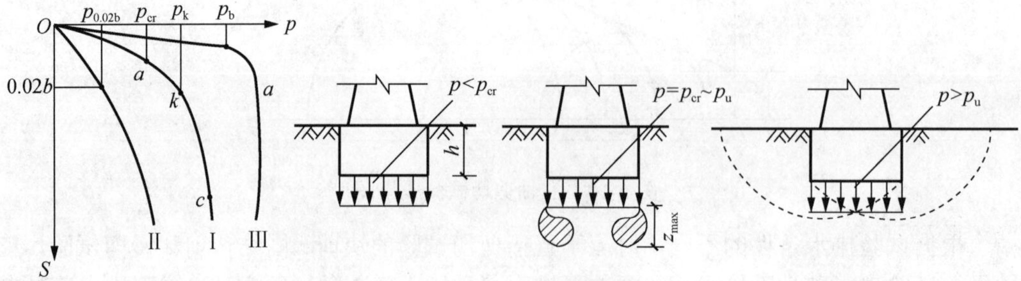

（a）p-S曲线　（b）压缩阶段　（c）局部剪切阶段　（d）破坏阶段

图 6-11　地基变形

1）压缩阶段：相应于 p-S 曲线上的 oa 段，近于直线关系。此阶段地基中各点的剪应力均小于地基土的抗剪强度，地基土处于弹性平衡状态，如图 6-11（b）所示。基础沉降的主要原因是土颗粒互相挤密、孔隙减小，地基土产生压缩变形。

2）局部剪切阶段：相应于 p-S 曲线上的 ak 段。在此阶段，变形的增加率随荷载的增加而增大，p-S 曲线向下弯曲。其原因是在地基土中的局部区域内，发生剪切变形，如图 6-11（c）所示。这些区域称为塑性变形区。随着荷载的增加，地基土中塑性变形区的范围逐渐增大。

3）破坏阶段：相应于 p-S 曲线上的 kc 段。当荷载增加到某一极限时，地基变形突然增大，说明地基土中的塑性变形区已形成了与地面贯通的连续滑动面，如图 6-11（d）所示，地基土向基础一侧或两侧挤出，地面隆起，地基整体失稳，基础急剧下沉。

p-S 曲线中的 a 和 k 点是变形由一个阶段过渡到另一个阶段的两个特征分界点。a 点对应的荷载 p_a，即 p_{cr} 是地基中即将出现塑性变形区的荷载，称为临塑荷载；k 点对应的荷载 p_k 是地基将要发生整体剪切破坏的荷载，称为极限荷载。显然以 p_k 作为地基的容许承载力是极不安全的，而将临塑荷载作为地基的容许承载力，有时又偏于保守，因为荷载 p 大于 p_a 时，只要保证塑性区最大深度不超过某一界限，地基就不会形成连通的滑动面，就不会发生整体剪切破坏。实践表明，地基土中塑性变形区的最大深度 $z_{\max}$ 达到 1/4～1/3 的基础宽度时，地基仍是安全的。与塑性区最大深度 $z_{\max}$ 相对应的荷载强度，称为临界荷载。

但应指出，地基承载力还与基础的形状、底面尺寸、埋置深度等有关，由于荷载试验是承压板尺寸远小于实际地基的底面尺寸，因此采用上述方法确定的地基承载力是偏于保守的。

二、按理论公式确定地基承载力

1. 临塑荷载

临塑荷载是指在外荷载作用下，地基中刚开始产生塑性变形时，基础底面单位上承受的荷载。

地基的临塑荷载 p_{cr}，计算公式如下：

$$p_{\text{cr}} = \frac{\pi(\gamma d + c\cot\varphi)}{\cot\varphi - \dfrac{\pi}{2} + \varphi} + \gamma d = N_{\text{q}}\gamma d + N_{\text{c}}c \tag{6-8}$$

$$N_{\text{q}} = \frac{\cot\varphi + \varphi + \dfrac{\pi}{2}}{\cot\varphi + \varphi - \dfrac{\pi}{2}} \tag{6-9}$$

$$N_{\text{c}} = \frac{\pi\cot\varphi}{\cot\varphi + \varphi - \dfrac{\pi}{2}} \tag{6-10}$$

式中：p_{cr}——地基的临塑荷载，kPa；

γ——地基埋藏深度范围内土的重度，kN/m^3；

d——基础埋藏深度，m；

c——基础底面下土的黏聚力，kPa；

φ——基础底面下土的内摩擦角，（°）；

N_q、N_c——承载力系数，可根据φ值按式（6-9）和式（6-10）计算。

2. 临界荷载

在中心荷载作用下，当地基中塑性变形区最大开展深度为$z_{max}=\dfrac{b}{4}$，或在偏心荷载作用下，当地基中塑性变形区最大开展深度为$z_{max}=\dfrac{b}{3}$时，与此相对应的基础底面的压力，称为临界荷载或塑性荷载，用$p_{\frac{1}{4}}$或$p_{\frac{1}{3}}$表示。

中心荷载作用时：

$$p_{\frac{1}{4}}=\frac{\pi\left(\gamma d+\frac{1}{4}\gamma b+c\cot\varphi\right)}{\cot\varphi-\frac{\pi}{2}+\varphi}+\gamma d=N_{\frac{1}{4}}\gamma b+N_d\gamma d+N_c c \tag{6-11}$$

偏心荷载作用时：

$$p_{\frac{1}{3}}=\frac{\pi\left(\gamma d+\frac{1}{3}\gamma b+c\cot\varphi\right)}{\cot\varphi-\frac{\pi}{2}+\varphi}+\gamma d=N_{\frac{1}{3}}\gamma b+N_d\gamma d+N_c c \tag{6-12}$$

$$N_{\frac{1}{4}}=\frac{\pi}{4\left(\cot\varphi+\varphi-\frac{\pi}{2}\right)} \tag{6-13}$$

$$N_{\frac{1}{3}}=\frac{\pi}{3\left(\cot\varphi+\varphi-\frac{1}{2}\right)} \tag{6-14}$$

式中：b——基础宽度，m，矩形基础短边，圆形基础采用$b=\sqrt{A}$，A为圆形基础底面积；

$N_{\frac{1}{4}}$、$N_{\frac{1}{3}}$——承载力系数，可根据φ值按式（6-13）和式（6-14）计算。

3. 极限荷载

极限荷载为地基将要失去稳定，土体将被从基底挤出时，作用于地基上的外荷载。

世界各国计算极限荷载的公式很多，但目前尚无公认的完美公式，大多限于条形荷载和均质地基。其主要区别是对地基破坏时的滑裂面形式做了不同的假定，使计算结果很不一致，不能完全符合地基的实际状况。所以应用每种计算公式时，一定要注意它的适用范围。一般最常用的极限荷载计算公式有下述几种：太沙基公式（适用于条形基础、方形基础和圆形基础）；斯凯普顿公式（适用于饱和软土地基，内摩擦角 $\varphi=0$ 的浅基础）；汉森公式（适用于倾斜荷载的情况）。

这里仅象征性地介绍一种太沙基公式做参考。

太沙基假定基础是条形基础，均布荷载作用，且基础底面是粗糙的。当地基发生滑动时，滑动面的形状是，两端为直线，中间为曲线，左右对称，如图 6-12 所示。将滑动土体分为 3 个区：①Ⅰ区——即位于基础底面下的土楔 $aa'b$。由于土体与基础粗糙的底面之间存在很大的摩擦阻力，此区的土体不发生剪切位移，处于弹性压密状态，滑动面与基础底面之间的夹角为土的内摩擦角 φ。②Ⅱ区——对称位于Ⅰ区左右下方，其滑动面为对数螺旋线 bc 或 bd。Ⅰ区正中底部的 b 点处对数螺旋线的切线方向为竖向，c 点处对数螺旋线的切线方向与水平线夹角为 $45°-\dfrac{\varphi}{2}$。③Ⅲ区——对称位于Ⅱ区左右，呈等腰三角形，其滑动面为斜向平面 ce 或 df，该斜面与水平地面的夹角也为 $45°-\dfrac{\varphi}{2}$。

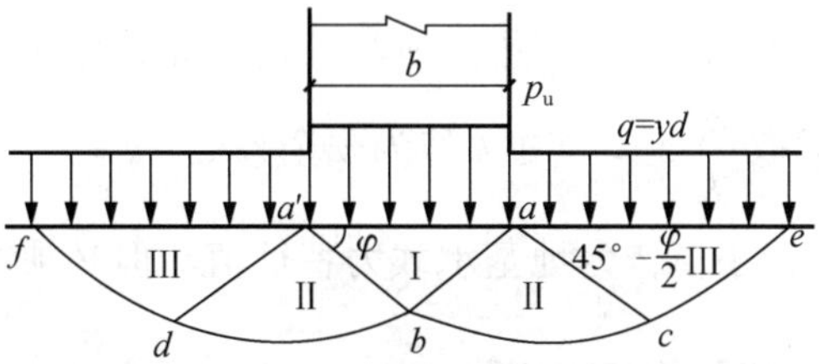

图 6-12　太沙基公式地基滑动面

太沙基认为在均匀分布的极限荷载 p_u 作用下，地基处于极限平衡状态时作用于Ⅰ区土楔上的诸力包括：土楔 $aa'b$ 缸顶面的极限荷载 p_u、土楔 $aa'b$ 的自重、土楔斜面 $a'b$、ab 上作用的黏聚力 c 的竖向分力和Ⅱ区、Ⅲ区土体滑动时对斜面 $a'b$、ab 的被动土压力的竖向分力。太沙基根据作用于Ⅰ区土楔上的诸力在竖直方向的静力平衡条件，求得极限荷载 p_u 的公式计算如下：

$$p_u=\frac{1}{2}\gamma bN_r+cN_c+\gamma hN_q \tag{6-15}$$

式中：N_r、N_c、N_q——承载力系数，仅与地基土的内摩擦角 φ 值有关，可查专用的承载力系数如图 6-13 中的曲线（实线）确定。

其余符号的意义同前。

式（6-15）适用的条件是：地基土较密实且地基土产生完全剪切整体滑动破坏，即荷载试验结果 p-S 曲线上有明显的第二拐点的情况，如图 6-11（a）中曲线Ⅰ所示。如果地基土松软，荷载试验结果 p-S 曲线上就会没有明显的拐点，如图 6-11（a）中曲线Ⅱ所示，太沙基称这类情况为局部剪损，此时极限荷载的计算公式如下：

$$p_u=\frac{1}{2}\gamma N_r'+\frac{2}{3}cN_c'+\gamma hN_q' \tag{6-16}$$

式中：N_r'、N_c'、N_q'——局部剪损时的承载力系数也仅与地基土的内摩擦角 φ 值有关，可查专用的承载力系数（图 6-13）中的曲线（虚线）确定。

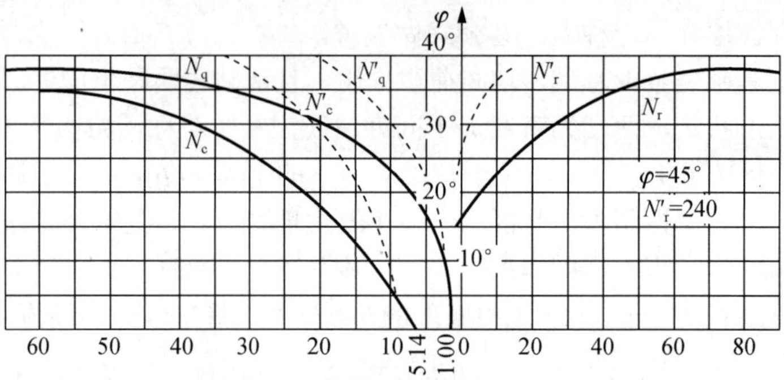

图 6-13　太沙基公式的承载力系数

理论公式法中所求得的临塑荷载 p_{cr}、临界荷载 $p_{\frac{1}{4}}$ 或 $p_{\frac{1}{3}}$ 和极限荷载 p_u 均可作为地基承载力特征值。但是，临塑荷载 p_{cr} 作为地基承载力特征值偏于保守；极限荷载 p_u 则应有足够的安全储备，即取 $\frac{p_u}{k}$ 值，其中 k 值为安全系数，$k=1.5\sim2.0$；比较 p_u 和 $p_{\frac{1}{4}}$ 或 $p_{\frac{1}{3}}$ 两种结果，应取两者较小值作为地基承载力特征值。但必须注意，本节只考虑了地基土的承载力，必要时还应验算基础沉降。

三、按规范法确定地基承载力

《建筑地基基础设计规范》（GB 50007—2011）规定：地基承载力特征值 f_{ak} 可由载荷试验或其他原位测试、公式计算、并结合工程实践等方法综合确定，并列出了两种地基承载力特征值的修正方法：一是将从载荷试验或其他原位测试、经验值等方法提供的 f_{ak} 值加以深宽修正；二是用理论公式计算确定。

1. 地基承载力特征值的深宽修正

载荷试验属于基础的模拟试验，可用于测求地基土层的承压板下应力主要影响范围内的承载力和变形参数。由于建筑物基础面积和埋置深度与载荷试验承压板面积和测试深度差别较大，当基础宽度大于 3m 或埋置深度大于 0.5m 时，从载荷试验或其他原位测试经验值等方法确定的地基承载力特征值的修正式如下：

$$f_a = f_{ak} + \eta_b\gamma(b-3) + \eta_d\gamma_m(d-0.5) \tag{6-17}$$

式中：f_a——修正后的地基承载力特征值，kPa。

f_{ak}——地基承载力特征值，kPa，由载荷试验或其他原位测试、公式计算，并结合工程实践经验等方法综合确定。

η_b、η_d——基底宽度和埋置深度的地基承载力修正系数，按基底下土的类别查表6-1确定。

γ——基础底面以下土的重度（kN/m^3）；地下水水位以下取浮重度。

b——基础底面宽度，m；当b<3m时，取b=3m；当b>6m时，取b=6m。

γ_m——基础底面以上土的加权平均重度，kN/m^3；地下水水位以下取浮重度。

d——基础埋置深度，m，一般自室外地面标高算起。在填方整平地区，可自填土地面标高算起，但填土在上部结构施工后完成时，应从天然地面标高算起。对于地下室，如采用箱形基础或筏基时，基础埋置深度自室外地面标高算起；当采用独立基础或条形基础时，应从室内地面标高算起。

表6-1　承载力修正系数η_b、η_d

土的类别		η_b	η_d
淤泥和淤泥质土			
人工填土e或$\sqrt{I_L}$大于等于0.85的黏性土		0	1.0
红黏土	含水比$\alpha_w>0.8$　$(\alpha_w=\omega/\omega_L)$	0	1.2
	含水比$\alpha_w\leqslant 0.8$	0.15	1.4
大面积压实填土	压实系数大于0.95、黏粒含量$\rho_c\geqslant 10\%$的粉土	0	1.5
	最大干密度大于$2.1t/m^3$的级配砂石土	0	2.0
粉土	黏粒含量$\rho_c\geqslant 10\%$的粉土	0.3	1.5
	黏粒含量$\rho_c<10\%$的粉土	0.5	2.0
e及I_L均小于0.85的黏性土		0.3	1.6
粉砂、细砂（不包括很湿与饱和时的稍密状态）		2.0	3.0
中砂、粗砂、砾砂和碎石土		3.0	4.4

注：1）强风化和全风化的岩石，可参照所风化成的相应土类取值，其他状态下的岩石不修正；

2）地基承载力特征值按《建筑地基基础设计规范》（GB 50007—2011）中的附录D深层平板载荷试验确定时η_d取0。

2. 按强度理论公式计算地基承载力特征值

当偏心距e小于或等于0.033倍基础底面宽度时，根据土的抗剪强度指标确定地基承载力特征值，可按式（6-18）计算，并应满足变形要求：

$$f_a=M_b\gamma b+M_d\gamma_m d+M_c c_k \tag{6-18}$$

式中：M_b、M_d、M_c——承载力系数，按表6-2确定；

b——基础底面宽度，m，大于6m时按6m取值，对于砂土小于3m时按3m取值；

c_k——相应于基底下1倍短边宽度的深度内土的黏聚力标准值，kPa；

φ_k——相应于基底下1倍短边宽度的深度内土的内摩擦角标准值，（°）。

表6-2　承载力系数M_b、M_d、M_c

土的内摩擦角标准值φ_k/（°）	M_b	M_d	M_c	土的内摩擦角标准值φ_k/（°）	M_b	M_d	M_c
0	0	1.00	3.14	4	0.06	1.25	3.51
2	0.03	1.12	3.32	6	0.10	1.39	3.71

续表

土的内摩擦角标准值 φ_k /（°）	M_b	M_d	M_c	土的内摩擦角标准值 φ_k /（°）	M_b	M_d	M_c
8	0.14	1.55	3.93	26	1.10	4.37	6.90
10	0.18	1.73	4.17	28	1.40	4.93	7.40
12	0.23	1.94	4.42	30	1.90	5.59	7.95
14	0.29	2.17	4.69	32	2.60	6.35	8.55
16	0.36	2.43	5.00	34	3.40	7.21	9.22
18	0.43	2.72	5.31	36	4.20	8.25	9.97
20	0.51	3.06	5.66	38	5.00	9.44	10.80
22	0.61	3.44	6.04	40	5.80	10.84	11.73
24	0.80	3.87	6.45				

【例 6-2】某基础，其底面为 4m×6m 的矩形，埋置深度 d =2m，持力层为粉质黏土，天然孔隙比 $e=0.8$，液性指数 I_L =0.833，天然重度 $\gamma_m=19.0\text{kN/m}^3$。基础埋藏深度范围内土的重度 $\gamma_m=18.0\text{kN/m}^3$。地基承载力特征值 f_{ak} =190 kPa。试求修正后的地基承载力特征值 f_a。

解：持力层为粉质黏土，按其值 e、I_L 均小于 0.85 查表 6-1 得基底宽度和埋置深度的地基承载力修正系数 η_b、η_d 分别为 0.3 和 1.6。按式（6-17）可得

$$
\begin{aligned}
f_a &= f_{ak}+\eta_b\gamma(b-3)+\eta_d\gamma_m(d-0.5)\\
&=190+0+1.6\times18\times(2-0.5)\\
&=233.2\text{（kPa）}
\end{aligned}
$$

复习思考题

1．什么是土的抗剪强度？在实际工程中，与土的抗剪强度有关的问题有哪些？

2．土的抗剪强度指标 c 与 φ 值如何确定？

3．确定地基容许承载力的方法有哪些？各有何特点？

4．什么是临塑荷载、临界荷载和极限荷载？

5．如何用《建筑地基基础设计规范》（GB 50007—2011）确定地基的承载力特征值？

6．地基中某点的应力为 $\sigma_1=180\text{kPa}$，$\sigma_3=50\text{kPa}$，并已知土的 $\varphi=30°$，$c=10\text{kPa}$，问该点是否破坏？

7．用某饱和黏性土进行无侧限抗压强度试验，求得不排水强度 $q_u=70\text{kPa}$，如果对同一土样进行三轴不排水剪切试验，施加周围压力 $\sigma_3=200\text{kPa}$，问试样将在多大的轴向压力作用下发生破坏？

8．有一条性基础，$b=2.5\text{m}$、$d=1.6\text{m}$，地基土的重度为 $\gamma=19\text{kN/m}^3$，黏聚力 $c=17\text{kPa}$，内摩擦角 $\varphi=20°$，试按太沙基公式求解地基的极限承载力。

项目七

土压力和土坡稳定

学习目标 1）理解3种土压力的概念。

2）了解和掌握兰金和库仑土压力理论的假设条件、理论依据和计算方法。

3）了解和掌握土坡稳定性分析的基本方法。

任务一 土 压 力

能力目标：学生通过学习能够掌握土压力含义及分类。

土压力通常是指挡土墙后的填土因自重或外荷载作用对墙背产生的侧压力。挡土墙是防止土体坍塌的构筑物，在房屋建筑、水利、港口、交通等工程中得到广泛应用，如图7-1所示。

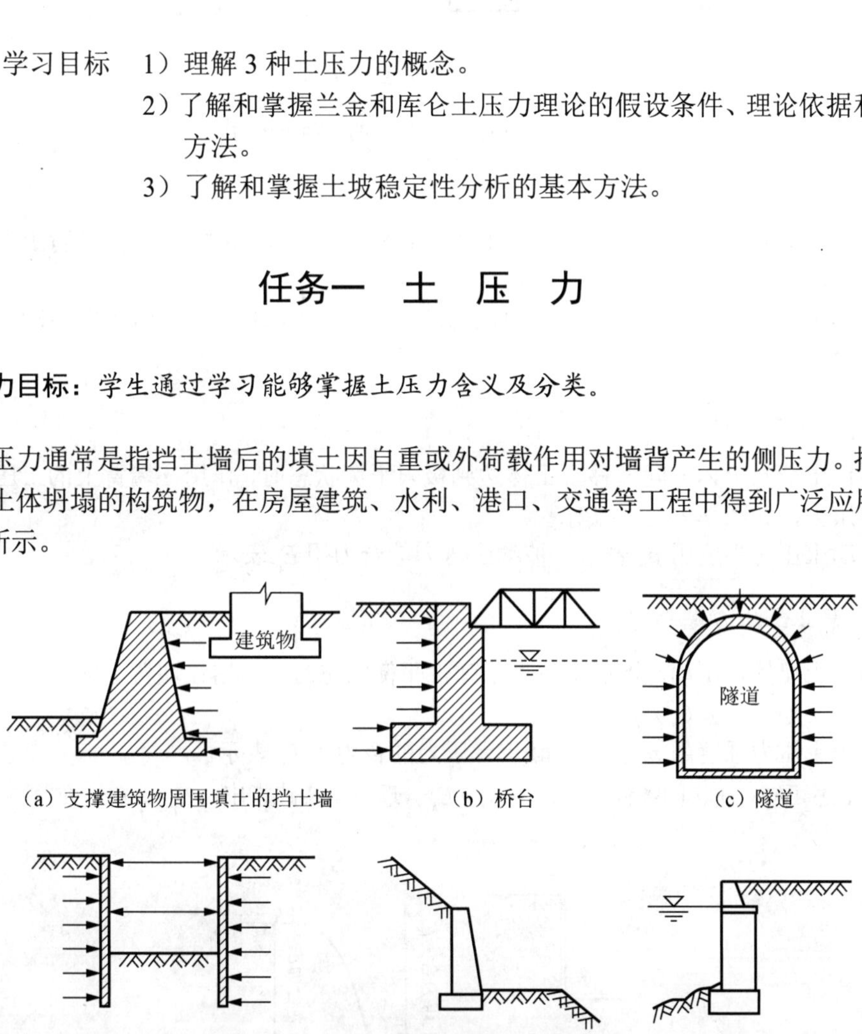

（a）支撑建筑物周围填土的挡土墙　（b）桥台　（c）隧道

（d）基坑围护结构　（e）支撑边坡的挡土墙　（f）码头

图7-1　挡土墙应用举例

土压力是作用在挡土结构上的主要荷载，因此，设计挡土结构时，首先要确定土压力的性质、大小、方向和作用点。

根据挡土墙的位移情况和墙后土体所处的应力状态，土压力可分为主动土压力、被动土压力、静止土压力（图 7-2）3 类。

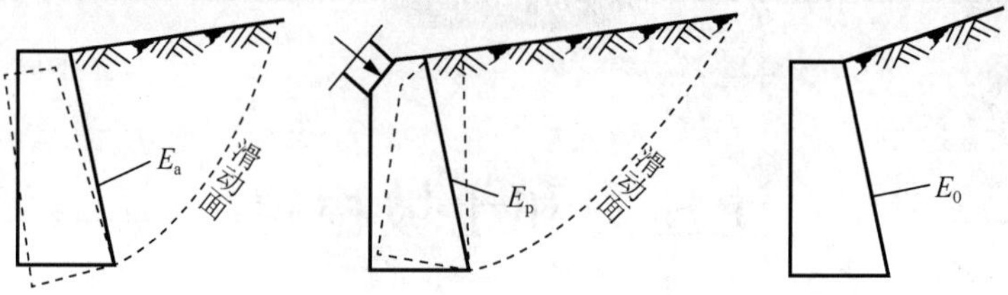

（a）主动土压力　　（b）被动土压力　　（c）静止土压力

图 7-2　作用在挡土墙上的 3 种土压力

1. 主动土压力

当挡土墙向离开土体方向偏移至土体达到极限平衡状态时，作用在墙背上的土压力称为主动土压力，如图 7-2（a）所示。

主动土压力强度用 p_a 表示，作用在每米（沿挡土墙纵向）挡土墙上的主动土压力合力用 E_a 表示。

2. 被动土压力

当挡土墙向土体方向偏移至土体达到极限平衡状态时，作用在墙背上的土压力称为被动土压力，如图 7-2（b）所示。

被动土压力强度用 p_p 表示，被动土压力的合力用 E_p 表示。

3. 静止土压力

当挡土墙静止不动，墙后土体处于弹性平衡状态时，作用在墙背上的土压力称为静止土压力，如图 7-2（c）所示。

静止土压力强度用 p_0 表示，静止土压力的合力用 E_0 表示。

由上述可知：在相同条件下，$E_p > E_0 > E_a$，理论与实践指出，$E_p \gg E_a$，如图 7-3 所示。

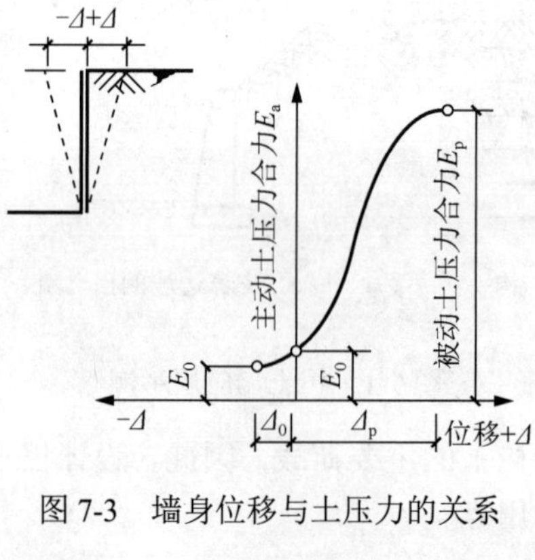

图 7-3　墙身位移与土压力的关系

实际上，土压力是土体与挡土结构之间相互作用的结果，大部分情况下的土压力均介于上述 3 种极限状态土压力之间，试验表明，土压力的大小及分布与作用在挡土结构上的土体性质、挡土结构本身的材料及挡土结构的位移有关，其中挡土结构的位移情况是影响土压力性质的主要因素。

土压力的计算是个比较复杂的问题，其实质是土的抗剪强度理论的一种应用。静止土压力的计算主要应用了弹性理论方法和经验方法；主动土压力和被动土压力的计算则是应用了土体极限平衡理论，计算方法包括经典的兰金土压力理论和库仑土压力理论及以上述理论为基础发展起来的计算方法和图解方法。土压力的计算一般按平面问题考虑。

任务二　静止土压力计算

能力目标：学生通过学习能够掌握静止土压力的计算方法。

一、计算原理

在土压力作用下，挡土墙不向任何方向发生位移和转动时，墙后土体处于弹性平衡状态，此时土压力为静止土压力，可按半空间直线变形体在土的自重作用下无侧向变形时的水平侧向应力来计算或者半无限弹性体的应力状态进行计算。

二、计算公式

在某墙后填土体中任意深度 z 处取一微小单元体，作用于单元体水平面上的应力为 γz，则该点的静止土压力，即侧压力强度为

$$E_0 = K_0 \gamma z \tag{7-1}$$

式中：E_0——静止土压力，kPa；

z——计算点深度，m；

γ——墙后填土重度，kN/m^3；

K_0——土的静止压力系数，可查表 7-1，也可近似按 $K_0 = 1 - \sin\varphi'$（φ' 为土的有效内摩擦角，较适合于砂土）计算；一般：松砂（$K_0 = 0.4$）、密砂（$K_0 = 0.7$）、黏性土（$K_0 = 0.5$）、正常固结土（$K_0 = 1 - \sin\varphi'$）、超固结土（$K_0 > 1$）。

表 7-1　压实填土的静止土压力系数

类型	K_0
砾石、卵石	0.2
砂石	0.25
亚砂石（粉土）	0.35
亚黏土（粉质黏土）	0.45
黏土	0.55

注：《公路桥涵设计通用规范》（JTG D60—2015）。

由式（7-1）可知，K_0与γ均为常数，p_0与z成正比。当墙顶部z=0 时，p_0=0；当墙底部z=H时，$p_0 = K_0\gamma H$。

静止土压力沿墙高为三角形分布，如图 7-4 所示。

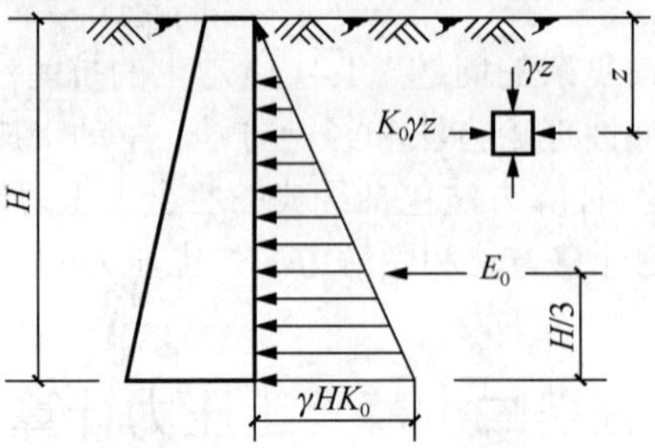

图 7-4　静止土压力分布图

取单位墙长计算，则作用在墙上的静止土压力为静止土压力分布图面积（由土压力强度沿墙高积分得到，只需计算土压力分布图的三角形面积）。如图 7-4 所示，静止土压力合力为

$$E_0 = \frac{1}{2}\gamma H^2 K_0 \tag{7-2}$$

式中：E_0——静止土压力合力，kN/m；

H——挡土墙高度，m。

静止土压力合力作用点位于静止土压力三角形分布图形的重心，即距墙底下$H/3$处。

三、静止土压力计算公式应用

1. 地下室外墙

通常地下室外墙，都有内隔墙支挡，墙位移与转角为零，按静止土压力计算。

2. 岩基上的挡土墙

挡土墙与岩石地基牢固联结，墙不可能位移与转动，按静止土压力计算。

3. 拱座

拱座不允许产生变形，故按静止土压力计算。

【例 7-1】设计一堵岩基上的挡土墙，墙高 H=12.0m，墙后填土为中砂，重度γ=18.5kN/m^3，内摩擦角$\varphi = 30°$。计算作用在挡土墙上的土压力。

解：因挡土墙位于岩基上，按静止土压力式（7-2）计算，则有

$$E_0 = \frac{1}{2}\gamma H^2 K_0 = \frac{1}{2}\times 18.5\times 12^2\times(1-\sin 30°) = 666 \text{（kN/m）}$$

总静止土压力作用点，位于下 $H/3$=4m 处。

任务三　兰金土压力理论

能力目标：学生通过学习能够掌握兰金土压力分析方法。

一、计算原理

兰金土压力理论是兰金（Rankine）于1857年提出的，其理论根据为半空间土体处于极限平衡状态下的大小主应力之间的关系（莫尔–库仑强度法则），即根据半无限土体内的应力状态和土的极限平衡条件得出的土压力计算方法。

兰金土压力理论的基本假定如下：墙后填土水平、墙背垂直于填土面、墙背光滑。由这些假定可知，墙背处没有摩擦力，土体的竖直面和水平面没有剪应力，因此竖直方向和水平方向的应力为主应力，而竖直方向的应力即为土的竖向自重应力，如图7-5所示。

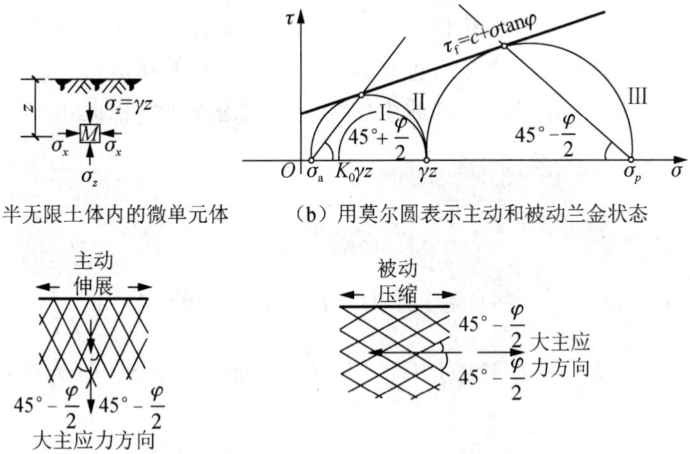

（a）半无限土体内的微单元体　（b）用莫尔圆表示主动和被动兰金状态

（c）半无限土体的主动兰金状态　（d）半无限土体的被动兰金状态

图7-5　半无限土体的极限平衡状态

图7-5（a）表示一表面为水平面的半空间，即土体向下和沿水平方向都伸展至无穷，在离地表z处取一单位微体M，当整个土体都处于静止状态时，各点都处于弹性平衡状态。设土的重度为γ，显然M单元水平截面上的法向应力等于该处土的自重应力，即

$$\sigma_z = \gamma z$$

而竖直截面上的法向应力为

$$\sigma_z = K_0 \gamma z$$

由于土体内每一竖直面都是对称面，因此竖直截面和水平截面上的剪应力都等于零，因而相应截面上的法向应力σ_z和σ_x都是主应力，此时的应力状态用莫尔圆表示为如图7-5（b）所示的圆Ⅰ。该点处于弹性平衡状态，因此莫尔圆没有和抗剪强度包线相切。

设想由于某种原因，整个土体在水平方向均匀地伸展或压缩，且土体由弹性平衡状态转为塑性平衡状态。如果土体在水平方向伸展，则 M 单元在水平截面上的法向应力 σ_z 不变而竖直截面上的法向应力却逐渐减少，直至满足极限平衡条件为止，此时 σ_z 达最低限值 σ_a，因此，σ_a 是小主应力，而 σ_z 是大主应力，并且莫尔圆与抗剪强度包线相切，如图 7-5（b）中圆Ⅱ所示。若土体继续伸展，则只能造成塑性流动，而不致改变其应力状态。反之，如果土体在水平方向压缩，那么 σ_x 不断增加而 σ_z 却仍保持不变，直到满足极限平衡条件时 σ_x 达最大限值 σ_p，这时，σ_p 是大主应力而 σ_z 是小主应力，莫尔圆为图 7-5（b）中的圆Ⅲ。

土体处于主动兰金状态时大主应力所作用的面是水平面，故剪切破坏面与竖直面的夹角为 $45^\circ-\dfrac{\varphi}{2}$［图 7-5（c）］，当土体处于被动兰金状态时，大主应力所作用的面是竖直面，因此剪切破坏面与水平面的夹角为 $45^\circ-\dfrac{\varphi}{2}$［图 7-5（d）］，所以整个土体由互相平行的两组剪切面组成。剪切破坏面与大主应力方向的夹角为 $45^\circ-\dfrac{\varphi}{2}$。

兰金将上述原理应用于挡土墙土压力计算中，他设想用墙背直立的挡土墙代替半空间左边的土，如果墙背与土的接触面上满足剪应力为零的边界应力条件及产生主动或被动兰金状态的边界变形条件，则墙后土体的应力状态不变。由此可以推导出主动和被动土压力计算公式。

二、计算公式

令 $K_a=\tan^2\left(45^\circ-\dfrac{\varphi}{2}\right)$ 为主动土压力系数；$K_p=\tan^2\left(45^\circ+\dfrac{\varphi}{2}\right)$ 为被动土压力系数；$p_a=\sigma_{3f}=(\sigma_{cz}+\sigma_z)K_a-2c\sqrt{K_a}$ 为主动土压力，kPa；$p_p=\sigma_{1f}=(\sigma_{cz}+\sigma_z)K_p+2c\sqrt{K_p}$ 为被动土压力，kPa。

（一）主动土压力

主动土压力强度分布图如图 7-6 所示。

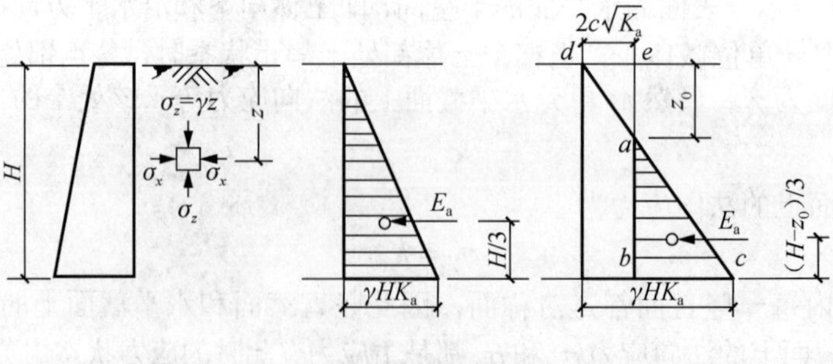

（a）主动土压力的作用　（b）无黏性土　（c）黏性土

图 7-6 主动土压力强度分布图

1. 无黏性土（$c=0$）

1）无超载时（$q=0$，挡土墙后填土面上的分布荷载称为超载，下同），有

$$\sigma_{1f}=\gamma z \tag{7-3}$$

$$p_a=\sigma_{3f}=\gamma z K_a \tag{7-4}$$

合力的方向为水平方向，作用点由填土指向墙背作用在距墙踵$H/3$高度处，大小为分布图面积，即

$$E_a=\frac{1}{2}\gamma H^2 K_a \tag{7-5}$$

2）有大面积超载时（$q\neq 0$），有

$$\sigma_{1f}=(\sigma_{cz}+\sigma_z)=\gamma z+q \tag{7-6}$$

p_a按梯形分布，其计算公式如下：

$$p_a=\sigma_{3f}=(\gamma z+q)K_a \tag{7-7}$$

合力的方向为方向水平，作用点在梯形面积形心高度处，其计算公式如下：

$$E_a=\frac{1}{2}\gamma H^2 K_a+qHK_a \tag{7-8}$$

2. 黏性土（$c\neq 0$）

1）无超载时（$q=0$），有

$$\sigma_{1f}=(\sigma_{cz}+\sigma_z)=\gamma z \tag{7-9}$$

$$p_a=\sigma_{3f}=\gamma z K_a-2c\sqrt{K_a} \tag{7-10}$$

黏性土的主动土压力强度由土重引起的对墙的压力$\gamma z K_a$和由黏聚力引起的对墙的负侧压力（也称为拉力）$2c\sqrt{K_a}$两部分组成，由于墙与土在很小的拉力作用下就会分离，因此在计算土压力时，这部分应略去不计。

若令$z=z_0$，$p_a=\gamma z_0 K_a-2c\sqrt{K_a}=0$，则拉力区深度，也称为临界深度，就是墙与土体之间的开裂深度，即

$$z_0=\frac{2c}{\gamma\sqrt{K_a}} \tag{7-11}$$

合力方向为方向水平，合力作用点在距墙踵$\dfrac{H-z_0}{3}$高度处，其计算公式如下：

$$E_a=\frac{1}{2}\gamma(H-z_0)^2 K_a \tag{7-12}$$

2）有大面积超载（$q\neq 0$），有

$$\sigma_{1f}=(\sigma_{cz}+\sigma_z)=\gamma z+q \tag{7-13}$$

$$p_a=\sigma_{3f}=(\gamma z+q)K_a-2c\sqrt{K_a} \tag{7-14}$$

① 当$qK_a<2c\sqrt{K_a}$时，出现拉力区。

令 $z=z_0$，$p_a=(\gamma z_0+q)K_a-2c\sqrt{K_a}=0$，则拉力区深度（临界深度）为

$$z_0=\frac{2c}{\gamma\sqrt{K_a}}-\frac{q}{\gamma} \tag{7-15}$$

合力方向为方向水平，作用点在距墙踵 $\frac{H-z_0}{3}$ 高度处，其计算公式如下：

$$E_a=\frac{1}{2}\gamma(H-z_0)^2K_a \tag{7-16}$$

② 当 $qK_a>2c\sqrt{K_a}$ 时，σ_{1f}、p_a 计算同式（7-13）和式（7-14）。

合力方向为方向水平，作用点在梯形面积形心高度处，其计算公式如下：

$$E_a=\frac{1}{2}\gamma H^2K_a+qHK_a-2cH\sqrt{K_a} \tag{7-17}$$

（二）被动土压力

被动土压力强度公式如下：

$$p_p=\sigma_{1f}=(\sigma_{cz}+\sigma_z)K_p+2c\sqrt{K_p}$$

1. 黏性土

1）有大面积超载时（$q\neq 0$），有

$$p_p=(\gamma z+q)K_p+2c\sqrt{K_p} \tag{7-18}$$

$$E_p=\frac{1}{2}\gamma H^2K_p+qHK_p+2cH\sqrt{K_p} \tag{7-19}$$

2）无超载时（$q=0$），有

$$p_p=\gamma zK_p+2c\sqrt{K_p} \tag{7-20}$$

$$E_p=\frac{1}{2}\gamma H^2K_p+2cH\sqrt{K_p} \tag{7-21}$$

2. 无黏性土

1）有大面积超载时（$q\neq 0$），有

$$p_p=(\gamma z+q)K_p \tag{7-22}$$

$$E_p=\frac{1}{2}\gamma H^2K_p+qHK_p \tag{7-23}$$

2）无超载时（$q=0$），有

$$p_p=\gamma zK_p \tag{7-24}$$

$$E_p=\frac{1}{2}\gamma H^2K_p \tag{7-25}$$

需要注意的是，由于出现被动土压力，相应的位移量较大，所以在许多结构设计中不允许采用由极限平衡条件导出的被动土压力计算公式。

三、兰金土压力计算公式应用

【例 7-2】已知挡土墙高 6 m，墙背竖直、光滑，填土表面水平。填土为黏性土，其物理力学性质指标为$\varphi=20°$，$c=8\,\text{kPa}$，$\gamma=17\,\text{kN/m}^3$。试求主动土压力合力 E_a，并绘出主动土压力强度分布图。

解：由填土表面水平可知为无超载挡土墙，则主动土压力系数为

$$K_a=\tan^2\left(45°-\frac{\varphi}{2}\right)=0.49$$

由式（7-10）可知，墙顶处土压力强度为

$$p_{a顶}=\gamma zK_a-2c\sqrt{K_a}=-11.20\ （\text{kPa}）$$

墙底处土压力强度为

$$p_{a底}=\gamma hK_a-2c\sqrt{K_a}=38.8\ （\text{kPa}）$$

由式（7-11）可知，有临界深度为

$$z_0=2c/\left(\gamma\sqrt{K_a}\right)=1.34\ （\text{m}）$$

由式（7-12）可知，主动土压力合力为

$$E_a=(h-z_0)\left(\gamma hK_a-2c\sqrt{K_a}\right)/2=90.4\ （\text{kN/m}）$$

主动土压力作用点距墙底的距离为

$$(1/3)(h-z_0)=1.55\ （\text{m}）$$

其主动土压力强度分布图如图 7-7 所示。

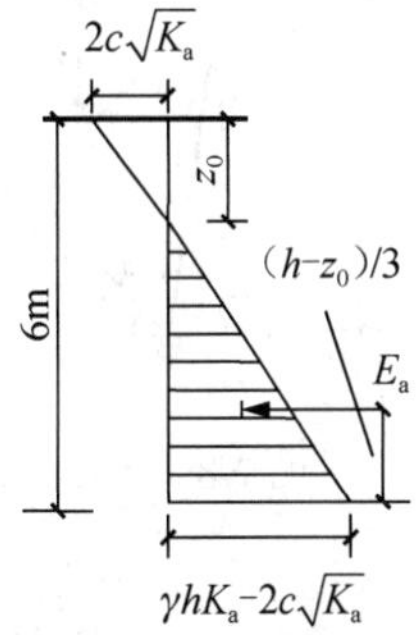

图 7-7　例 7-2 图

任务四　库仑土压力理论

能力目标：学生通过学习能够掌握库仑土压力分析方法。

一、计算原理

法国的物理学家查尔斯·库仑于 1776 年根据研究挡土墙墙后滑动土楔体的静力平衡条件，提出了计算土压力的理论。

假定挡土墙是刚性的，墙后填土是无黏性土，是理想的散粒体（c=0）。挡墙受主动土压力或被动土压力，墙后土体达到极限平衡状态时，墙后填土是以一个三角形滑动土楔体的形式，沿墙背和填土土体中某一滑裂平面通过墙踵同时向下发生滑动。根据三角形土楔的力系平衡条件，求出挡土墙对滑动土楔的支承反力，从而解出挡土墙墙背所受的总土压力。也就是从墙后滑动土楔处于极限平衡状态出发，根据静力平衡条件求得作用在墙背上的总土压力；主动土压力是土楔下滑时土压力的极大值 $p_a=p_{max}$，被动土压力是土楔上滑时土压力的极小值 $p_p=p_{min}$。

二、计算公式

（一）方法要点

1. 假设条件

1）墙背倾斜，具有倾角α。

2）墙后填土是理想的散粒体（$c=0$），表面倾角为β。

3）墙背粗糙有摩擦力［墙与土间的摩擦角为δ，且（$\delta \ll \varphi$）］。

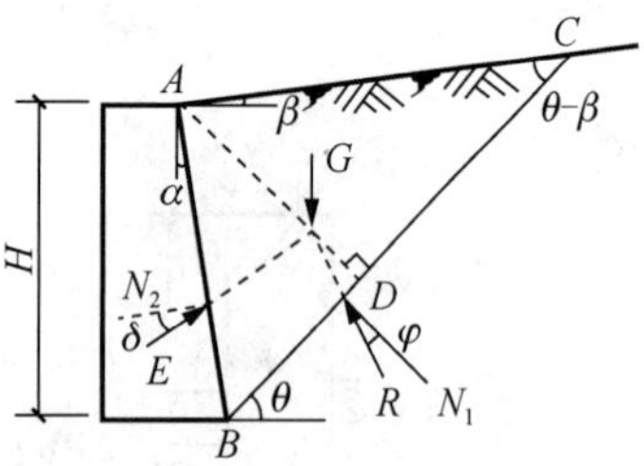

图 7-8　土楔上的作用力

4）平面滑裂面假设。

滑动破坏面为通过墙踵的平面，当墙面向前或向后移动，使墙后填土达到破坏时，填土将沿两个平面同时下滑或上滑；一个是墙背 AB 面，另一个是土体内某一滑动面 BC。设 BC 面与水平面成θ角，如图 7-8 所示。

5）刚体滑动假设。

将破坏土楔 ABC 视为刚体，不考虑滑动楔体内部的应力和变形条件。

6）楔体 ABC 整体处于极限平衡条件。

2. 受力分析

取滑动楔体 ABC 为隔离体进行受力分析，可知作用于楔体 ABC 上的力如下：①土体 ABC 的质量G；②下滑时受到 AB 面给予的支撑反力 E（其反方向就是土压力）；③BC 面上土体支撑反力R。

具体分析如下：

1）根据楔体整体处于极限平衡状态的条件，可得知 E、R 的方向。

例如，求主动土压力：反力 R 与破坏面 $\overline{BC}$ 的法线 N_1 之间的夹角等于土的内摩擦角φ，并位于 N_1 的下侧。E 的方向与墙背的法线 N_2 的夹角为δ，δ为墙背与填土之间的摩擦角，称为外摩擦角；因为墙对土楔的阻力是向上的，故反力 E 在 N_2 的下侧。

2）土楔体在以上三力作用下处于静力平衡状态，因此，三力必形成一个闭合的力的三角形，由正弦定律可得 E、R 的大小。

3）求极值，找出真正滑裂面，从而得出作用在墙背上的总主动压力 E_a 和被动压力 E_p。

（二）主动土压力

土楔上受力分析如图 7-8 和图 7-9 所示。由图 7-9 可知：

$$G=\triangle ABC\gamma=\frac{1}{2}\gamma\overline{AB\,AD}$$

其方向向下。

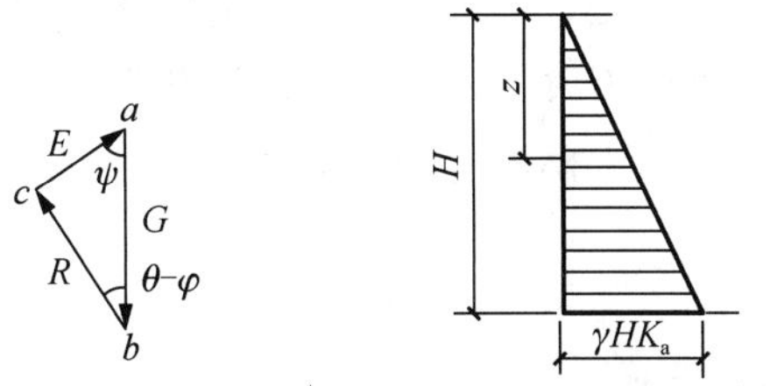

（a）力矢三角形式　　（b）主动土压力分布

图 7-9　按库仑理论求主动土压力

$$\overline{BC}=\overline{AB}\frac{\sin(90^\circ-\alpha+\beta)}{\sin(\theta-\beta)}$$

$$AB=\frac{H}{\cos\alpha}$$

$$BC=H\frac{\cos(\alpha-\beta)}{\cos\alpha\sin(\theta-\beta)}$$

由△ABD得

$$\overline{AD}=\overline{AB}\cos(\theta-\alpha)=H\frac{\cos(\theta-\alpha)}{\cos\alpha}$$

所以

$$G=\frac{1}{2}\gamma H^2\frac{\cos(\alpha-\beta)\cos(\theta-\alpha)}{\cos^2\alpha\sin(\theta-\beta)} \tag{7-26}$$

根据力矢三角形，用正弦定理得

$$E=W\frac{\sin(\theta-\varphi)}{\sin[180^\circ-(\theta-\varphi+\varphi)]} \tag{7-27}$$

$$E=\frac{1}{2}\gamma H^2\frac{\cos(\alpha-\beta)\cos(\theta-\alpha)\sin(\theta-\varphi)}{\cos^2\alpha\sin(\theta-\beta)\sin(\theta-\varphi+\varphi)} \tag{7-28}$$

式中：φ——墙后填土的内摩擦角，(°)；

δ——土对挡土墙背的摩擦角，(°)，查表 7-2 确定；

γ——墙后填土的重度，kN/m^3；

H——挡土墙高度，m；

α——墙背的倾斜角，(°)，俯斜时取正号，仰斜时为负号$\alpha<0$；

β——墙后填土面的倾角，(°)。

表 7-2　土与墙背间的摩擦角

挡土墙情况	δ	挡土墙情况	δ
墙背平滑、排水不良	（0～0.33）φ	墙背很粗糙、排水良好	（0.5～0.67）φ
墙背粗糙、排水良好	（0.33～0.5）φ	墙背与填土间不可能滑动	（0.67～1.0）φ

注：φ 为墙背填土的内摩擦角。

γ、H、α、β和φ、δ都是已知的，而倾角θ是任意假定的，因此，假定不同的滑动面可以得出一系列相应的土压力合力E值，即E是θ的函数。E_{max}即为墙背的主动土压力合力。其对应的滑动面即是土楔最危险的滑动面。

令

$$\frac{\mathrm{d}E}{\mathrm{d}\theta}=0$$

可得

$$E=\frac{1}{2}\gamma H^2\frac{\cos^2(\varphi-\alpha)}{\cos^2\alpha\cos(\alpha+\delta)\left[1+\sqrt{\frac{\sin(\varphi+\delta)\sin(\varphi-\beta)}{\cos(\alpha+\delta)\cos(\alpha-\beta)}}\right]^2} \tag{7-29}$$

令

$$K_a=\frac{\cos^2(j-\alpha)}{\cos^2\alpha\cos(\alpha+\delta)\left[1+\sqrt{\frac{\sin(\varphi+\delta)\sin(\varphi-\beta)}{\cos(\alpha+\delta)\cos(\alpha-\beta)}}\right]^2} \tag{7-30}$$

$$E_a=\frac{1}{2}\gamma H^2K_a \tag{7-31}$$

式中：K_a——库仑主动土压力系数，用公式或查表确定。

由此可知，主动土压力E_a与墙高的平方成正比。

当墙背垂直（$\alpha=0$）、光滑（$\delta=0$）、填土面水平（$\beta=0$）时，由式（7-31）可得

$$E_a=\frac{1}{2}\gamma H^2\tan^2\left(45°-\frac{\varphi}{2}\right) \tag{7-32}$$

式（7-32）与兰金总主动土压力公式完全相同，说明当$\alpha=0$、$\delta=0$、$\beta=0$时，库仑与兰金理论结果一致。

离墙顶任意深度z处的主动土压力强度$p_a=\frac{\mathrm{d}E_a}{\mathrm{d}z}$，即

$$p_a=\frac{\mathrm{d}E_a}{\mathrm{d}z}=\frac{\mathrm{d}}{\mathrm{d}z}\left(\frac{1}{2}\gamma z^2K_a\right)=\gamma zK_a \tag{7-33}$$

式中：p_a沿墙高呈三角形分布，p_a作用点在距墙底$H/3$处，方向与墙背法线的夹角为δ。但这种分步形式只表示土压力大小，并不代表实际作用墙背上的土压力方向。因此，主动土压力强度沿墙高呈三角形分布，主动土压力的合力作用点在离墙底$H/3$处，方向与墙背法线顺时针的夹角为δ，与水平面的夹角为（$\alpha+\delta$）。

（三）被动土压力

无黏性土的被动土压力用同样的方法可得出总被动土压力合力E_p值为

$$E_p=\frac{1}{2}rH^2K_p \tag{7-34}$$

式中：K_p——库仑被动土压力系数，计算公式为

$$K_p=\frac{\cos^2(\varphi+\alpha)}{\cos^2\alpha\cos(\alpha-\delta)\left[1-\sqrt{\frac{\sin(\varphi+\delta)\sin(\varphi+\beta)}{\cos(\alpha-\delta)\cos(\alpha-\beta)}}\right]^2} \tag{7-35}$$

当墙背垂直（$\alpha=0$）、光滑（$\delta=0$）、填土面水平（$\beta=0$）时，则有

$$E_p=\frac{1}{2}\gamma H^2\tan^2\left(45°+\frac{\varphi}{2}\right) \tag{7-36}$$

式（7-36）与兰金总主动土压力公式完全相同，说明当$\alpha=0$、$\delta=0$、$\beta=0$时，库仑与兰金理论结果一致。

被动土压力强度的计算公式如下：

$$p_p=\frac{dE_p}{dz}=\frac{d}{dz}\left(\frac{1}{2}\gamma z^2K_p\right)=\gamma zK_p \tag{7-37}$$

可见被动土压力强度P_p沿墙高成三角形分布，E_p作用点在距墙底$H/3$处，如图7-10所示。

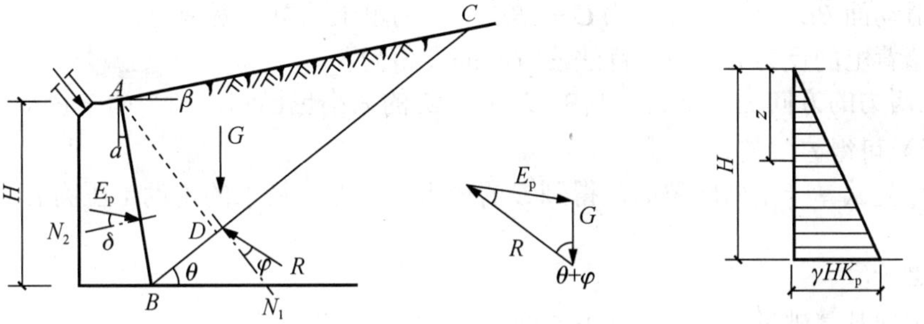

（a）土楔上的作用力　（b）力矢三角形式　（c）被动土压力的分布

图7-10　按库仑理论求被动土压力

（四）黏性土的土压力

1．图解法

库仑土压力理论假设墙后填土是理想的散体，只适用于无黏性填土，对黏性土可用图解法求解，但要考虑土体破坏面上及墙背与填土之间的黏聚力。在填土上部z_0深度范围内可能产生受拉裂缝，z_0值可由兰金公式$\left(Z_0=\frac{2c}{\gamma\sqrt{K_a}}\right)$确定。黏性填土的图解法如图7-11所示。

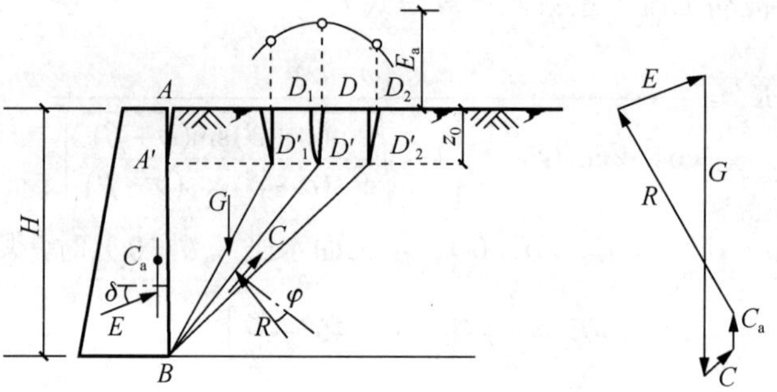

（a）作用力模型　　（b）力矢量关系

图 7-11　黏性填土的图解法

假定一滑动面 BD'，作用在滑动楔体上的力满足如下条件：

1）土楔体重 G。

2）墙背与土接触面 $\overline{A'B}$ 的总凝聚力 $C_a = c_a \overline{A'B}$，c_a 为墙背与填土间的单位凝聚力，其值小于或等于填土的凝聚力。

3）滑动面 $\overline{BD'}$ 上的反力 R；与 $\overline{BD}$ 面的法线夹角为 φ。

4）滑动面 $\overline{BD'}$ 上的总凝聚力 $C = c\overline{BD'}$，c 为填土的单位凝聚力。

5）墙背上的反力 E，与墙背法线方向的夹角为 δ。

以上诸力的方向是已知的，其中 G、C、C_a 的大小也已知，由平衡矢量多边形（力矢多边形）可得 E 的值。

6）重复试算一系列破裂面，得到 E 的最大值，即为待求的主动土压力 E_a。

2. 规范法

《建筑地基基础设计规范》（GB 50007—2011）推荐的公式如下：

$$E_a = \frac{1}{2}\gamma H^2 K_a \tag{7-38}$$

$$E_a = \varphi_c \frac{1}{2}\gamma H^2 K_a \tag{7-39}$$

$$\begin{aligned}K_a = &\frac{\sin(\alpha'+\beta)}{\sin^2\alpha' \sin^2(\alpha'+\beta-\varphi-\delta)}\Big\{k_q\left[\sin(\alpha'+\beta)\sin(\alpha'-\delta)\right.\\&\left.+\sin(\varphi+\delta)\sin(\varphi-\beta)\right]+2\eta\sin\alpha'\cos\varphi\\&\times\cos(\alpha'+\beta-\varphi-\delta)-2[k_q(\sin(\alpha'+\beta)\sin(\varphi-\beta)\\&+\eta\sin\alpha'\cos\varphi)(k_q\sin(\alpha'-\delta)\sin(\varphi+\delta)+\eta\sin\alpha'\cos\varphi)]^{1/2}\Big\}\end{aligned} \tag{7-40}$$

$$k_q = 1 + \frac{2q}{\gamma H}\frac{\sin\alpha'\cos\beta}{\sin(\alpha'+\beta)} \tag{7-41}$$

$$\eta = \frac{2c}{\gamma H} \tag{7-42}$$

式中：φ_c——主动土压力增大系数，当土坡高度小于5m时，取1.0，当高度为5～8m时，取1.1；当高度大于8m时，取1.2；

γ——墙后填土的重度，kN/m^3；

H——挡土墙高度，m；

K_a——主动土压力系数。

式中的α'、β、δ如图7-12所示。

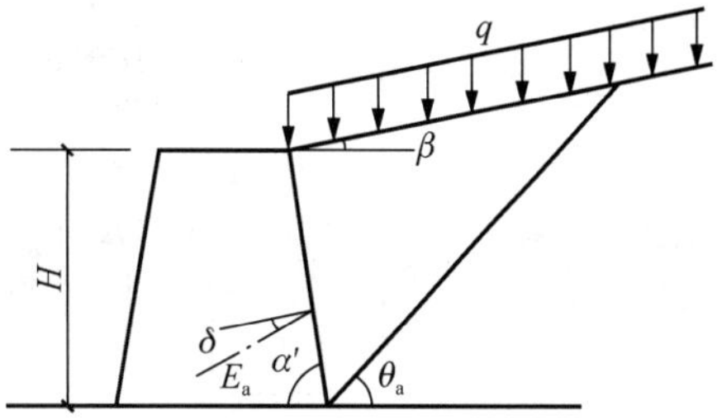

图7-12　黏性土的受力分析图

三、库仑土压力计算公式应用

【例7-3】挡土墙高4m，墙背倾角$\alpha=10°$（俯斜），$\beta=30°$，填土重度$\gamma=18kN/m^3$，$\varphi=30°$，c=0，填土与墙背的摩擦角$\delta=\frac{2}{3}\varphi$，试按库仑理论求主动土压力$E_a$及其作用点。

解：根据$\delta=\frac{2}{3}\varphi=20°$、$\alpha=10°$、$\beta=30°$、$\varphi=30°$，由式（7-17）可知，主动土压力系数

$$K_a=1.051$$

由式（7-31）计算主动土压力得

$$E_a=\frac{1}{2}\gamma H^2K_a=\frac{1}{2}\times 18\times 4^2=151.3\ （kN/m）$$

土压力作用点距离墙底

$$\frac{1}{3}H=\frac{1}{3}\times 4=1.33\ （m）$$

【例7-4】作用于填土面上的荷载和各层求作用于图中挡土墙上的主动土压力。

解：1）求各特征点的竖向应力。

$$\sigma_{z0}=q=10\ （kPa）$$

$$\sigma_{z1}=q+\gamma_1h_1=10+18\times 2=46\ （kPa）$$

$$\sigma_{z2}=q+\gamma_1h_1+\gamma_2h_2=46+19\times 3=101\ （kPa）$$

2）求各特征点的土压力强度。

由$\varphi_1=30°$，$\varphi_2=20°$计算得

$$m_1=0.577，\ m_1^2=0.333，\ m_2=0.70，\ m_1^2=0.49$$

土层1

$$p_{a0}=\sigma_{z0}m_1^2-2c_1m_1=10\times 0.333-0=3.3\ （kPa）$$

$$p_{a1}=\sigma_{z1}m_1^2-2c_1m_1=46\times 0.333-0=15.3\ （kPa）$$

土层2

$$p_{a1}=\sigma_{z1}m_2^2-2c_2m_2=46\times 0.49-2\times 10\times 0.7=8.5\ （kPa）$$

$$p_{a2}=\sigma_{z2}m_2^2-2c_2m_2=103\times 0.49-2\times 10\times 0.7=36.5\ （kPa）$$

按计算结果绘出p_a分布图（图7-13）。

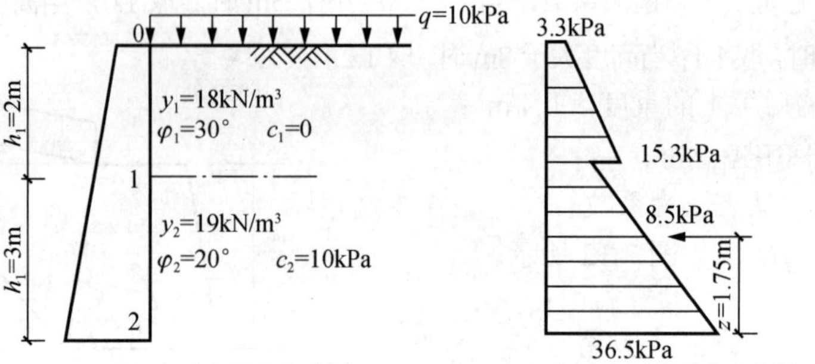

（a）主动土压力的作用（b）主动土压力强度分布图

图 7-13 例 7-4 图

3）求 E_a 值及其作用点高度

由 E_a 分布图面积可得

$$
\begin{aligned}
E_a &= E_{a1}+E_{a2}+E_{a3}+E_{a4}\\
&=3.3\times2+\frac{(15.3-3.3)\times2}{2}+8.5\times3+\frac{(36.5-8.5)\times3}{2}\\
&=6.6+12.0+25.5+42.0=86.1\text{（kN/m）}
\end{aligned}
$$

E_a 作用点高度为

$$
Z_0=\frac{\sum E_{ai}Z_{ai}}{\sum E_{ai}}=\frac{6.6\times\left(3+\dfrac{2}{2}\right)+12.0\times\left(3+\dfrac{2}{3}\right)+25.5\times\dfrac{3}{2}+42.0\times\dfrac{3}{3}}{86.1}=1.75\text{（m）}
$$

任务五 土坡稳定性分析

能力目标：学生通过学习能够掌握土坡稳定性分析方法。

一、土坡稳定性概述

土坡是指临空面为倾斜坡面的土体（图 7-14）包括天然土坡和人工土坡。天然土坡是指自然形成的山坡和江河湖海的岸坡。人工土坡是指人工开挖基坑、基槽路堑或填筑路堤、土坝形成的边坡。边坡塌滑是一种常见的工程现象，边坡由于丧失稳定性而滑动，通常称为滑坡。

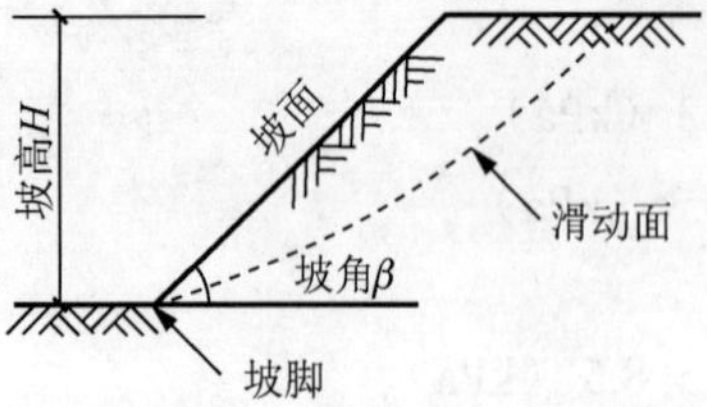

图 7-14 土坡构成要素

由于坡面倾斜，在自重或其他外力作用下，近坡面的部分土体有向下滑动的趋势。土坡失稳常常是在外界不利因素影响下一触即发的，其根本原因在于土体内的剪应力在某时刻大于土的抗剪强度。土中剪应力和土体的抗剪强度随时间是变化的。

1）促使剪应力增加的原因包括：①土坡变陡；②渗

透水流的动水压力过大；③坡顶有超载作用；④打桩、爆破、地震、火车、汽车等动荷载作用均会增加剪应力。

2）造成土抗剪强度降低的原因包括：①冻胀再融化；②振动液化；③浸水后土的结构崩解；④土中含水率增加等。

土坡失稳一般多发生在雨天，因为水会渗入土中：一方面，水会使土中剪应力增加了；另一方面又使土的抗剪强度降低了，特别是坡顶出现竖向大裂缝时，水进入竖向裂缝对土坡产生侧向压力，从而导致土坡失稳。因此，土坡产生竖向裂缝常常是土坡失稳的预兆之一。影响土坡稳定性的主要因素有以下几个：

1）边坡坡角β。坡角β越小，土坡越安全，但是采用较小的坡角β，在工程中会增加挖填方量，不经济。

2）坡高H。H越大，土坡越不安全。

3）土的性质。γ、φ和c大的土坡更安全。

4）地下水的渗透力。当边坡中有地下水渗透时，渗透力与滑动方向相反时，土坡则更安全；当两者方向相同时，土坡稳定性就会下降。

5）震动作用，如地震、工程爆破、车辆震动等的影响。

6）人类活动和生态环境的影响。

由于土的复杂性、离散性和易变性，影响土坡稳定的因素很多，因此土坡稳定分析是一个比较复杂的问题。在土木工程建筑中，如果土坡失去稳定造成塌方，不仅影响工程进度，还会危及人的生命安全，造成工程失事和巨大的经济损失。因此，土坡稳定问题在工程设计和施工中应引起足够的重视。

天然的斜坡、填筑的堤坝及基坑放坡开挖等问题都要演算斜坡的稳定性，即要比较可能滑动面上的剪应力与抗剪强度，这种工作称为稳定性分析。土坡稳定性分析是土力学中重要的稳定分析问题。土坡失稳的类型比较复杂，大多是土体的塑性破坏。而土体塑性破坏的分析方法包括极限平衡法、极限分析法和有限元法等。在边坡稳定性分析中，极限分析法和有限元法都还不够成熟。因此，目前工程实践中基本上都是采用极限平衡法。极限平衡方法分析的一般步骤如下：假定斜坡破坏是沿着土体内某一确定的滑裂面滑动，根据滑裂土体的静力平衡条件和莫尔-库仑强度理论，可以计算出沿该滑裂面滑动的可能性，即土坡稳定安全系数的大小或破坏概率的高低，然后，再系统地选取许多个可能的滑动面，用同样的方法计算其稳定安全系数或破坏概率。稳定安全系数最低或者破坏概率最高的滑动面就是可能性最大的滑动面。本节主要介绍土坡稳定分析常用方法的基本原理。

二、无黏性土坡的稳定性分析

由粗颗粒土所堆筑的土坡称为无黏性土坡。砂土的颗粒之间没有黏聚力（c=0），只有摩擦力。只要位于砂土坡面上各个土颗粒能够保持稳定不下滑，则这个土坡就是稳定的。无黏性土坡的稳定分析比较简单，下面分两种情况进行讨论。

1. 无渗流作用时的无黏性土的土坡

无渗流作用时的无黏性土坡分为均质的干坡和水下土坡两种。均质的干坡系指由一种土组成，完全在水位以上的无黏性土坡。水下土坡也是由一种土组成的，但完全在水位以下，没有渗透水流作用的无黏性土坡。在上述两种情况下，只要土坡坡面上的土颗粒在重力作用下能够保持稳定，那么，整个土坡就是稳定的。

在分析无黏性土的土坡稳定时，根据实际观测结果，通常均假设滑动面为平面。

图7-15为一简单土坡，土坡高为H，坡角为β，土的重度为γ，土的抗剪强度$\tau_f=\sigma\tan\varphi$。

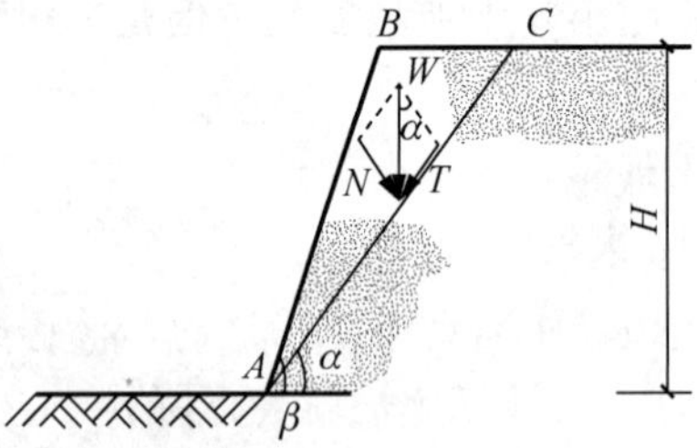

图 7-15　无渗流作用时的无黏性土的土坡受力分析图

若假定滑动面是通过坡角A的平面AC，AC的倾角为α，并沿土坡长度方向截取单位长度进行分析，则其滑动土楔体ABC的重力为

$$W=\gamma\times(\triangle ABC) \tag{7-43}$$

则沿滑动面向下的滑动力为

$$T=W\sin\alpha \tag{7-44}$$

抗滑力为摩擦力，即

$$T'=N\tan\varphi=W\cos\alpha\tan\varphi \tag{7-45}$$

土坡滑动稳定安全系数为

$$F_s=\frac{抗滑力}{滑动力}=\frac{T'}{T}=\frac{W\cos\alpha\tan\varphi}{W\sin\alpha}=\frac{\tan\varphi}{\tan\alpha} \tag{7-46}$$

当$\alpha=\beta$时，滑动稳定安全系数最小，即

$$F_{s\min}=\frac{\tan\varphi}{\tan\beta} \tag{7-47}$$

由式（7-47）可得如下结论：

1）当坡角$\beta=\varphi$时，$F_s=1$，即土坡处于极限平衡状态，此时β称为天然休止角。

2）只要坡角$\beta<\varphi$（$F_s>1$），土坡就稳定，而且与坡高无关。

3）为了保证土坡有足够的安全储备，一般要求$F_s>1.5$。

2. 有渗流作用的无黏性土的土坡

当降暴雨时，土坡斜面上有平行于坡面的渗流水（水位与土坡坡面基本一致），此时土坡坡面一层土体受力情况如图 7-16 所示。

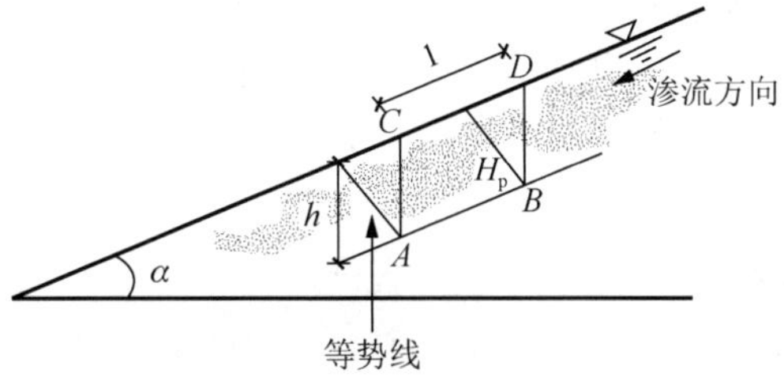

图 7-16　有渗流作用的无黏性土的土坡受力分析图

坡面上 A 点的水位为

$$H_p = h\cos^2\alpha \tag{7-48}$$

式中：α——斜面倾角；

h——土体宽度。

作用于 AB 面上的孔隙水压力为

$$u = \gamma_w H_p = \gamma_w h\cos^2\alpha \tag{7-49}$$

式中：γ_w——水的容重。

土体单元 $ABCD$ 的重度为 γ_{sat}，其重力为

$$W = \gamma_{sat} h\cos\alpha \tag{7-50}$$

式中：γ_{sat}——土体饱和容重。

作用于 AB 面上的垂直压应力和下滑剪切力分别为

$$\sigma = W\cos\alpha = \gamma_{sat} h\cos^2\alpha \tag{7-51}$$

$$\tau = W\sin\alpha = \gamma_{sat} h\cos\alpha\sin\alpha \tag{7-52}$$

在 AB 斜面上的有效应力为

$$\bar{\sigma} = \sigma u = \gamma_{sat} h\cos^2\alpha\gamma_w h\cos^2\alpha = \gamma' h\cos^2\alpha \tag{7-53}$$

土坡稳定安全系数为

$$F_s = \frac{抗滑力}{滑动力} = \frac{\tau_f\ 1}{\tau\ 1} = \frac{\bar{\sigma}\tan\varphi}{\tau} = \frac{\gamma' h\cos^2\alpha\tan\varphi}{\gamma_{sat} h\cos\alpha\sin\alpha} = \frac{\gamma'\tan\varphi}{\gamma_{sat}\tan\alpha} \tag{7-54}$$

式中：$\frac{\gamma'}{\gamma_{sat}}$——一般为 0.4～0.5，此时 F_s 变小，可知土坡更易于滑动，这就是遇到暴雨时，粗颗粒土坡较干燥情况下易滑动的原因。

三、黏性土坡的稳定性分析

1. 黏性土坡滑动面的形式

根据一些实测的资料，黏性土坡的滑动面常常为曲面。土坡滑动前一般在坡顶先产生张力裂缝，继而沿某一曲面产生整体滑动。为便于理论分析，可以近似地假设滑动面为一圆弧面。

圆弧滑动面的形式一般有下述 3 种：

1）坡脚圆：圆弧滑动面通过坡脚 B 点，如图 7-17（a）所示。

2）坡面圆：圆弧滑动面通过坡面上 E 点，如图 7-17（b）所示。

3）中点圆：圆弧滑动面发生在坡脚以外的 A 点，如图 7-17（c）所示。

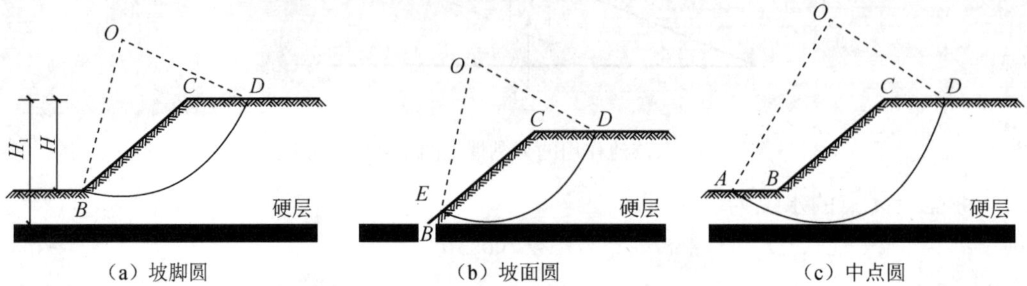

（a）坡脚圆　（b）坡面圆　（c）中点圆

图 7-17　有渗流无黏性土的土坡受力分析图

2. 泰勒法

对于简单边坡，泰勒（Taylor）认为圆弧滑动面的 3 种形式与土的内摩擦角 φ 值、坡角 β 及硬层的埋置深度 H 等因素有关，即

$$N_{s}=\frac{\gamma H_{cr}}{c} \tag{7-55}$$

$$K=\frac{H_{cr}}{H} \tag{7-56}$$

式中：N_s——土坡稳定系数；

γ——墙后填土的重度，kN/m^3；

H_{cr}——土坡临界高度或极限高度，m；

H——土坡高度，m；

K——稳定安全系数。

根据不同的 φ 绘出 β 与 N_s 的关系曲线图。

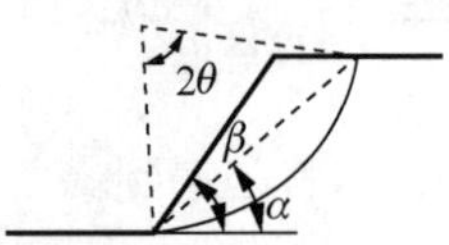

图 7-18　作图法

泰勒经过大量计算分析后得出如下结论：

1）当 $\varphi > 3^{\circ}$ 时，滑动面为坡脚圆，其最危险滑动面圆心位置，可根据 φ 及 β 角值，从曲线图查得 θ 及 α 值作图求得，如图 7-18 所示。

2）当 $\varphi = 0^{\circ}$，且 $\beta > 53^{\circ}$ 时，滑动面也是坡脚圆，其最危险滑动面圆心位置，同样可从曲线图的 θ 及 α 值作图求得。

3）当 $\varphi = 0^{\circ}$，且 $\beta < 53^{\circ}$ 时，滑动面可能是中点圆，也有可能是坡脚圆或坡面圆，它取决于硬层的深度系数 $n_d=\frac{H_1}{H}$，需试算确定。当 n_d＞4 时，则都为中点圆。

3. 整体圆弧滑动法

1915 年，瑞典的彼得森（Petterson）首先用圆弧滑动法分析边坡的稳定性，称为瑞典圆弧法。

图 7-19 表示一个均质黏性土坡，滑动面为 AC 弧，其弧长为 l，圆弧的半径为 R。

把滑动土体当成一个刚体，滑动土块 ABC 的重量为 W，土体黏聚力为 c，内摩擦角 $\varphi = 0$。

滑块 ABC 滑动时相当于绕圆心 O 转动，转动力矩为 $M_s = Wd$，抗滑力矩 $M_R = clR$。反力 R_f 的大小和方向应该与土的内摩擦角 φ 有关，但当 $\varphi = 0$ 时，滑动面是一个光滑面，反力的方向必垂直于滑动面，即通过圆心 O，不产生力矩。

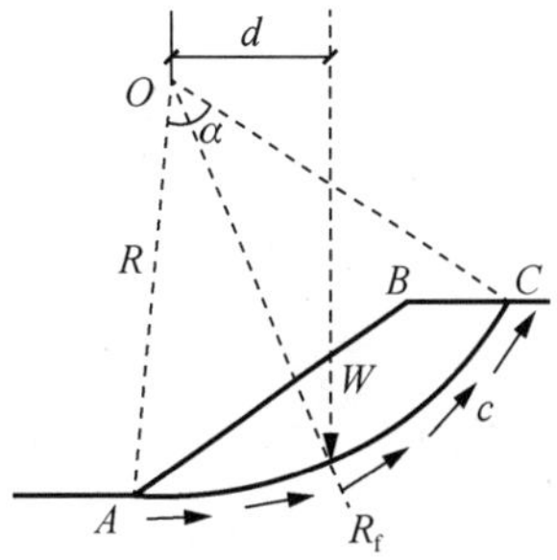

图 7-19　均质黏性土坡

稳定安全系数为

$$F_s = \frac{M_R}{M_s} = \frac{clR}{Wd} > 1.3 \sim 1.5 \tag{7-57}$$

式（7-57）是整体圆弧滑动法计算边坡稳定的公式，它只适用于 $\varphi = 0$ 的情况。

4. 瑞典条分法

泰勒分析方法只适用于均质的简单土坡；而整体圆弧滑动法只适用于 $\varphi = 0$ 的均质土坡。对于非均质土坡或比较复杂的土坡（如土坡上有荷载作用、土坡中有水渗流、考虑动荷载作用）均不适用，费伦纽斯提出的条分法是解决这一问题的基本方法，至今仍得到广泛应用。

首先将土坡剖面按比例划出，可能的滑动面是圆弧 AD，圆心为 O，半径为 R，如图 7-20 所示。

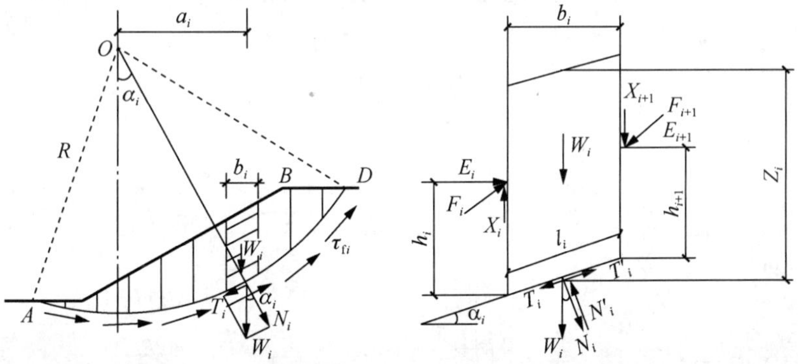

图 7-20　非均质土坡或比较复杂的土坡受力分析

现将该滑块 ABD 分成若干个竖向土条。取第 i 个土条分析，该土条底面中点的法线与竖直线的夹角为 α_i，宽度为 b_i，高度为 Z_i，作用在土条上的力如下：

1）重力 $W_i = rb_iZ_i$，作用于土条的中垂线上，可分解为滑动力 $T_i = W_i \sin\alpha_i$ 和法向力 $N_i = W_i \cos\alpha_i$。

2）法向反力 $N_i' = \sigma_i l_i$（σ_i 为土条滑裂面上法向应力，l_i 为滑弧段长度），且有 $N_i' = N_i$。

3）抗滑力 T_i'，为土条圆弧面上抗剪强度总和，即

$$T_i' = \tau_i l_i = (c_i + \sigma_i \tan\varphi_i) l_i$$
$$= c_i l_i + N_i \tan\varphi = c l_i + W_i \cos\alpha_i \tan\varphi_i$$

4）条间力（指土条之间侧面作用力），假设大小相等、方向相反，即 $F_i = F_{i+1}$，则稳定安全系数为

$$F_s = \frac{抗滑力矩}{滑动力矩} = \frac{\sum_{i=1}^{n} T_i' R}{\sum_{i=1}^{n} T_i R} = \frac{\sum_{i=1}^{n}(c_i l_i + W_i \cos\alpha_i \tan\varphi_i)}{\sum_{i=1}^{n} W_i \sin\alpha_i} \tag{7-58}$$

上述分析过程是对某一假定滑动面而求得的稳定安全系数，实际上它并不一定是真正的滑动面位置，而真正的滑动面是对应于最小稳定安全系数的滑动面，因此欲求解其真正滑动面位置，必须按上述方法反复试算求取。

5. 毕肖普条分法

毕肖普（Bishop）于 1955 年提出一个考虑条块间侧面力的土坡稳定性分析方法，称为毕肖普条分法。此法仍然是圆弧滑动条分法。

在图 7-21 中，从圆弧滑动体内取出土条 i 进行分析。作用在条块 i 上的力，除了重力 W_i 外，滑动面上有切向力 T_i 和法向力 N_i，条块的侧面分别有法向力 P_i、P_{i+1} 和切向力 H_i、H_{i+1}。假设土条处于静力平衡状态，根据竖向力的平衡条件，应有

$$\sum F_z = 0 \tag{7-59}$$

$$W_i + \Delta H_i = N_i \cos\theta_i + T_i \sin\theta_i \tag{7-60}$$

$$N_i \cos\theta_i = W_i + \Delta H_i - T_i \sin\theta_i \tag{7-61}$$

根据满足土坡稳定安全系数 F_s 的极限平衡条件，有

$$T_i = (c_i l_i + N_i \tan\varphi_i) / F_s \tag{7-62}$$

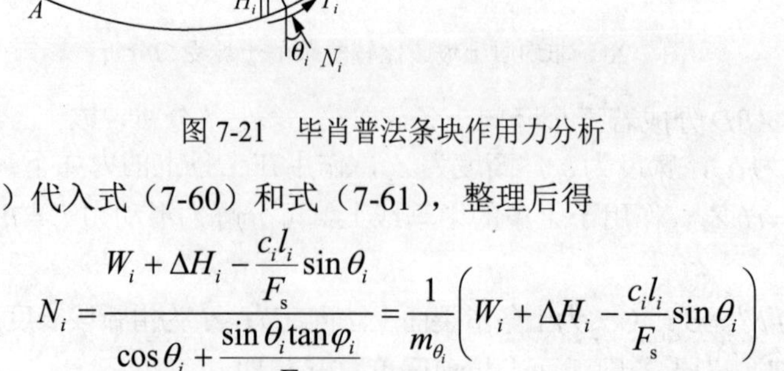

图 7-21　毕肖普法条块作用力分析

将式（7-62）代入式（7-60）和式（7-61），整理后得

$$N_i = \frac{W_i + \Delta H_i - \dfrac{c_i l_i}{F_s}\sin\theta_i}{\cos\theta_i + \dfrac{\sin\theta_i \tan\varphi_i}{F_s}} = \frac{1}{m_{\theta_i}}\left(W_i + \Delta H_i - \frac{c_i l_i}{F_s}\sin\theta_i\right) \tag{7-63}$$

式中：$m_{\theta_i}=\cos\theta_i+\dfrac{\sin\theta_i\tan\varphi_i}{F_s}$。

考虑整个滑动土体的整体力矩平衡条件，各个土条的作用力对圆心的力矩之和为零。这时条块之间的力 P_i 和 H_i 成对出现，大小相等，方向相反，相互抵消，对圆心不产生力矩。滑动面上的正压力 N_i 通过圆心，也不产生力矩。因此，只有重力 W_i 和滑动面上的切向力 T_i 对圆心产生力矩，即

$$\sum W_i d_i=\sum T_i R$$

将式（7-62）代入上式，得

$$\sum W_i R\sin\theta_i=\sum\frac{1}{F_s}(c_i l_i+N_i\tan\varphi_i)R$$

将式（7-63）的 N_i 值代入上式，简化后得

$$F_s=\frac{\sum\frac{1}{m_{\theta_i}}[c_i b_i+(W_i+\Delta H_i)\tan\varphi_i]}{\sum W_i\sin\theta_i} \tag{7-64}$$

式（7-64）是毕肖普条分法计算土坡稳定安全系数 F_s 的一般公式。式中，$\Delta H_i=H_{i+1}-H_i$ 仍然是未知量。如果不引进其他的简化假定，式（7-64）仍然不能求解。毕肖普进一步假定 $\Delta H_i=0$，实际上也就是认为条块间只有水平作用力 P_i，而不存在切向作用力 H_i。于是式（7-64）进一步简化为

$$F_s=\frac{\sum\frac{1}{m_{\theta_i}}(c_i b_i+W_i\tan\varphi_i)}{\sum W_i\sin\theta_i} \tag{7-65}$$

式（7-65）称为简化的毕肖普公式。式中 m_{θ_i} 包含有稳定安全系数 F_s。因此，不能直接求出土坡的稳定安全系数 F_s，而需要采用试算的办法，迭代计算 F_s。为了便于迭代计算，已编制成 m_θ-θ 关系曲线，如图 7-22 所示。

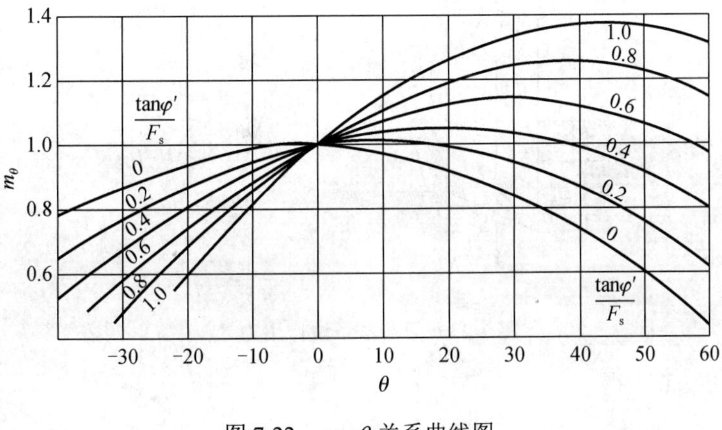

图 7-22　m_θ-θ 关系曲线图

试算时，可以先假定 F_s=1.0，由图 7-22 查出各个 θ_i 所相应的 m_{θ_i} 值，并将其代入式（7-65）中，求得边坡的稳定安全系数 F_s'。若 F_s' 与 F_s 之差大于规定的误差，则用 F_s' 查 m_{θ_i}，再次计算出稳定安全系数 F_s''，如此反复迭代计算，直至前后两次计算的稳定安全系数非常接近，满足规定精度的要求为止。通常，迭代是收敛的，一般只要试算 3～4 次，就可以满足迭代精度的要求。

与瑞典条分法相比，简化的毕肖普法是在不考虑条块间切向力的前提下，满足力的多边形闭合条件，即隐含条块间有水平力的作用（其在公式中水平作用力并未出现），它的特点具体如下：①满足整体力矩平衡条件；②满足各个条块力的多边形闭合条件，但不满足条块的力矩平衡条件；③假设条块间作用力只有法向力没有切向力；④满足极限平衡条件。由于考虑了条块间水平力的作用，毕肖普法得到的稳定安全系数较瑞典条分法略高一些。很多工程计算表明，毕肖普法与严格的极限平衡分析法，即满足全部静力平衡条件的方法（如下述的简布法）相比，结果甚为接近。由于毕肖普法计算过程并不复杂，精度也比较高，所以其是目前工程中很常用的一种方法。

6. 简布法

简布法的特点是假定条块间水平作用力的位置，由简布（Janbu）提出。在这一假定前提下，每个土条块都满足全部的静力平衡条件和极限平衡条件，滑动土体的整体力矩平衡条件也自然得到满足。另外，简布法适用于任何滑动面，而不必规定滑动面是一个圆弧面，所以又称为普遍条分法。

在图 7-23 中，滑动土体 ABC 中取任意条块 i 进行静力分析。作用在条块上的力及其作用点如图 7-23 所示。按照静力平衡条件 $\sum F_z = 0$，得

$$W_i + \Delta H_i = N_i \cos\theta_i + T_i \sin\theta_i \tag{7-66}$$

$$N_i \cos\theta_i = W_i + \Delta H_i\ T_i \sin\theta_i \tag{7-67}$$

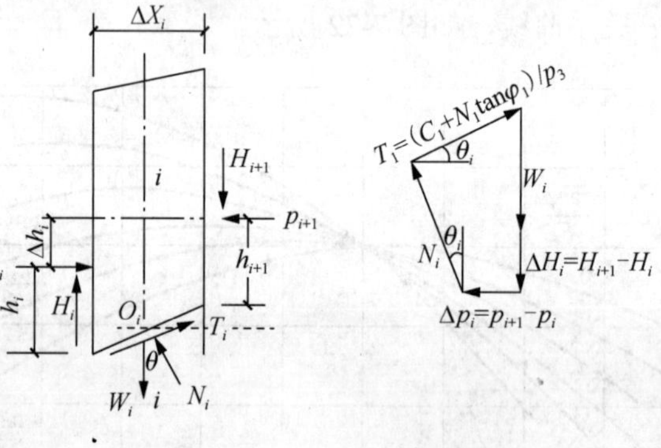

图 7-23　简布法条块作用力分析

根据 $\sum F_x = 0$，得

$$\Delta p_i = T_i \cos\theta_i - N_i \sin\theta_i \tag{7-68}$$

将式（7-66）和式（7-67）代入式（7-68），整理后得

$$\Delta p_i = T_i\left(\cos\theta_i + \frac{\sin^2\theta_i}{\cos\theta_i}\right) - (W_i + \Delta H_i)\tan\theta_i \tag{7-69}$$

根据极限平衡条件，考虑土坡稳定安全系数 F_s，则有

$$T_i = \frac{1}{F_s}(c_i l_i + N_i \tan\varphi_i) \tag{7-70}$$

由式（7-69）和式（7-70）得

$$N_i = \frac{1}{\cos\theta_i}(W_i + \Delta H_i - T_i \sin\theta_i) \tag{7-71}$$

整理后得

$$T_i = \frac{\dfrac{1}{F_s}\left[c_i l_i + \dfrac{1}{\cos\theta_i}(W_i + \Delta H_i \tan\varphi_i)\right]}{1 + \dfrac{\tan\theta_i \tan\varphi_i}{F_s}} \tag{7-72}$$

将式（7-72）代入式（7-70），得

$$\Delta p_i = \frac{1}{F_s}\frac{\sec^2\theta_i}{1 + \dfrac{\tan\theta_i \tan\varphi_i}{F_s}}[c_i l_i \cos\theta_i + (W_i + \Delta H_i)\tan\theta_i] - (W_i + \Delta H_i)\tan\theta_i \tag{7-73}$$

图 7-24 所示为作用在土条条块侧面的法向力 p，显然有 $p_1 = \Delta p_1$，$p_2 = p_1 + \Delta p_2 = \Delta p_1 + \Delta p_2$，依此类推，则有

$$p_i = \sum_{j=1}^{i} \Delta p_j \tag{7-74}$$

若全部土条条块的总数为 n，则有

$$p_n = \sum_{i=1}^{n} \Delta p_i = 0 \tag{7-75}$$

将式（7-74）代入式（7-75），得

$$\sum \frac{1}{F_s}\frac{\sec^2\theta_i}{1 + \dfrac{\tan\theta_i \tan\varphi_i}{F_s}}[c_i l_i \cos\theta_i + (W_i + \Delta H_i)\tan\varphi_i] - \sum (W_i + \Delta H_i)\tan\theta_i = 0$$

整理后得

$$F_s = \frac{\sum [c_i l_i \cos\theta_i + (W_i + \Delta H_i)\tan\varphi_i]\dfrac{\sec^2\theta_i}{1 + \tan\theta_i \tan\varphi_i / F_s}}{\sum (W_i + \Delta H_i)\tan\theta_i} = \frac{\sum [c_i b_i + (W_i + \Delta H_i)\tan\varphi_i]\dfrac{1}{m_{\theta_i}}}{\sum (W_i + \Delta H_i)\sin\theta_i} \tag{7-76}$$

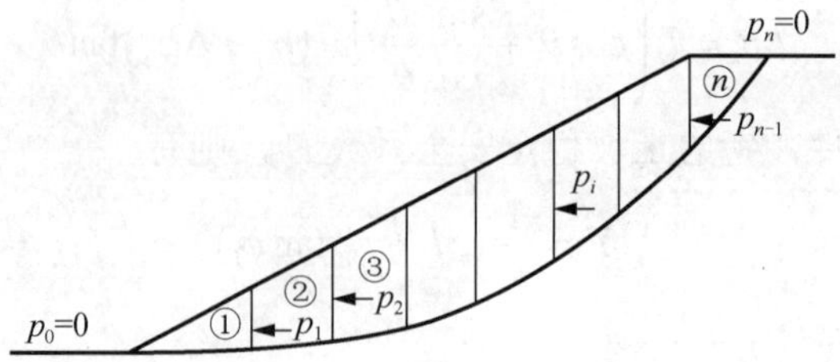

图 7-24　条块侧面法向力

比较毕肖普公式（7-72）和简布公式（7-73），可以看出两者很相似，但分母有差别，毕肖普公式是根据滑动面为圆弧面，滑动土体满足整体力矩平衡条件推导出的；简布公式则是利用力的多边形闭合和极限平衡条件，最后从 $\sum_{i=1}^{n}\Delta p_i = 0$ 得出。显然，这些条件适用于任何形式的滑动面而不仅仅局限于圆弧面，在式（7-76）中的 ΔH_i 仍然是待定的未知量。毕肖普没有解出 ΔH_i，而是令 $\Delta H_i = 0$，从而成为简化的毕肖普公式。而简布法则是利用条块的力矩平衡条件，因而整个滑动土体的整体力矩平衡也自然得到满足。将作用在条块上的力对条块滑弧段中点 O_i 取矩（图 7-22），并让 $\sum M_{O_i} = 0$。重力 W_i 和滑弧段上的力 N_i 和 T_i 均通过 O_i，不产生力矩。条块间力的作用点位置已确定，则有

$$H_i\frac{\Delta X_i}{2} + (H_i + \Delta H_i)\frac{\Delta X_i}{2} - (p_i + \Delta p_i)\left(h_i + \Delta h_i - \frac{1}{2}\Delta X_i \tan\theta_i\right) + p_i\left(h_i - \frac{1}{2}\Delta X_i \tan\theta_i\right) = 0 \tag{7-77}$$

略去高阶微量，整理后得

$$H_i \Delta X_i - p_i \Delta h_i - \Delta p_i h_i = 0$$

$$H_i = p_i\frac{\Delta h_i}{\Delta X_i} + \Delta p_i\frac{h_i}{\Delta X_i} \tag{7-78}$$

$$\Delta H_i = H_{i+1} - H_i \tag{7-79}$$

式（7-78）表示土条间切向力与法向力之间的关系，式中符号如图 7-23 所示。

由式（7-73）～式（7-79），利用迭代法可以求得普遍条分法的边坡稳定安全系数 F_s。其步骤如下：

1）假定 $\Delta H_i = 0$，利用式（7-76），迭代求第一次近似的边坡稳定安全系数 F_{s1}。

2）将 F_{s1} 和 $\Delta H_i = 0$ 代入式（7-74），求相应的 Δp_i（对每一条块，1～n）。

3）用式（7-75）$p_i = \sum_{j=1}^{i}\Delta p_j$ 求条块间的法向力（对每一条块，1～n）。

4）将 p_i 和 Δp_i 代入式（7-78）和式（7-79），求条块间的切向作用力 H_i（对每一条块，1～n）和 ΔH_i。

5）将 ΔH_i 重新代入式（7-76），迭代求新的稳定安全系数 F_{s2}。

如果 $F_{s2}-F_{s1}>\varDelta$（$\varDelta$为规定的计算精度），重新按上述步骤 2）～5）进行第二轮计算。如此反复进行，直至 $F_{s(k)}-F_{s(k-1)}\leqslant\varDelta$ 为止。$F_{s(k)}$ 就是该假定滑动面的稳定安全系数。边坡真正

的稳定安全系数还要计算很多滑动面，进行比较，找出最危险的滑动面，其边坡稳定安全系数才是真正的安全系数。这种计算工作量相当繁复，一般要在计算机上计算。用普遍条分法计算一个滑动面稳定安全系数的流程如图 7-25 所示。

最后，无论是天然土坡还是人工土坡，在许多情况下，土体内都存在孔隙水压力：①土体内水的渗流所引起的渗透压力或者因填土而引起的超静孔隙水压力。孔隙水压力的大小在有些情况下比较容易确定，而在有些情况下则较难确定或无法确定。②稳定渗流引起的渗透压力一般可以根据流网比较准确地确定，而在施工期、水位骤降期及地震时产生的孔隙水压力就比较难以确定。另外，土坡在滑动过程中的孔隙水压力变化目前几乎还没有办法确定。所以，在前面所讨论的边坡稳定计算方法中，作用于滑动土体上的力是用总应力表示，还是用有效应力表示，是一个十分重要的问题。显而易见，用有效应力表示要优于用总应力表示。但是，孔隙水压力不容易确定，因而有效应力法在工程中的应用尚存在实际困难，且有待于进一步研究。

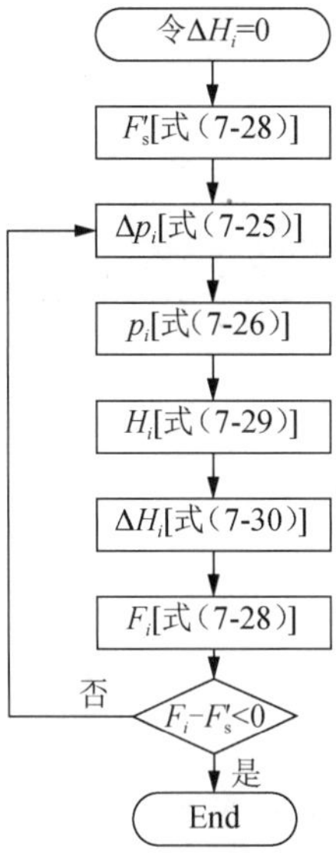

图 7-25　简布法计算程序流程

复习思考题

1．静止土压力、主动土压力和被动土压力三者的大小关系，以及与挡土墙位移方向、位移量的关系如何？

2．兰金土压力理论的假设条件是什么？

3．比较兰金土压力理论与库仑土压力理论有何不同？

4．分析 δ、φ、β、ε 的变化对主动土压力、被动土压力各有什么影响？

5．采取什么措施可以提高挡土墙的稳定安全系数？

6．影响土坡稳定的因素有哪些？

7．土坡稳定性分析瑞典条分法的原理是什么？为何要分条计算？最危险的滑弧如何确定？

8．已知某重力式挡土墙高 5.0m，墙背竖直、光滑，建立在岩基上。墙后填土表面水平，填土为中砂，重度 $\gamma=18.0\text{kN/m}^3$，有效内摩擦角 $\varphi'=36°$。计算作用在此挡土墙上的土压力。

9．某挡土墙后填土为黏土夹块石土，$r_d=19.5\text{kN/m}^3$，$\omega=8\%$，$\varphi=30°$，$\delta=15°$，$\beta=15°$，墙高 5.0m，墙背倾角 $\varepsilon=-8°$，按《建筑地基基础设计规范》(GB 50007—2011)方法计算该墙上的主动土压力。

10．已知一均匀土坡，坡角 $\theta=30°$，土的重度 $\gamma=16.0\text{kN/m}^3$，黏结力 $c=5\text{kPa}$。计算此黏性土坡的安全高度 H。

项目八

浅 基 础

学习目标 1）掌握天然地基上浅基础的类型、构造及适用条件，理解刚性基础和柔性基础的区别。

2）掌握基础工程设计的原则与设计要求。

3）掌握基础埋置深度的影响因素与浅基础的各项设计验算内容。

任务一 浅基础基本认识

能力目标：学生通过学习能够掌握浅基础类型与构造。

浅基础是指埋入地层深度较浅(一般浅基础的埋置深度 D 小于或等于基础的最小宽度 B)，施工一般采用敞开挖基坑修筑的基础。与深基础相比，浅基础在设计计算时可以忽略基础侧面土体对基础的影响，基础结构形式和施工方法也较简单。由于埋置深度浅，浅基础的结构形式简单，施工方法简便，造价也较低，因此是建筑物最常用的基础类型。常见的浅基础形式包括扩展基础、条形基础、联合基础及筏式基础。

一、天然地基上浅基础的类型及构造

1. 刚性基础

基础受力后，不发生挠曲变形的基础称为刚性基础，一般采用抗弯拉强度较差的圬工材料，如浆砌块石、片石、混凝土等。刚性基础不需要钢材，造价较低，但圬工体积较大，且支承面积受一定的限制，桥梁、涵洞和房屋等建筑物常用的基础类型。其形式包括刚性扩大基础（图 8-1）、单独基础和联合基础（图 8-2）、条形基础（图 8-3 和图 8-4）。设计时，基础的外伸宽度和高度的比值要求在一定的限度内，否则会产生破坏。在这样的限制下，基础的相对高度都较大，几乎不会发生弯曲变形。

2. 柔性基础

在基底反力作用下，基础在某一断面产生弯曲拉应力和剪应力，若超过了基础圬工的强度极限值，为防止基础在断面开裂甚至断裂，可将刚性基础尺寸重新设计，并在基础中配置足够数量的钢筋，这种基础称为柔性基础。这个基础主要由钢筋混凝土材料组成，往往会发生较大的挠曲变形。常见形式包括柱下扩展基础、条形和十字形基础、筏

板及箱形基础，其整体性较好，抗弯刚度较大。

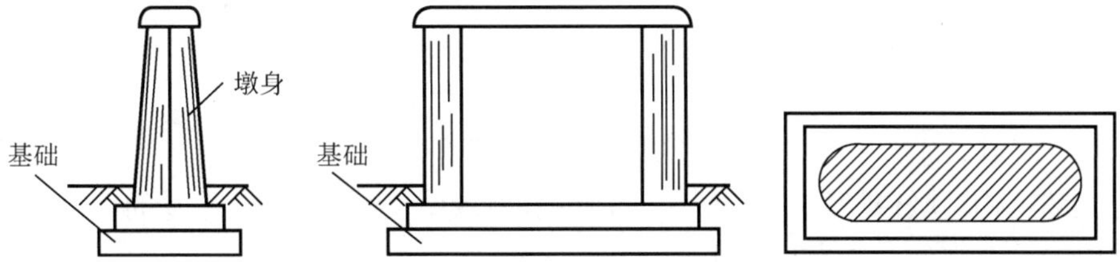

（a）左视图　（b）正视图　（c）俯视图

图 8-1　刚性扩大基础

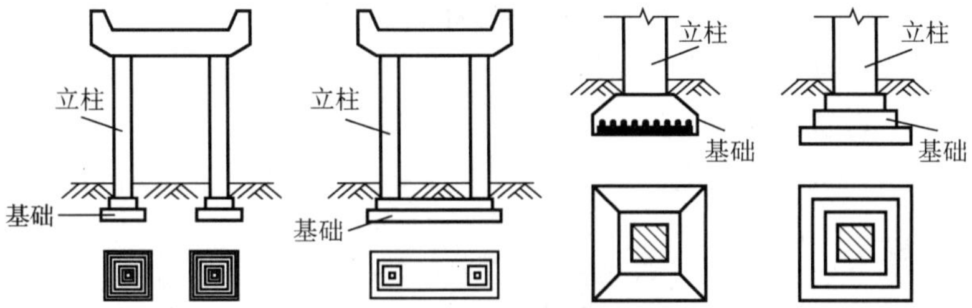

（a）单独形式一　（b）联合形式一　（c）单独形式二　（d）联合形式二

图 8-2　单独基础和联合基础

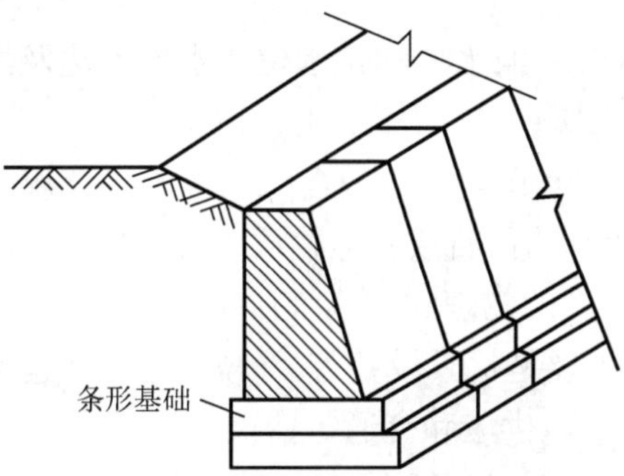

图 8-3　挡土墙下条形基础

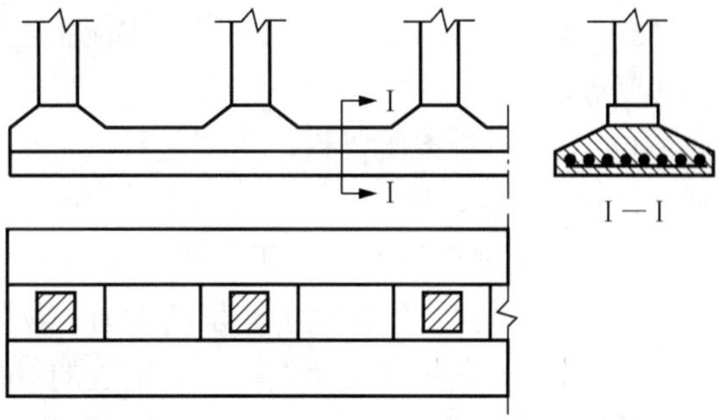

图 8-4　柱下条形基础

墙下钢筋混凝土条形基础横截面根据受力条件可分为不带肋和带肋两种（图 8-5）。它可看成钢筋混凝土独立基础的特例。

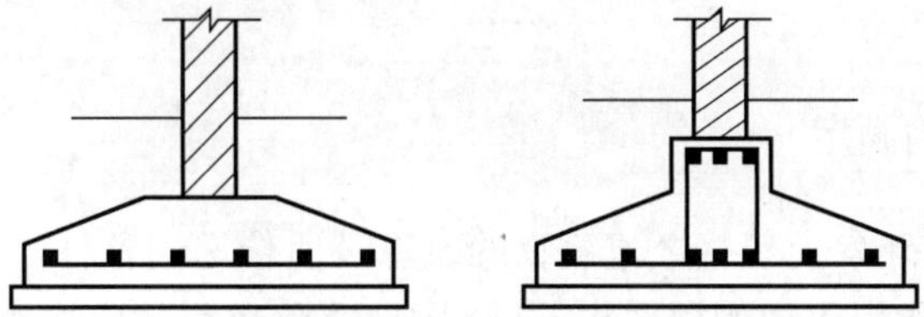

（a）不带肋　（b）带肋

图 8-5　墙下钢筋混凝土条形基础

二、基础工程设计的原则与要求

1. 基础工程设计的原则

地基、基础、墩台和上部结构是共同工作且相互影响的，因此，基础工程设计应紧密结合上部结构、墩台特性和要求。上部结构的设计也应充分考虑地基的特点，把整个结构物作为一个整体，考虑其整体作用和各个组成部分的共同作用，同时还要综合考虑现场条件、施工条件等。基础工程设计计算的基本原则如下：

1）基础底面的压应力应小于结构物的容许承载力。

2）地基与基础的变形值应小于结构物容许的沉降值。

3）地基与基础的整体稳定性应得以保证。

4）基础本身的强度应满足要求。

必要时应制订不同的方案进行比较，从中选择较为适宜合理的设计方案和施工方案。

2. 基础工程设计的要求

1）建筑物情况，如上部结构形式和结构设计图、建筑物用途、桥梁和墩台的构造和尺寸等。选择基础的类型、形状和尺寸，必要时收集该方面的资料。

2）荷载作用情况，包括可能作用于建筑物上的各种荷载的大小、方向、作用位置、荷载性质等。

3）水文资料，如桥梁所在江河水流上的高水位、低水位和常水位，水流流速及冲刷深度等。

4）工程地质土质资料，主要是地质剖面图或柱状图。图上有各土层的分布状况、厚度、冻结深度、地下水水位高度，土中有无大而硬的孤石或其他物质，岩面标高、倾斜度或其他的地质情况等，还必须有各种地基土必要的物理、力学性质指标。

5）施工条件，包括施工队伍的人力、物力（主要是机具设备等），技术水平（包括施工经验），投资和施工期限，以及附近的材料、水电供应和交通等情况。

桥梁的地基与基础设计前，应掌握有关全桥的资料，包括上部结构形式、跨径、作用、墩台结构等，以及国家颁布的有关桥梁设计和施工技术规范。同时，还应注意地质、水文资料的搜集和分析，重视土质和建筑材料的调查和试验。其中，各项资料的内容范围可根据桥梁工程的规模、重要性及建桥地点的工程地质、水文条件的具体情况和设计阶段确定取舍。

三、基础计算作用的确定

桥梁的地基与基础承受着整个建筑物的自重及所传递的各种作用。这些作用有各自不同的特征，且各种作用出现的概率也不同。因此需将作用效应按概率和时间进行分类，并将实际与可能同时出现的作用效应组合起来，作为设计计算的依据。

1. 作用的分类

《公路桥涵设计通用规范》(JTG D60—2015)中规定:公路桥涵设计采用的作用分为永久作用、可变作用、偶然作用和地震作用4类。

1)永久作用是长期或恒定的作用,如结构重力、土的重力、土侧压力、水浮力和基础变位作用等。永久作用采用标准值,其中可根据统计、计算,并结合工程经验综合分析确定。

2)可变作用是时间和大小可变的作用,如汽车荷载、汽车冲击力、汽车离心力、汽车引起的土侧压力、人群荷载、汽车制动力、风荷载、流水压力、支座摩擦阻力等。可变作用应根据不同的极限状态分别采用标准值、组合值、频遇值和准永久值。组合值和准永久值可通过可变作用的标准值分别乘以组合值系数ψ_c、频遇值系数ψ_f和准永久值系数ψ_q来确定。

3)偶然作用是偶然或极少出现的作用,如船舶撞击作用、漂浮物的撞击作用等。偶然作用取其设计值作为标准值,可根据历史记载、现场观测和试验,并根据工程经验综合分析确定,也可根据有关标准的专门规定确定。

4)地震作用是一种特殊的偶然作用。地震作用的标准值应根据《公路工程抗震规范》(JTG B02—2013)的规定确定。

作用的设计值规定为作用的标准值乘以相应的作用分项系数。

2. 作用效应组合

公路桥涵结构设计应按承载能力极限状态和正常使用极限状态进行作用效应组合,取其最不利效应组合进行设计。

公路桥涵结构按承载能力极限状态设计时,应采用以下两种作用效应组合。

(1)基本组合

永久作用的设计值效应与可变作用设计值效应相组合,其效应组合表达式为

$$S_{ud}=\gamma_0 S\left(\sum_{i=1}^{m}\gamma_{G_i}G_{ik},\gamma_{Q_1}\gamma_L Q_{1k},\psi_C\sum_{j=2}^{n}\gamma_{L_j}\gamma_{Q_j}Q_{jk}\right) \tag{8-1}$$

或

$$S_{ud}=\gamma_0 S\left(\sum_{i=1}^{m}G_{id},Q_{1d},\sum_{j=2}^{n}Q_{jd}\right) \tag{8-2}$$

式中:S_{ud}——承载能力极限状态下作用基本组合的效应组合设计值。

$S(\,)$——作用组合的效应函数。

γ_0——结构重要性系数,对应于设计安全等级一级、二级和三级分别取1.1、1.0、0.9。

γ_{G_i}——第i个永久作用效应的分项系数,应按表8-1的规定采用。

G_{ik}、G_{id}——第i个永久作用效应的标准值和设计值。

γ_{Q_1}——汽车荷载效应(含汽车冲击力、离心力)的分项系数,取$\gamma_{Q_1}=1.4$,采用

车辆荷载计算时，其分项系数取 $\gamma_{Q_1}=1.8$。当某个可变作用在效应组合中其效应值超过汽车荷载效应时，则该作用取代汽车荷载，其分项系数取 $\gamma_{Q_1}=1.4$；对专为承受某作用而设置的结构或装置，设计时该作用的分项系数取 $\gamma_{Q_1}=1.4$；计算人行道板和人行道栏杆的局部荷载，其分项系数也取 $\gamma_{Q_1}=1.4$。

Q_{1k}、Q_{1d}——汽车荷载效应（含汽车冲击力、离心力）的标准值和设计值。

γ_{Q_j}——在作用效应组合中除汽车荷载效应（含汽车冲击力、离心力）、风荷载外的其他第 j 个可变作用效应的分项系数，取 $\gamma_{Q_j}=1.4$，但风荷载的分项系数取 $\gamma_{Q_j}=1.1$。

Q_{jk}、Q_{jd}——在作用效应组合中除汽车荷载效应（含汽车冲击力、离心力）外的其他第 j 个可变作用效应的标准值和设计值。

ψ_C——在作用效应组合中除汽车荷载效应（含汽车冲击力、离心力）外的其他可变作用的组合值系数，取 $\psi_C=0.75$。

$\psi_C Q_{jk}$——在作用效应组合中除汽车荷载效应（含汽车冲击力、离心力）外的第 j 个可变作用的组合值。

γ_{Lj}——第 j 个可变作用的结构设计使用年限荷载调整系数。公路桥涵结构的设计使用年限按现行《公路工程技术标准》（JTG B01—2014）取值时，可变作用的设计使用年限荷载调整系数取 $\gamma_{Lj}=1.0$；否则，γ_{Lj} 取值按专题研究确定。

表 8-1　永久作用的分项系数

编号	作用类别		永久效应分项系数	
			对结构的承载能力不利时	对结构的承载能力有利时
1	混凝土和圬工结构重力（包括结构附加重力）		1.2	1.0
	钢结构重力（包括结构附加重力）		1.1 或 1.2	
2	预加力		1.2	1.0
3	土的重力		1.2	1.0
4	混凝土的收缩及徐变作用		1.0	1.0
5	土侧压力		1.4	1.0
6	水的浮力		1.0	1.0
7	基础变位作用	混凝土和圬工结构	0.5	0.5
		钢结构	1.0	1.0

注：本表编号 1 中，当钢桥采用钢桥面板时，永久作用效应分项系数取 1.1；当采用混凝土桥面板时，取 1.2。

设计弯桥时，当离心力与制动力同时参与组合时，制动力标准值或设计值按 70% 取用。

（2）偶然组合

永久作用标准值效应与可变作用某种代表值效应、一种偶然作用标准值效应相组合。与偶然作用同时出现的可变作用，可根据观测资料和工程经验取用适当的代表值。地震作用标准值及其表达式按现行《公路工程抗震规范》(JTG B02—2013）规定采用。

1）作用偶然组合的效应设计值计算公式如下：

$$S_{ad}=S\left(\sum_{i=1}^{m}G_{ik},A_{d},(\psi_{f1}\text{或}\psi_{q1})Q_{1k},\sum_{j=2}^{n}\psi_{qj}Q_{jk}\right) \tag{8-3}$$

式中：S_{ad}——承载能力极限状态下作用偶然组合的效应设计值。

A_d——偶然作用的设计值。

ψ_{f1}——汽车荷载（含汽车冲击力、离心力）的频遇值系数，取$\psi_{f1}=0.7$；当某个可变作用在组合中其效应值超过汽车荷载效应时，则该作用取代汽车荷载，人群荷载$\psi_f=1.0$，风荷载$\psi_f=0.75$，温度梯度作用$\psi_f=0.8$，其他作用$\psi_f=1.0$。

$\psi_{f1}Q_{1k}$——汽车荷载的频遇值。

ψ_{q1}、ψ_{qj}——第1个和第j个可变作用效应的净永久值系数（含汽车冲击力、离心力），$\psi_q=0.4$，人群荷载$\psi_q=0.4$，风荷载$\psi_q=0.75$，温度梯度作用$\psi_q=0.8$，其他作用$\psi_q=1.0$。

$\psi_{q1}Q_{1k}$、$\psi_{qj}Q_{jk}$——第1个和第j个可变作用效应的准永久值。

2）当作用与作用效应可按线性关系考虑时，作用偶然组合的效应设计值S_{ad}可通过作用效应代数相加计算。

3）作用地震组合的效应设计值应按现行《公路工程抗震规范》(JTG B02—2013）的有关规定计算。

四、基础埋置深度的确定

基础埋置深度指基础底面至地面标高的距离。确定基础埋置深度，就是选择较理想的土层作为持力层，基础埋置深，基底两侧的超载大，地基承载力高，稳定性好；基础埋置浅，工程造价低，施工工期短。在满足地基稳定和变形要求等条件下，基础应尽量浅埋。影响基础埋置深度的主要因素包括以下5个方面，设计时应综合考虑。

1. 地基的地质条件

根据各土层界面情况及土的不同性质，可以大致估计出它们的容许承载力，同时结合桥梁荷载的大小，就可以大体上判断哪一层作为持力层，从而可初步确定埋置深度。有时可作为持力层的土层不止一个，且各有利弊，因此可以选择不同的基础类型。

对于覆盖层较薄的岩石地基，一般应清除覆盖土和风化层，将基础直接修建在新鲜的岩层上。若风化层较薄，清除有困难，在保证安全的条件下，基础可设在风化层内，但埋置深度要根据风化程度及相应的承载力予以确定。当岩层倾斜时，要切忌将基础一部分置于岩层上，而另一部分则置于土层上，以免发生不均匀沉降、倾斜甚至断裂。

2. 河流的冲刷影响

桥梁墩台的修建，往往使流水面积缩小，流速增加，引起水流冲刷河床，特别是山区和丘陵地区的河流，更应注意考虑季节性洪水的冲刷作用。

对于涵洞基础，在无冲刷处（岩石地基除外），应设在地面或河床底以下埋置深度不小于 1m 处；若有冲刷，基底埋置深度应在局部冲刷线以下不小于 1m；若河床上有铺砌层，基础底面宜设置在铺砌层顶面以下不小于 1m。

非岩石河床桥梁墩台基底埋置深度安全值可按表 8-2 确定。

表 8-2 基底埋置深度安全值 （单位：m）

桥梁类别	总冲刷深度				
	0	5	10	15	20
大桥、中桥、小桥（不铺砌）	1.5	2.0	2.5	3.0	3.5
特大桥	2.0	2.5	3.0	3.5	4.0

注：1）总冲刷深度为自河床面算起的河床自然演变冲刷、一般冲刷与局部冲刷深度之和。

2）表列数值为墩台基础埋入总冲刷深度以下的最小值；当对设计流量、水位和原始断面资料无把握或不能获得河床演变准确资料时，其值宜适当加大。

3）若桥位上下游有已建桥梁，应调查已建桥梁的特大洪水冲刷情况。新建桥梁墩台基础的埋置深度不宜小于已建桥梁的冲刷深度，且应根据具体情况酌加必要的安全值。

4）如河床上有铺砌层时基础底面宜设置在铺砌层顶面以下不小于 1m。

位于河槽的桥台，当其最大冲刷深度小于桥墩总冲刷深度时，桥台基底的埋置深度应与桥墩基底相同。当桥台位于河滩时，对河槽摆动不稳定的河流，桥台基底高程应与桥墩基底高程相同；对稳定的河流，桥台基底高程可按照桥台冲刷结果确定。

3. 冻结深度的影响

季节性冻土是指在冬季冻结而夏季融化，每年冻融交替一次的土层。当地层温度低于 0℃时，土中的自由水首先结冰，随着土层温度继续下降，结合水的外层也开始冻结，因而结合水膜变薄，附近未冻结区土粒较厚的水膜便会迁移至水膜较薄的冻结区，并参与冻结。若地下水水位较高，不断向冻结区补充积聚，将使冰晶体增大，形成冻胀，令土体隆起。如果冻胀产生的上抬力大于作用在基底的竖向力，会导致基础与墙体发生不均匀上抬，引起建筑物开裂甚至破坏。当春季解冻时，冰晶体融化，含水率增大，地基土的强度降低，将产生融陷。我国季节性冻土主要分布在东北、西北和华北地区，厚度都在 0.5m 以上。

冻结深度对基础的影响应符合下列规定：

1）当墩台基底设置在不冻胀土层中时，基底埋置深度可不受冻深的限制。

2）上部为外超静定结构的桥涵基础，其地基为冻胀土层时，应将基底埋入冻结线以下不小于 0.25m。

3）当墩台基础设置在季节性冻胀土层中时，基础最小埋置深度应满足如下条件：

$$d_{\min} = z_{\mathrm{d}} - h_{\max} \tag{8-4}$$

$$z_{\mathrm{d}} = z_0 \psi_{\mathrm{zs}} \psi_{\mathrm{zw}} \psi_{\mathrm{ze}} \psi_{\mathrm{zg}} \psi_{\mathrm{zf}} \tag{8-5}$$

式中：d_{min}——基底最小埋置深度，m；

z_d——设计冻结深度，m；

z_0——标准冻结深度，m，无实测资料时，可按《公路桥涵地基与基础设计规范》（JTG D63—2007）附录 H.0.1 条采用；

ψ_{zs}、ψ_{zw}、ψ_{ze}——影响系数分别按表 8-3～表 8-5 确定；

ψ_{zg}——地形坡向对冻结深度的影响系数，按表 8-6 确定；

ψ_{zf}——基础对冻结深度的影响系数，取 $\psi_{zf}=1.1$；

h_{max}——基础底面下允许最大冻层厚度（m），按表 8-7 确定。

表 8-3　土的类别对冻结深度的影响系数

土的类别	影响系数 ψ_{zs}	土的类别	影响系数 ψ_{zs}
黏性土	1.00	中、粗、砾砂	1.30
细砂、粉砂、粉土	1.20	碎石土	1.40

表 8-4　土的冻胀性对冻结深度的影响系数

冻胀性	影响系数 ψ_{zw}	冻胀性	影响系数 ψ_{zw}
不冻胀	1.00	强冻胀	0.85
弱冻胀	0.95	特强冻胀	0.80
冻胀	0.90	极强冻胀	0.75

表 8-5　环境对冻结深度的影响系数

周围环境	影响系数 ψ_{ze}	周围环境	影响系数 ψ_{ze}
村、镇、旷野	1.00	城市市区	0.90
城市近郊	0.95		

注：环境影响系数一项，当城市市区人口为 20～50 万人时，按城市近郊取值；当人口大于 50 万人、小于或等于 100 万人时，按城市市区取值；当城市市区人口超过 100 万人时，按城市市区取值，5km 以内的郊区应按城市近郊取值。

表 8-6　地形坡向对冻结深度的影响系数

地形坡向	影响系数 ψ_{zg}	地形坡向	影响系数 ψ_{zg}
平坦	1.0	阴坡	1.1
阳坡	0.9		

表 8-7　不同冻胀土类别在基础底面下容许最大冻层厚度

冻胀土类别	弱冻胀	冻胀	强冻胀	特强冻胀	极强冻胀
h_{max} /m	0.38 z_0	0.28 z_0	0.15 z_0	0.08 z_0	0

注：季节性冻胀土分类见《公路桥涵地基与基础设计规范》（JTG D63—2007）附录表 H.0.2。

4）涵洞基础设置在季节性冻土地基上，出入口和自两端洞口向内各 2～6m 的范围内（或可采用不小于 2m 的一段涵节长度）涵身基底的埋置深度可按式（8-4）计算确定。涵洞中间部分的基础埋置深度，可根据地区经验确定。严寒地区，当涵洞中间部分基础的埋置深度与洞口埋置深度相差较大时，其连接处应设置过渡段。冻结深度较深地区，也可采用将基底至冻结线处的地基土换填为粗颗粒土（包括碎石土、砾砂、粗砂、中砂，但其中粉黏粒含量应不大于 15%，或粒径小于 0.1mm 的颗粒应不大于 25%）的措施。

4. 最小埋置深度的影响

地表土直接和大气接触，因气候的变化而经受剧烈的风化作用和雨水经常性的直接冲蚀，有时还会受动物的扰动。所以为了保证基础的稳定，一般不宜将基础直接放置在地面上。《公路桥涵地基与基础设计规范》（JTG D63—2007）规定：在无冲刷处（岩石地基除外），涵洞基础应设在地面或河床以下埋置不小于 1m 处；当有冲刷时，基底埋置深度应在局部冲刷线以下不小于 1m；当河床上有铺砌层时，基础底面宜设置在铺砌层顶面以下不小于 1m。

5. 施工条件

施工条件，如机具设备、施工期限等会影响基础类型的选择，而基础类型与基础的埋置深度有密切关系，因此应考虑此项因素的影响。

五、刚性浅基础尺寸的拟定

刚性浅基础尺寸的拟定包括基础的高度、基础的平面尺寸和基础的立面尺寸。拟定尺寸恰当，可以减少重复计算的工作。

1. 基础高度的拟定

基础高度根据墩、台身的结构形式，荷载大小，选用的基础材料等因素来确定。基底标高应符合基础埋置深度的要求。水中基础顶面一般不高于最低水位；在季节性河流或旱地上的桥梁墩、台基础，则不宜高出地面，以防碰损。因此，基础高度可按上述要求所确定的基础底面和顶面标高求得。在一般情况下，大型桥梁的墩、台混凝土基础厚度不小于 1m，中小桥也不应小于 0.5m。如果采用台阶的基础形式，则各层台阶宜采用相同厚度。

2. 基础平面尺寸的拟定

基础平面形式一般应根据墩、台身底面的形状确定，基础平面形状一般为矩形。基础底面（图 8-6）长宽尺寸与高度计算公式如下：

长度（横桥向）

$$a = l + 2H\tan\alpha \tag{8-6}$$

宽度（顺桥向）

$$b = d + 2H\tan\alpha \tag{8-7}$$

式中：l ——墩、台身底截面长度，m；

d ——墩、台身底截面宽度，m；

H ——基础高度，m；

α ——墩、台身底截面边缘至基础底面边缘与垂线间的夹角，（°）。

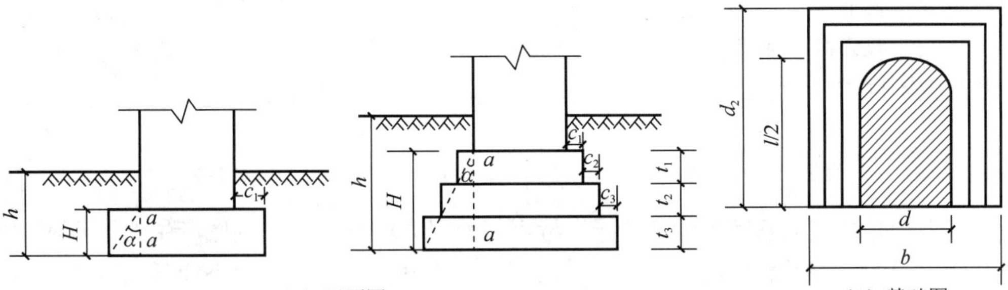

（a）平面图　　（b）基础图

图 8-6　刚性扩大基础平面、剖面图

3. 基础立面尺寸的拟定

刚性扩大基础的立面形式一般为矩形或台阶形，如图 8-6 所示。自墩、台身底边缘至基顶边缘距离 c_1 称襟边，其作用是扩大基底面积增加基础承载力，便于调整基础施工时在平面尺寸上可能发生的误差，同时也是支立墩、台身模板的需要。其值应视基底面积的要求、基础厚度及施工方法而定。桥梁墩台基础襟边最小值为 20～50cm。

基础较厚（超过 1m 以上）时，可将基础的立面浇砌成台阶形，如图 8-6 所示。基础悬出部分（包括襟边与台阶宽度之和），应在基底反力作用下，在 *a*—*a* 截面（图 8-6）所产生的弯曲拉力和剪应力不超过基础圬工的强度极限。所以满足上述要求时，就可得到自墩台身边缘处的垂线与基底边缘的连线间的最大夹角 α_{max}，称为刚性角。在设计时，应使每个台阶宽度 c_i 与高度 t_i 保持在一定比例内，使其夹角 $\alpha_i \leqslant \alpha_{max}$，这时可认为属刚性基础，不必对基础进行弯曲拉应力和剪应力的强度验算，在基础中也可不设置受力钢筋。刚性角 α_{max} 的数值是与基础所用的圬工材料强度有关。根据试验，常用的基础材料的 α_{max} 值可按下面提供的数值取用：

1）片石、块石、粗料石砌体，当用 M5 的砂浆砌筑时，$\alpha_{max} \leqslant 30°$。

2）片石、块石、粗料石砌体，当用 M5 以上的砂浆砌筑时，$\alpha_{max} \leqslant 35°$。

3）混凝土浇筑时，$\alpha_{max} \leqslant 40°$。

4）基础每层台阶高度 t_i，通常为 50～100cm。

所拟定的基础尺寸，应是在可能的最不利作用组合的条件下，能保证基础本身有足够的结构强度，并能使地基与基础的承载力和稳定性均能满足规定要求。

任务二　浅基础承载力特性

能力目标：学生通过学习能够掌握浅基础承载力验算。

在基础埋置深度和构造尺寸确定以后，应进行各项必要的验算，以保证结构物的安全和正常使用，并使设计经济合理。一般包括地基承载力的验算，其包含持力层地基强度的验算、软弱下卧层地基强度的验算，以及基础合力偏心距、地基与基础稳定性、基础沉降的验算。基础本身的强度只要满足刚性角的要求即可得到保证，而其他的验算项目则应在不同作用效应组合下进行验算。

一、持力层地基强度的验算

持力层是直接与基底接触的土层。持力层承载力验算要求在基底产生的地基应力不超过持力层的容许承载力。由于浅基础的埋置深度浅，在计算中可不计基础四周的摩擦阻力和弹性抗力的作用。

1）当基底只承受轴心荷载时，

$$P=\frac{N}{A}\leqslant[f_{\mathrm{a}}] \tag{8-8}$$

式中：P——基底平均压应力，kPa；

N——作用短期效应组合在基底产生的竖向力，kN；

A——基础底面面积，m^2；

$[f_{\mathrm{a}}]$——修正后的地基承载力容许值，kPa。

2）当基底单向偏心受压，承受竖向力 N 和弯矩 M 共同作用时，当基底合力偏心距 $e_0=\dfrac{M}{N}\leqslant\rho$ 时，应符合下列条件：

$$P_{\max}=\frac{N}{A}+\frac{M}{W}\leqslant\gamma_{\mathrm{R}}[f_{\mathrm{a}}] \tag{8-9}$$

式中：$P_{\max}$——基底最大压应力，kPa。

M——作用短期效应组合产生于墩台的水平力和竖向力对基底重心轴的弯矩，kN·m，$M=\sum T_i h_i+\sum P_i e_i=Ne_0$，其中 T_i 为水平力，h_i 为水平力作用点至基底的距离，P_i 为竖向力，e_i 为竖向力 P_i 作用点至基底形心的偏心距，e_0 为合力偏心距。

W——基础底面偏心方向面积抵抗矩，如为矩形基底，$W=\dfrac{1}{6}ab^2=\rho A$，$\rho$ 为基底核心半径。

γ_{R}——抗力系数，其规定同地基承载力容许值提高的说明，即地基承载力容许值 $[f_{\mathrm{a}}]$ 应根据地基受荷阶段及受荷情况，乘以抗力系数 γ_{R}=1.25。在使用阶段：①当地基承受作用短期效应组合或作用效应偶然组合时，可取 γ_{R}=1.25；但对承载力容许值 $[f_{\mathrm{a}}]$ 小于 150kPa 的地基，应取 γ_{R}=1.0。②当地基承受的作用短期效应组合仅包括结构自重、预加力、土重、土侧压力、汽车和人群效应时，应取 γ_{R}=1.0。③当基础建于经多年压实未遭破坏的旧桥基（岩石旧桥基除外）上时，不论地基承受的作用情况如何，抗力系数均可取 γ_{R}=1.5；对 $[f_{\mathrm{a}}]$ 小于 150kPa 的地基，可取 γ_{R}=1.25。④基础建于岩石旧桥基上，应取 γ_{R}=1.0。

对设置在基岩上的墩台基础，当基底合力偏心距超出核心半径（$e_0>\rho$）时，仅按受压区计算基底最大压应力，不考虑基底承受拉力，则有

$$P_{\max}=\frac{2N}{3da}=\frac{2N}{3\left(\frac{b}{2}-e_0\right)a} \tag{8-10}$$

3）当基底双向偏心受压，承受竖向力 N 和绕 x 轴弯矩 M_x 与绕 y 轴弯矩 M_y 共同作用时，应符合下列条件：

$$P_{\max}=\frac{N}{A}+\frac{M_x}{W_x}+\frac{M_y}{W_y}\leqslant r_{\mathrm{R}}[f_{\mathrm{a}}] \tag{8-11}$$

式中：M_x、M_y——作用于基底的水平力和竖向力绕 x 轴和 y 轴对基底的弯矩；

W_x、W_y——基础底面偏心方向边缘绕 x 轴和 y 轴的面积抵抗矩。

规范规定，地基进行竖向承载力验算时，传至基底或承台底面的作用效应，应按正常使用极限状态的短期效应组合采用；同时尚应考虑作用效应的偶然组合（不包括地震作用）。作用效应组合值应小于或等于相应的抗力——地基承载力容许值或单桩承载力容许值。

当采用作用短期效应组合时，其中可变作用的频遇值系数均取 1.0，且汽车荷载应计入冲击系数。

二、软弱下卧层强度验算

当受压层范围内地基为多层土组成，且持力层以下有软弱下卧层（容许承载力小于持力层容许承载力的土层）时，还应验算软弱下卧层的承载力。

$$P_z=\gamma_1(h+z)+\alpha(p-\gamma_2 h)\leqslant\gamma_{\mathrm{R}}[f_{\mathrm{a}}]_{h+z} \tag{8-12}$$

式中：P_z——软土地基或软土层的压应力。

h——基底的埋置深度，单位为 m；当基础受水流冲刷时，由一般冲刷线算起；当不受水流冲刷时，由天然地面算起；如位于挖方内，则由开挖后地面算起。

z——从基底到软土地基或软土层地基顶面的距离，m，如图 8-7 所示。

γ_1——深度（$h+z$）范围内各土层的换算重度，$\mathrm{kN/m^3}$。

α——土中附加压应力系数，见表 8-8。

p——基底压应力，单位为 kPa；当 $z/b>1$ 时，p 采用基底平均压应力；当 $z/b\leqslant 1$ 时，p 按基底压应力图形采用距最大压应力点 $b/3\sim b/4$ 处的压应力（对于梯形图形前后端压应力差值较大时，可采用上述 $b/4$ 点处的压应力值；反之，则采用上述 $b/3$ 处压应力值），以上 b 为矩形基底宽度。

$[f_{\mathrm{a}}]_{h+z}$——软土地基或软土层地基顶面土的承载力容许值。参照地基承载力容许值规范方法计算，见表 8-9～表 8-12。

$$[f_{\mathrm{a}}]_{h+z}=[f_{\mathrm{a0}}]_{h+z}+k_1\gamma_1(b-2)+k_2\gamma_2(h+z-3) \tag{8-13}$$

式中：$[f_{a0}]_{h+z}$——软弱下卧层地基承载力基本容许值，根据软弱下卧层地基参数查规范确定。

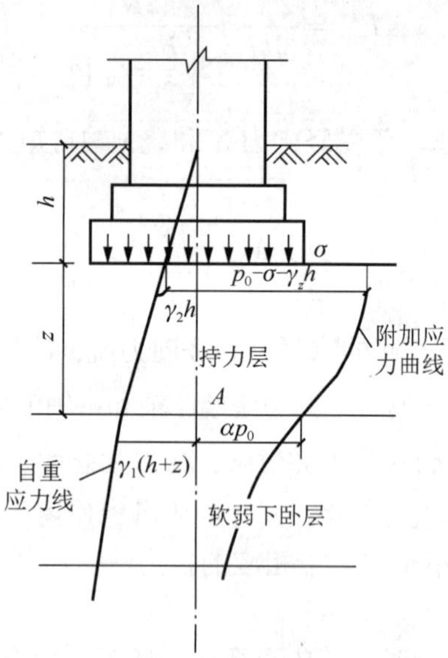

图 8-7　软弱下卧层应力分布图

表 8-8　桥涵基底中点下卧层附加压力系数 α

z/b	l/b												
	1.0	1.2	1.4	1.6	1.8	2.0	2.4	2.8	3.2	3.6	4.0	5.0	≥10（条形）
0.0	1.000	1.000	1.000	1.000	1.000	1.000	1.000	1.000	1.000	1.000	1.000	1.000	1.000
0.1	0.980	0.984	0.986	0.987	0.988	0.988	0.988	0.989	0.989	0.989	0.989	0.989	0.989
0.2	0.960	0.968	0.972	0.974	0.975	0.976	0.976	0.977	0.977	0.977	0.977	0.977	0.977
0.3	0.880	0.899	0.910	0.917	0.920	0.923	0.925	0.928	0.928	0.929	0.929	0.929	0.929
0.4	0.800	0.830	0.848	0.859	0.866	0.870	0.875	0.878	0.879	0.880	0.880	0.881	0.881
0.5	0.703	0.741	0.765	0.781	0.791	0.799	0.810	0.812	0.814	0.816	0.817	0.818	0.818
0.6	0.606	0.651	0.682	0.703	0.717	0.727	0.737	0.746	0.749	0.751	0.753	0.754	0.755
0.7	0.527	0.574	0.607	0.630	0.648	0.660	0.674	0.685	0.690	0.692	0.694	0.697	0.698
0.8	0.449	0.496	0.532	0.558	0.578	0.593	0.612	0.623	0.630	0.633	0.636	0.639	0.642
0.9	0.392	0.437	0.473	0.499	0.520	0.536	0.559	0.572	0.579	0.584	0.588	0.592	0.596
1.0	0.334	0.378	0.414	0.441	0.463	0.482	0.505	0.520	0.529	0.536	0.540	0.545	0.550
1.1	0.295	0.336	0.369	0.396	0.418	0.436	0.462	0.479	0.489	0.496	0.501	0.508	0.513
1.2	0.257	0.294	0.325	0.352	0.374	0.392	0.419	0.437	0.449	0.457	0.462	0.470	0.477
1.3	0.229	0.263	0.292	0.318	0.339	0.357	0.384	0.403	0.416	0.424	0.431	0.440	0.448
1.4	0.201	0.232	0.260	0.284	0.304	0.321	0.350	0.369	0.383	0.393	0.400	0.410	0.420
1.5	0.180	0.209	0.235	0.258	0.277	0.294	0.322	0.341	0.356	0.366	0.374	0.385	0.397
1.6	0.160	0.187	0.210	0.232	0.251	0.267	0.294	0.314	0.329	0.340	0.348	0.360	0.374
1.7	0.145	0.170	0.191	0.212	0.230	0.245	0.272	0.292	0.307	0.317	0.326	0.340	0.355
1.8	0.130	0.153	0.173	0.192	0.209	0.224	0.250	0.270	0.285	0.296	0.305	0.320	0.337

续表

z / b	l / b												
	1.0	1.2	1.4	1.6	1.8	2.0	2.4	2.8	3.2	3.6	4.0	5.0	≥10（条形）
1.9	0.119	0.140	0.159	0.177	0.192	0.207	0.233	0.251	0.263	0.278	0.288	0.303	0.320
2.0	0.108	0.127	0.145	0.161	0.176	0.189	0.214	0.233	0.241	0.260	0.270	0.285	0.304
2.1	0.099	0.116	0.133	0.148	0.163	0.176	0.199	0.220	0.230	0.244	0.255	0.270	0.292
2.2	0.090	0.107	0.122	0.137	0.150	0.163	0.185	0.208	0.218	0.230	0.239	0.256	0.280
2.3	0.083	0.099	0.113	0.127	0.139	0.151	0.173	0.193	0.205	0.216	0.226	0.243	0.269
2.4	0.077	0.092	0.105	0.118	0.130	0.141	0.161	0.178	0.192	0.204	0.213	0.230	0.258
2.5	0.072	0.085	0.097	0.109	0.121	0.131	0.151	0.167	0.181	0.192	0.202	0.219	0.249
2.6	0.066	0.079	0.091	0.102	0.112	0.123	0.141	0.157	0.170	0.184	0.191	0.208	0.239
2.7	0.062	0.073	0.084	0.095	0.105	0.115	0.132	0.148	0.161	0.174	0.182	0.199	0.234
2.8	0.058	0.069	0.079	0.089	0.099	0.108	0.124	0.139	0.152	0.163	0.172	0.189	0.228
2.9	0.054	0.064	0.074	0.083	0.093	0.101	0.177	0.132	0.144	0.155	0.163	0.180	0.218
3.0	0.051	0.060	0.070	0.078	0.087	0.095	0.110	0.124	0.136	0.146	0.155	0.172	0.208
3.2	0.045	0.053	0.062	0.070	0.077	0.085	0.098	0.111	0.122	0.133	0.141	0.158	0.190
3.4	0.040	0.048	0.055	0.062	0.069	0.076	0.088	0.100	0.110	0.120	0.128	0.144	0.184
3.6	0.036	0.042	0.049	0.056	0.062	0.068	0.080	0.090	0.100	0.109	0.117	0.133	0.175
3.8	0.032	0.038	0.044	0.050	0.056	0.062	0.072	0.082	0.091	0.100	0.107	0.123	0.166
4.0	0.029	0.035	0.040	0.046	0.051	0.056	0.066	0.075	0.084	0.090	0.095	0.113	0.158
4.2	0.026	0.031	0.037	0.042	0.048	0.051	0.060	0.069	0.077	0.084	0.091	0.105	0.150
4.4	0.024	0.029	0.034	0.038	0.042	0.047	0.055	0.063	0.070	0.077	0.084	0.098	0.144
4.6	0.022	0.026	0.031	0.035	0.039	0.043	0.051	0.058	0.065	0.072	0.078	0.091	0.137
4.8	0.020	0.024	0.028	0.032	0.036	0.040	0.047	0.054	0.060	0.067	0.072	0.085	0.132
5.0	0.019	0.022	0.026	0.030	0.033	0.037	0.044	0.050	0.056	0.062	0.067	0.079	0.126

注：l、b——矩形基础边缘的长边和短边，m；

z——基底至下卧层土面的距离，m。

表 8-9 一般黏性土地基承载基本容许值 （单位：kPa）

e	I_L												
	0	0.1	0.2	0.3	0.4	0.5	0.6	0.7	0.8	0.9	1.0	1.1	1.2
0.5	450	440	430	420	400	380	350	310	270	240	220	—	—
0.6	420	410	440	380	360	340	310	280	250	220	200	180	—
0.7	400	370	350	330	310	290	270	240	220	190	170	160	150
0.8	380	330	300	280	260	240	230	210	180	160	150	140	130
0.9	320	280	260	240	220	210	190	180	160	140	130	120	100
1.0	250	230	220	210	190	170	160	150	140	120	110	—	—
1.1	—	—	160	150	140	130	120	110	100	90	—	—	—

注：1）土中含有粒径大于 2mm 颗粒质量超过全部质量 30%以上者，$[f_{a0}]$可适当提高。

2）e 为黏性土的天然孔隙比，当 e<0.5 时，取 e=0.5；I_L 为液性指数，当 I_L<0 时，取 I_L=0。另外，超过表列范围的一般黏性土，$[f_{a0}]=57.22E_s^{0.57}$。

表 8-10　砂土地基承载基本容许值　（单位：kPa）

土名及水位情况		密实度			
		密实	中密	稍密	松散
砾、砂、粗砂	与湿度无关	550	400	370	200
中砾	与湿度无关	450	350	330	150
细砂	水上	350	250	230	100
	水下	300	200	190	—
粉砂	水上	300	200	190	—
	水下	200	100	90	—

注：地下水水位以上的地基土混度为“水上”，地下水水位以下的为“水下”。对其他如碎卵石类土，岩石地基等的容许承载力可参阅《公路桥涵地基与基础设计规范》(JTG D63—2007)。

表 8-11　粉土地基承载基本容许值　（单位：kPa）

e	W/%					
	10	15	20	25	30	35
0.5	400	380	355	—	—	—
0.6	300	290	280	270	—	—
0.7	250	235	225	215	205	—
0.8	200	190	180	170	165	—
0.9	160	150	145	140	130	125

表 8-12　岩石地基承载基本容许值　（单位：kPa）

坚硬程度	节理发育程度		
	节理不发育	节理发育	节理很发育
坚硬岩、较硬岩	>3000	3000～2000	2000～1500
较软岩	3000～1500	1500～1000	1000～800
软岩	1200～1000	1000～800	800～500
极软岩	500～400	400～300	300～200

三、基底合力偏心距计算

墩台基础的设计计算，必须控制基底合力偏心距，其目的是尽可能使基底应力分布比较均匀，以避免基底两侧应力相差过大，使基础产生较大的不均匀沉降，墩台发生倾斜，影响正常使用。因此，在计算中应对基底合力偏心距 e_0 加以控制，并满足《公路桥涵地基与基础设计规范》(JTG D63—2007) 的规定（表 8-13）。

表 8-13　墩台基底的合力偏心距容许值

作用情况	地基条件	合力偏心距$[e_0]$	备注
墩台仅承受永久作用标准值效应组合	非岩石地基	桥墩$[e_0]\leqslant 0.1\rho$	拱桥、刚构桥墩台，其合力作用点应尽量保持在基底重心附近
		桥台$[e_0]\leqslant 0.75\rho$	

续表

作用情况	地基条件	合力偏心距$[e_0]$	备注
墩台承受作用标准值效应组合或偶然作用（地震作用除外）标准值效应组合	非岩石地基	$[e_0]\leqslant\rho$	拱桥单向推力墩不受限制，但应符合《公路桥涵地基与基础设计规范》（JTG D63—2007）表4.4.3规定的抗倾覆稳定系数
	较破碎-极破碎岩石地基	$[e_0]\leqslant1.2\rho$	
	完整、较完整岩石地基	$[e_0]\leqslant1.5\rho$	

基底以上外力作用点对基底重心轴的偏心距e_0的计算公式如下：

$$e_0=\frac{M}{N}\leqslant[e_0] \tag{8-14}$$

式中：M，N——作用于基底的竖向力和所有外力（竖向力、水平力）对基底截面重心的弯矩。

基底承受单向或双向偏心受压的ρ值的计算公式如下：

$$\rho=\frac{e_0}{\left(1-\dfrac{p_{\min}A}{N}\right)} \tag{8-15}$$

式中：$p_{\min}$——基底最小压应力，当为负值时表示拉应力，kPa；

e_0——N作用点距截面重心的偏心距，m。

四、基础稳定性验算

基础稳定性验算包括基础的抗倾覆稳定性验算和基础抗滑动稳定性验算。

1）桥梁墩台基础的抗倾覆稳定（图8-8），计算公式如下：

$$K_0=\frac{S}{e_0} \tag{8-16}$$

$$e_0=\frac{\sum P_ie_i+\sum H_ih_i}{\sum P_i} \tag{8-17}$$

式中：K_0——墩台基础抗倾覆稳定性系数；

S——在截面重心至全力作用点的延长线上，自截面重心到验算倾覆轴的距离，m；

e_0——所有外力的合力R在验算截面的作用点对基底重心轴的偏心距，m；

P_i——不考虑其分项系数和组合系数的作用标准值组合或偶然作用（地震除外）标准值组合引起的竖向力，kN；

e_i——竖向力P_i对验算截面重心的力臂，m；

H_i——不考虑其分项系数和组合系数的作用标准值组合或偶然作用（地震除外）标准值组合引起的水平力，kN；

h_i——水平力对验算截面的力臂，m。

其中：①弯矩应视其绕验算截面重心轴的不同方向取正负号；②对于矩形凹缺的多边形基础，其倾覆轴应取基底截面的外包线。

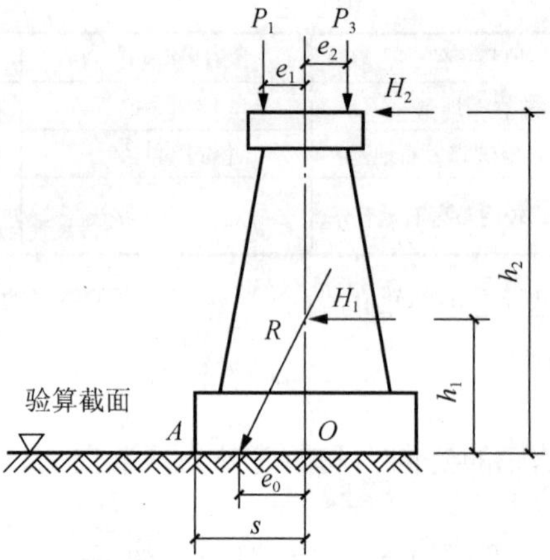

（a）立面

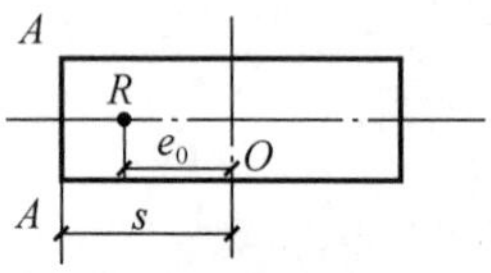

（b）平面（单向偏心）

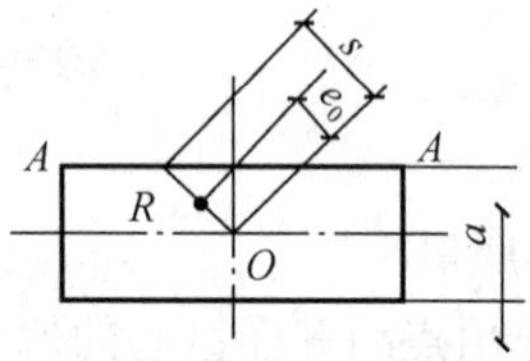

（c）平面（双向偏心）

图 8-8　墩台基础的稳定验算示意图

O—截面重心；R—合力作用点；A—A—验算倾覆轴

2）桥涵墩台基础的抗滑动稳定性系数 K_c 的计算公式如下：

$$K_c = \frac{\mu \sum P_i + \sum H_{ip}}{\sum H_{ia}} \tag{8-18}$$

式中：K_c ——桥涵墩台基础的抗滑动稳定性系数；

$\sum P_i$ ——竖向力总和，kN；

$\sum H_{ip}$ ——抗滑稳定水平力总和，kN；

$\sum H_{ia}$ ——滑动水平力总和，kN；

μ ——基础底面与地基土之间的摩擦系数，通过试验确定；当缺少实际资料时，可参照表 8-14 选用。

其中，$\sum H_{ip}$ 和 $\sum H_{ia}$ 分别为两个相对方向的各自水平力总和，绝对值较大者为滑动水平力 $\sum H_{ia}$ ，另一为抗滑稳定力 $\sum H_{ip}$ ；$\mu \sum P_i$ 为抗滑动稳定力。

表 8-14　基底摩擦系数

地基土分类	μ	地基土分类	μ
黏土（流塑～坚硬）、粉土	0.25	软岩（极软岩～较软岩）	0.40～0.60
砂土（粉砂～砾砂）	0.30～0.40	硬岩（较硬岩～坚硬岩）	0.60～0.70

续表

地基土分类	μ	地基土分类	μ
碎石土（松散～密实）	0.40～0.50		

当验算墩台抗倾覆和抗滑动的稳定性时，稳定性系数不应小于表 8-15 的规定。

表 8-15　抗倾覆和抗滑动的稳定性系数

作用组合		验算项目	稳定性系数
使用阶段	永久作用（不计混凝土收缩及徐变、浮力）和汽车、人群的标准值效应组合	抗倾覆	1.5
		抗滑动	1.3
	各种作用（不包括地震作用）的标准值效应组合	抗倾覆	1.3
		抗滑动	1.2
施工阶段作用的标准值效应组合		抗倾覆	1.2
		抗滑动	

五、基础沉降验算

基础的沉降验算包括沉降量、相邻基础沉降差、基础由于不均匀沉降而发生的倾斜等。基础的沉降主要是由竖向荷载作用下土层的压缩变形引起的。沉降量过大将影响结构物的正常使用和安全，应加以限制。在确定一般土质的地基容许承载力时，已考虑了这一变形的因素，所以修建在一般土质条件下的中、小型桥梁基础，只要满足地基强度要求，地基（基础）的沉降也就满足了要求。但对于下列情况，则必须验算基础的沉降。

1）修建在地质情况复杂、地层分布不均或强度较小的软黏土地基及湿陷性黄土的基础。

2）修建在非岩石地基上的拱桥、连续梁桥等超静定结构的基础。

3）当相邻基础下地基土强度有显著不同或相邻跨度相差悬殊而必须考虑其沉降时。

4）对于跨线桥、跨线渡槽要保证桥（槽）下净空高度时。

对于公路桥梁，基础上结构重力和土重作用对沉降影响是主要的，汽车等活载作用时间短暂，对沉降影响小，所以在沉降计算中不予考虑。

当计算基础沉降时，传至基础底面的作用效应应按正常使用极限状态下作用长期效应组合采用。该组合仅为直接施加于结构上的永久作用标准值（不包括混凝土收缩及徐变作用、基础变位作用）和可变作用准永久值（仅按汽车荷载和人群荷载）引起的效应。

【例】某桥墩为混凝土实体墩，刚性扩大基础，作用短期效应组合产生作用力：支座反力为 840kN 及 930kN；桥墩及基础自重为 5480kN；设计水位以下墩身及基础浮力 1200kN；制动力 84kN 墩帽与墩身风力分为 2.1kN 和 16.8kN。结构尺寸及地质、水文资料如图 8-9 所示，基础宽 3.1m，长 9.9m。要求验算：①地基承载力；②基底合力偏心距；③基础稳定性。

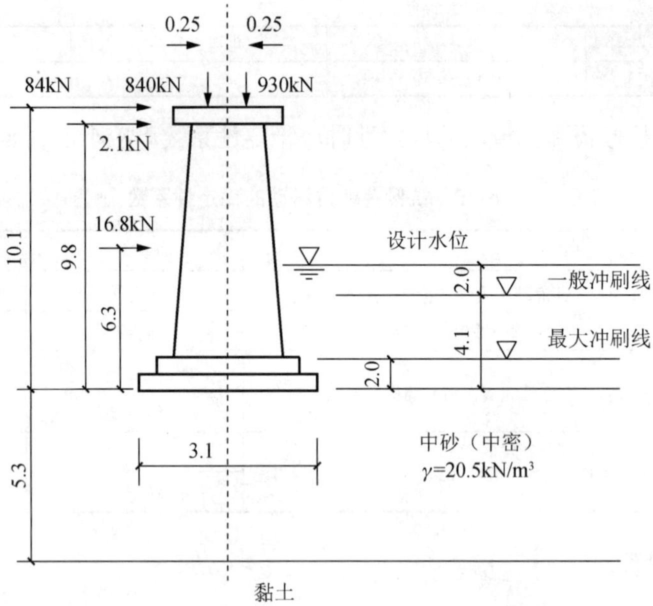

图 8-9　结构尺寸及地质、水文资料（单位：m）

$\gamma = 19.5\text{kN/m}^3$； $e_0 = 0.8$； $I_1 = 1.0$

解：（1）地基强度验算

1）持力层强度验算。持力层为中砂$[f_{a0}] = 370\text{kPa}$，宽度、深度修正系数$K_1 = 2.0$，$K_2 = 4.0$；则修正后的地基承载力容许值$[f_a]$为

$$
\begin{aligned}
[f_a] &= [f_{a0}] + K_1\gamma_1(b-2) + K_2\gamma_2(h-3) \\
&= 370 + 2.0\times(20.5-10)\times(3.1-2) + 4.0\times(20.5-10)\times(4.1-3) \\
&= 439.3\text{（kPa）}
\end{aligned}
$$

根据《公路桥涵设计通用规范》（JTG D60—2015）规定，基础底面位于透水性地基上的桥梁墩台，当验算稳定性时，应考虑设计水位的浮力；当验算地基应力时，可仅考虑低水位的浮力，或不考虑水的浮力。

基底竖向力为

$$N = 840 + 930 + 5480 = 7250 \text{（kN）}$$

水平力为

$$T = 84 + 2.1 + 16.8 = 102.9 \text{（kN）}$$

基底重心轴弯矩M为

$$M = 84\times10.1 + 2.1\times9.8 + 16.8\times6.3 + 930\times0.25 - 840\times0.25 = 997.32 \text{（kN·m）}$$

基底最大压应力为

$$
\begin{aligned}
p_{max} &= N/A + M/W \\
&= 7250/(3.1\times9.9) + 997.32/(9.9\times3.1\times3.1/6) \\
&\approx 299.11\text{（kPa）}
\end{aligned}
$$

因为 $299.11 < 1.25 \times 439.3$，所以 $p_{\max} \leqslant rR[f_a]$，满足要求。

2）软弱下卧层强度验算。下卧层为黏土，$I_1 = 1.0$，$e_0 = 0.8$，查表 8-9，$[f_{a0}] = 150\text{kPa}$，小于持力层 $[f_{a0}] = 370\text{kPa}$，因此其为软弱下卧层。

$I_1 = 1.0 (> 0.5)$，宽度、深度修正系数 $K_1 = 0$、$K_2 = 1.5$，则修正后的软弱下卧层的承载力为

$$
\begin{aligned}
[f_a] &= [f_{a0}] + K_1\gamma_1(b-2) + K_2\gamma_2(h+z-3) \\
&= 150 + 1.5 \times (20.5 - 10) \times (4.1 + 5.3 - 3) \\
&= 250.8 \text{（kPa）}
\end{aligned}
$$

下卧层顶面应力为

$$P_z = \gamma_1(h+z) + \alpha(P - \gamma_2 h)$$

式中：γ_1——$(h+z)$ 范围内的重度，且为浮重度，故 $\gamma_1 = 10.5\text{kN/m}^3$；

γ_2——h 范围内的重度，则 $\gamma_2 = 10.5\text{kN/m}^3$。

因 $z/b = 5.3/3.1 = 1.71 > 1$，则 p 为基底平均压应力 236.23kPa，$l/b = 9.9/3.1 = 3.194$，查表 8-8 可知，$\alpha = 0.305$，因此有

$$P_z = 10.5 \times (4.1 + 5.3) + 0.305 \times (236.23 - 10.5 \times 4.1) = 157.62 \text{（kPa）}$$

$P_z \leqslant 1.25[f_a]$，因此软弱下卧层满足要求。

（2）基底合力偏心距验算

基底合力偏心距 $e_0 = M/N$，其中 N 为考虑了墩身和基础浮力 1200kN 作用影响，则有

$$N = (7250 - 1200) = 6050 \text{（kN）}$$

$$e_0 = 997.32 / 6050 = 0.16$$

$$\rho = 1/6 \times b = 3.1/6 = 0.52 \text{（m）}$$

$e_0 = M/N \leqslant [e_0] = \rho$，满足要求。

（3）基础稳定性验算

1）抗倾覆稳定性验算，有

$$K_0 = \frac{s}{e_0}$$

$$e_0 = \frac{\sum P_i e_i + \sum H_i h_i}{\sum P_i}$$

式中：$s = b/2 = 3.1/2 = 1.55$，$e_0 = 997.32/6.50 = 0.16$。

查表 8-15 可知，抗倾覆稳定性系数为 1.3，则 $K_0 = 1.55/0.16 = 9.69 > 1.3$，符合要求。

2）抗滑动稳定性验算

$$K_c = \frac{\mu \sum P_i + \sum H_i}{\sum H_{ia}}$$

式中：$\sum P_i = 6050\text{kN}$，$\sum H_i = 0$，$\sum H_{ia} = 102.9\text{kN}$。查表 8-14 可知，$\mu = 0.4$；查表 8-15 可知，抗滑动稳定性系数为 1.2，则 $K_c = 0.4 \times 6050 / 102.9 = 23.52 > 1.2$，符合要求。

复习思考题

1．影响基础埋深的因素有哪些？为什么基底下面可以保留一定厚度的冻土层？

2．如何确定基础底面尺寸？轴心受压与偏心受压基础底面尺寸的确定方法有何不同？

3．在什么情况下应进行地基软弱下卧层的强度验算？若不满足下卧层验算时应该怎么办？

4．无筋扩展基础的特点有哪些？怎样确定无筋扩展基础的剖面尺寸？

5．柱截面 300mm×400mm，作用在柱底的荷载标准值：中心垂直荷载 700kN，力矩 80kN·m，水平荷载 13kN。其他参数如图 8-10 所示。试根据持力层地基承载力确定基础底面尺寸并验算。

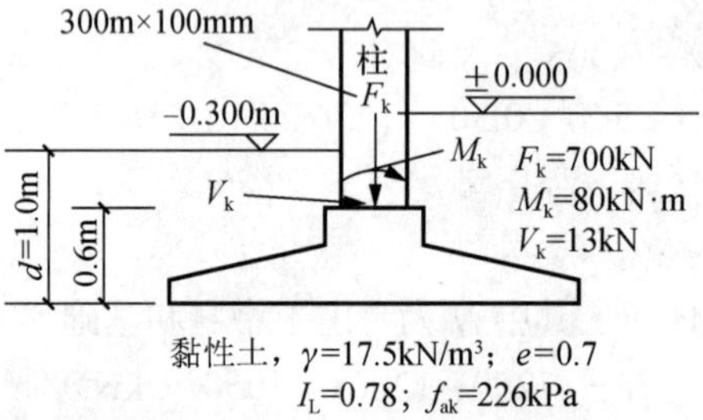

图 8-10　习题 5 图

项目九

桩 基 础

学习目标 1）了解桩基础的组成与作用原理、桩基础的类型及适用条件、桩及承台的构造。

2）掌握竖向单桩承载力的确定方法。

3）掌握桩基础负摩阻力产生原理及危害。

4）掌握各种桩基础的特点、选用与施工工艺。

任务一 桩基础基本知识

能力目标：学生通过学习能够掌握桩基础构造、类别及适用条件。

一、桩基础的适用性

当采用天然地基的浅基础不能满足地基基础设计的承载力和变形要求时，可采用地基加固，或采用桩基础将荷载传至承载力高的深部土层。桩基础具有整体性和刚性较大、承载力高、沉降量小且均匀、稳定性好、便于机械化施工、适应性强等特点，其能适应高、重、大建筑物的要求。下述情况，一般可考虑选用桩基础方案。

1）地基上层土的土质太差而下层土的土质较好，或地基土软硬不均，或荷载不均，均不能满足上部结构对不均匀变形限制的要求。

2）地基软弱，如存在较深厚的软土，采用地基加固措施不合适；或地基土性特殊，如存在可液化土层、自重湿陷性黄土、膨胀土及季节性冻土等。

3）除承受较大竖向荷载外，尚有较大的偏心荷载、水平荷载、动力或周期性荷载作用。

4）上部结构对基础的不均匀沉降相当敏感或建筑物受到大面积地面超载的影响。

5）地下水位很高，采用其他基础型式施工困难；或位于水中的构筑物基础，如桥梁、码头、钻采平台等。

6）需要长期保存且具有重要历史意义的建筑物，或需要减少基础振幅或应控制基础沉降和沉降速率的精密或大型设备基础。

通常，若地基为很厚的软弱土层且桩端达不到良好地层，进行桩基础设计时应考虑基础沉降问题。目前，桩基础设计思想正在由过去单一的承载力控制向承载力和变形双控制过渡，按地基容许沉降量大小设计桩基础的思想逐步得到推广。

二、桩基础的分类

1. 根据桩基础承台面位置分类

根据桩基础按承台面位置可分为高桩承台基础和低桩承台基础，如图 9-1 所示。承台面位于地面（或冲刷线）以上的基础称为高桩承台基础（也称高承台桩基础），而承台全部沉入土中的基础则称为低桩承台基础（也称低承台桩基础）。高桩承台基础的结构特点是基桩部分桩身埋入土中，部分桩身外露在地面以上，由于承台位置较高或在施工水位以上，可减少墩台的圬土数量，避免或减少水下作业，施工较为方便。高桩承台基础刚度较小，在水平力作用下，由于承台及基桩露出地面的一段自由长度，而周围又无土体来共同承受水平外力，因此基桩的受力情况较为不利，桩身内力和位移都大于在同样水平外力作用下的低桩承台基础。高桩承台基础的稳定性不如低桩承台基础好。

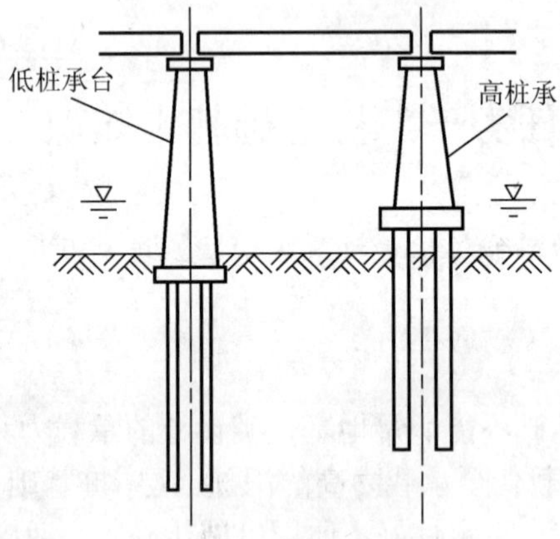

图 9-1　高桩承台和低桩承台

2. 根据桩的承载性能分类

在竖向荷载作用下，桩顶部的荷载由桩与桩侧岩土层间的侧阻力和桩端的端阻力共同承担。桩侧、桩端岩土的物理力学性质，以及桩的尺寸和施工工艺不同，桩侧和桩端阻力的大小及它们分担荷载的占比有较大差异，因此可以将桩分为摩擦型桩和端承型桩。

（1）摩擦型桩

摩擦型桩是指在竖向极限荷载作用下，桩顶荷载全部或主要由桩侧阻力承受的桩。根据桩侧阻力分担荷载的大小，摩擦型桩又可以分为摩擦桩和端承摩擦桩两类。摩擦桩是指在竖向极限荷载作用下，桩顶荷载由桩侧阻力承受，桩端阻力忽略不计，如图 9-2（a）所示；端承摩擦桩是指在竖向极限荷载作用下，桩顶荷载主要由桩侧阻力承担，桩端阻力占比较小，如图 9-2（b）所示。

（2）端承型桩

端承型桩是指在竖向极限荷载作用下，校顶荷载全部或主要由桩端阻力承担的桩。根据桩端阻力发挥的程度和分担荷载的比例，端承型桩可以分为端承桩和摩擦端承桩两类。在竖向极限荷载作用下，桩顶荷载大部分由桩端阻力承担，桩侧阻力可以忽略不计的称为端承桩，如图 9-2（c）所示；在竖向极限荷载作用下，桩顶荷载主要由桩端阻力承担，桩侧阻力占比较小的称为摩擦端承桩，如图 9-2（d）所示。

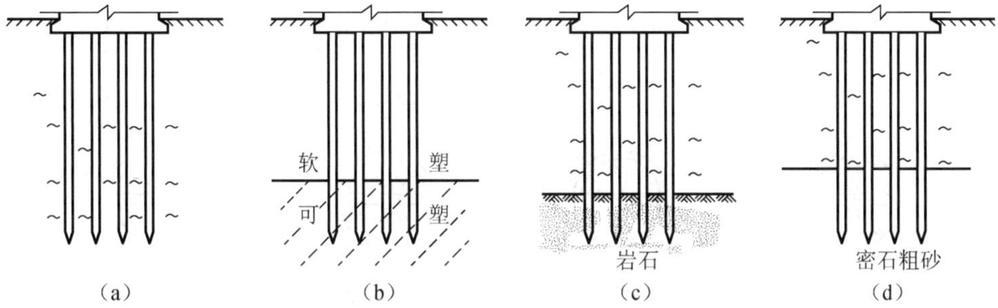

图 9-2 摩擦型桩和端承型桩

3. 根据桩的材料分类

根据桩的材料，桩可以分为木桩、混凝土桩和钢桩。

（1）木桩

木桩的长度一般为 4～10mm，直径为 180～260mm，承重木桩常用杉木、松木、柏木和橡木等坚韧耐久的木材。

木桩的桩顶应平整，并加铁箍，以保护桩顶在打桩时不受损伤。木桩下端应削成棱锥形，桩尖长度为桩直径的 1～2 倍，便于将桩打入土中。

木桩易制作，储运方便，打桩设备简单，造价低，我国古代的建筑广泛使用了木桩基础。但是木桩基础承载力低，使用寿命较短，尤其是在地下水水位以下的木桩，极易腐蚀破坏。

（2）混凝土桩

混凝土桩是目前较广泛使用的桩型，分为混凝土预制桩和混凝土灌注桩（简称灌注桩）两类。由于配置了受力钢筋，混凝土柱不仅能承压，还可以承受拉拔荷载和水平荷载等复杂情况，适用于各种地层，成桩直径和长度可变范围大，因此作为承载桩，广泛应用于大中型建筑工程中。

（3）钢桩

钢桩常见的是型钢桩和钢管桩两类。由于型钢桩桩身抗压强度高、抗弯强度大，常用于临时支撑结构和永久性的码头工程。钢管桩则常用于承受垂直荷载，其中钢管桩的端部构造形式有开口和闭口之分，如图 9-3 所示；另外，其贯入性能好，能穿越相当厚度的硬土层，可以提供很高的竖向承载力。钢桩施工比较方便，易于裁接，工艺质量稳定，施工速度快。但是，由于钢材相对较贵，且存在环境腐蚀问题，钢桩在我国采用较少。

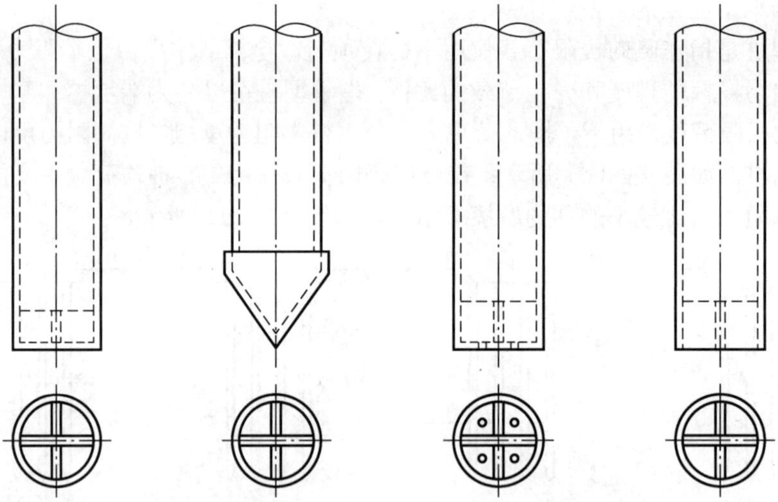

图 9-3　钢管桩的端部构造形式

（4）组合桩

组合桩即不同入土深度分段用不同材料的桩。这类桩只在很特殊的条件下采用，一般地下水水位以下多用混凝土桩，地下水水位以上用木桩或钢桩。

4. 根据施工方法分类

根据施工方法，桩可以分为预制桩和灌注桩两种。

（1）预制桩

预制桩是指在工厂或施工现场制成的各种形式和材料的桩，然后再用沉桩设备将桩打入、压入、旋入、冲入、振入土中的成桩方法。

1）打入桩。打入桩是靠机具动力冲击将桩体打入地基土中。古代木桩为人工打入桩，而现代打入桩靠专业打桩机械（如柴油锤打桩机等）实施。

打入桩施工时，会在桩体内引起很强的拉应力波和压应力波，因而对桩身材料强度及成桩质量要求较高。打入桩对土的挤压作用较大，尤其在饱和软土地基中会引起土体侧移及隆起，对邻近建筑物及设施会造成损坏，同时还产生强烈的振动及噪声，影响周边环境。

为了避免上述不利影响，采用预钻孔打入桩能够起到良好的效果，即在打桩之前，先在地基桩位处钻一浅孔或较细的桩孔，然后再将桩体打入。这种方法在遇到局部硬土时也常用到。

2）压入桩。压入桩是靠专门的压桩机以静力方式将预制桩体压入地基中。压入法几乎不产生振动和噪声，但沉桩能力小于打桩法，因而适用于对桩承载力要求不是很高的情况。

3）旋入桩。旋入桩是在桩端处设一螺旋板，利用外部机械的扭力将其逐渐转入地基中。这种桩的直径一般较小，而螺旋板相对较大。施工过程中对桩侧土体的扰动较大。

4）振沉桩。振沉桩是利用振动沉桩机械的上下振动而将预制桩沉入地基中。这种桩的施工方法介于打入桩和压入桩之间。

（2）灌注桩

灌注桩是指在工程现场通过机械钻孔、钢管挤土或人力挖掘等手段在地基土中形成桩孔，然后在桩孔内放置钢筋笼、灌注混凝土而形成的桩。灌注桩的直径可以达到0.3～2.0m，桩长可达一百多米。根据成孔方法不同，灌注桩又可分为钻孔灌注桩、冲孔灌注桩、挖孔灌注桩、沉管灌注桩及爆扩桩等。

1）钻孔灌注桩。钻孔灌注桩是各类灌注桩中应用较广的一种桩。钻孔灌注桩是利用钻孔机械先行钻孔，然后在孔中放置钢筋笼，灌注混凝土而形成的桩。钻孔灌注桩的桩径和桩长都远远超过了预制桩，能适用于多种土质土层条件。

2）沉管灌注桩。沉管灌注桩属于套管保护作业桩，可分为振动沉管桩和锤击沉管桩两种。这种桩施工速度快且造价低。为保证桩的质量，沉管和拔管时一定要多加注意。

3）挖孔灌注桩。挖孔桩是采用人工或机械挖孔，然后制作成的钢筋混凝土桩。挖孔时每挖一段就要浇制一圈混凝土护壁。人工挖孔时应该有可靠的保护孔壁、防止落物、强制送风等措施。

5. 根据桩的使用功能分类

根据桩的使用功能，桩可以分为竖向抗压桩、水平受荷桩、抗拔桩。

（1）竖向抗压桩

一般的房屋建筑，在正常工作的条件下（如不承受地震荷载，或抗震设防烈度不高而建筑物高度也不大），主要承受上部结构传来的竖向荷载，因此大多采用此类桩。

（2）水平受荷桩

港口工程的板桩、基坑的支护桩等，都是主要承受水平荷载的桩。此时桩身的稳定依靠桩侧土的抗力，因此通常会设置水平支撑或拉锚以承受部分水平力。

（3）抗拔桩

抗拔桩是指主要承受拉拔荷载的桩。如板桩墙背的锚桩和受浮力的构筑物在浮力作用下自身不能稳定而在底板下设置的锚桩。

6. 按挤土效应分类

大量工程实践表明，成桩挤土效应对桩的承载力、成桩质量控制与环境等有很大影响，因此根据成桩方法和成桩过程的挤土效应可将桩分为以下三类。

（1）挤土桩（也称排土桩）

挤土桩在设置过程中，桩周土被挤开，挤土的工程性质与天然状态相比，发生较大变化。挤土桩主要包括打入或压入预制混凝土桩、封底钢管桩和混凝土管桩和沉管式的灌注桩等。

挤土桩单桩承载力较高，但也存在一些缺点。因为无论是打入式还是压入式，在地下水位高且饱和黏性土深厚的地层中，造成的危害都尤为显著。群桩施工时将导致周围地面隆起。当场地布桩过密或局部桩距太小时，已经就位的邻桩可能上浮，或尚未打入的桩桩底难以就位，这些现象都将影响桩的承载能力。挤土效应还会对邻近的建（构）筑物和市政设施造成不良影响。打入桩的噪声污染和振动会影响环境，而压入桩由于设备过重在施工中对软弱土场地的浅层土体扰动严重，也给后续工序的施工带来困难。另外，当持力层顶面起伏变化太大时，由于预制桩段的节长品种有限，存在大量截桩浪费的问题。

（2）部分挤土桩（也称少量排土桩）

部分挤土桩在设置过程中，由于挤土作用轻微，故桩周土的工程性质变化不大，如打入的截面厚度不大的工字形钢和 H 形钢桩、开口钢管桩和螺旋钻成孔桩等。

（3）非挤土桩（也称非排土桩）

非挤土桩在设置过程中，将相当于桩身体积的土挖出， 因而对桩周土无挤压作用。非挤土桩包括各种形式的钻孔灌注桩、人工挖孔桩及预钻孔埋桩等，其中钻孔灌注桩应用较广泛。

钻孔灌注桩直径一般可达到 2m，甚至更大，桩长度可达数米至一二百米，因而适用于多种土层条件。人工挖孔桩，在技术上，桩径和桩长可随承载力的不同要求进行调整，且在挖孔过程中，可以核实桩侧土层情况；在质量上，能够清除孔底虚土，且可采取串桶下料、人工振捣的方法浇筑桩芯混凝土，容易全面满足设计要求；在经济上，单方混凝土造价较低，又能根据受力要求，扩大桩底，实现一柱一桩的布置方式，节省承台费用；在施工上，由于成孔机具简单，能适应狭窄场地，又能多孔同时挖进，缩短了工期，也具有明显的优势。

人工挖孔桩的主要缺点是：在地下水难以抽尽的或将引发严重的流砂、流泥的土层中难以成孔，甚至无法成孔；孔内空间狭小，劳动条件差，因而当孔深较大时，需注意施工人员安全；当其扩大桩端的优势不能发挥时，桩芯加上护壁的最小直径在 1m 以上，因此混凝土用量大，按每平方米建筑面积计算的造价较高。

7. 根据桩径大小分类

根据桩径，桩可以分为小直径桩、中等直径桩和大直径桩。

（1）小直径桩

直径小于 250mm 的桩称为小直径桩。由于桩径小，所以对施工机械、场地要求及施工方法都比较简单。一般适用于中小工程和基础加固。例如，用于苏州虎丘塔倾斜加固的树根桩，桩径为 90mm，属于小直径桩。

（2）中等直径桩

直径大于 250mm 小于 800mm 的桩称为中等直径桩。中等直径桩具有较高的承载力，成桩方法和施工工艺很多，是目前工业与民用建筑工程中大量应用的桩型。

（3）大直径桩

直径大于等于 800mm 的桩称为大直径桩。大直径桩的桩径较大，并且桩端还可以扩大，因此单桩承载力较高。通常，大直径桩可应用于高层建筑、重型设备基础，并可实现一柱一桩的优良结构形式，但是施工时对成桩质量要求很高，必须切实保证每一根桩的质量。

三、承台的构造及桩与承台的连接

1. 对承台的要求

对于多排桩基础，桩顶由承台连接成为一个整体。承台的平面尺寸和形状应根据上部结构（墩、台身）底截面尺寸及形状，以及基桩的平面布置而定，一般采用矩形和圆端形。

承台厚度应保证承台有足够的强度和刚度，公路桥梁墩台多采用钢筋混凝土或混凝土刚性承台（承台本身材料的变形远小于其位移），其厚度不宜小于 1.5m。混凝土强度不应低于 C25。对于空心墩台的承台，应验算承台强度并设置必要的钢筋。承台厚度也不受上述限制。

2. 桩和承台的连接

钻（挖）孔灌注桩桩顶主筋宜伸入承台，桩身伸入承台长度可为 100mm。伸入承台的桩顶主筋可做成喇叭形（约与竖直线倾斜 15°；若受构造限制，主筋也可不做成喇叭形），如图 9-4（a）和图 9-4（b）所示。伸入承台的钢筋锚固长度应符合结构规范要求。对于不受轴向拉力的打入桩可不破桩头，将桩直接埋入承台内，如图 9-4（c）所示。

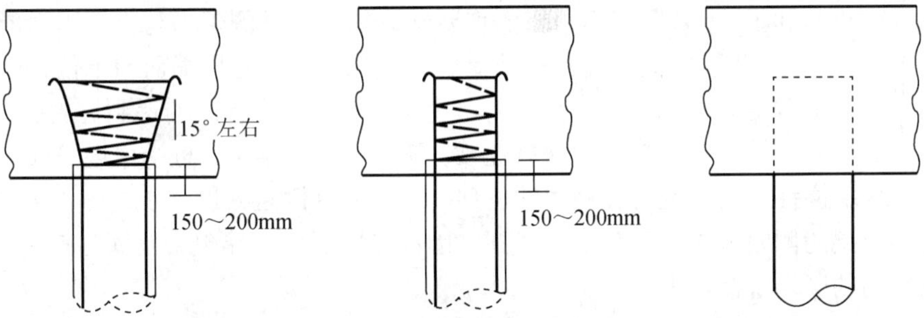

（a）喇叭形连接（钢筋倾斜）（b）喇叭形连接（钢筋竖直）（c）直接连接

图 9-4 桩和承台的连接

3. 承台的钢筋构造

承台的受力情况比较复杂，为了使承台受力均匀并防止承台因桩顶荷载作用发生破碎和断裂，应在承台底部桩顶平面上设置 1～2 层钢筋网，钢筋纵桥向和横桥向每隔 1m 宽度内可采用的钢筋截面面积为 1200～1500mm^2，钢筋直径为 12～16mm，钢筋网在越过桩顶钢筋处不应截断，并应与桩顶主筋连接。钢筋网也可根据基桩和墩台的布置，按带状布设，如图 9-5 所示。低桩承台有时也可不设钢筋网。

对于双柱式或多柱式墩（台）单排桩基础，在桩之间为加强横向联系而设有横系梁时，一般认为横系梁不直接承受外力，可不作内力计算，按横断面的0.15%配置构造钢筋。

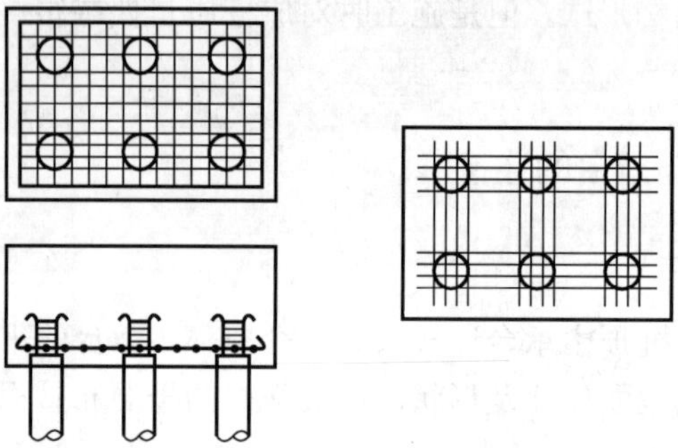

图 9-5　承台底钢筋网

任务二　单桩承载力的确定

能力目标：学生通过学习能够掌握单桩承载力的确定方法、负摩阻力产生原理及影响。

一、竖向荷载下单桩的荷载传递

桩的荷载传递机理研究揭示的是桩-土之间力的传递与变形协调的规律。因而它是桩的承载力机理和桩-土共同作用分析的重要理论依据。桩侧阻力与桩端阻力的发挥过程就是桩-土体系荷载的传递过程。桩顶受竖向荷载后，桩身压缩而向下位移，桩侧表面受到土的向上摩阻力，桩侧土体产生剪切变形，并使桩身荷载传递到桩周土层中去，从而使桩身荷载与桩身压缩变形随深度递减。随着荷载的增加，桩端出现竖向位移和桩端反力。桩端位移加大了桩身各截面的位移，并促使桩侧阻力进一步发挥。一般，靠近桩身上部土层的侧阻力先于下部土层发挥，因而侧阻力先于端阻力发挥出来。

根据力的竖向平衡，有

$$Q = Q_s - Q_b \tag{9-1}$$

式中：Q——桩的总承载力，kPa；

Q_s——桩侧总摩阻力，kPa；

Q_b——桩端总阻力，kPa。

根据Q_s / Q和Q_b / Q的大小，定性地将桩分为摩擦桩(Q_s / Q在 0.8 以上)、端承摩擦桩(Q_s / Q为 0.6～0.75)、端承桩(Q_b / Q在 0.8 以上)和摩擦端承桩(Q_b / Q为 0.6～0.75)。

桩的长径比 l/d 是影响荷载传递的主要因素之一，随着长径比 l/d 增大，桩端土的性质对承载力的影响减小，当长径比 l/d 接近 100 时，桩端土性质的影响几乎等于零。发现这一现象的重要意义在于纠正了“桩越长，承载力越高”的片面认识。希望通过加大桩长，将桩端支承在很深的硬土层上以获得高的端阻力的方法是很不经济的，即增加了工程造价但还不能提高更高的承载力。

二、桩侧负摩阻力

1. 产生桩侧负摩阻力的条件

一般情况下，桩受轴向荷载作用后，桩相对于桩侧土体产生向下位移，使土对桩产生向上作用的摩阻力，称为正摩阻力［图 9-6（a)］。但是，当桩周土体因某种原因发生下沉，其沉降量大于桩身下沉量时，则桩侧土就相对于桩发生向下位移，从而使土对桩产生向下作用的摩阻力，称为负摩阻力［图 9-6（b)］。

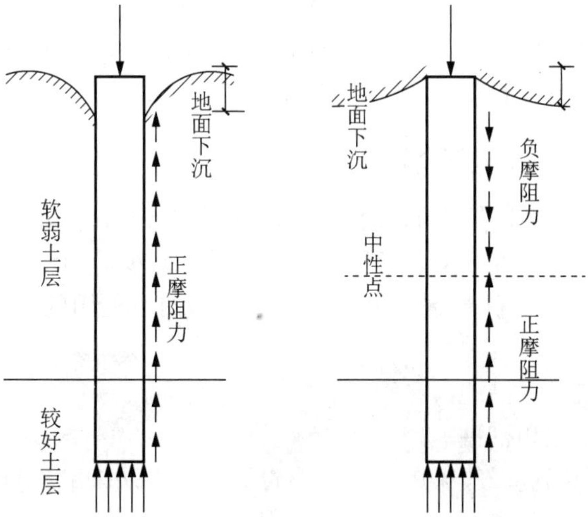

（a）正摩阻力　（b）负摩阻力

图 9-6　桩的正负摩阻力

桩的负摩阻力使桩侧土的部分重力传递给桩，因此，负摩阻力不但不能成为桩承载力的一部分，反而变成施加在桩上的外荷载。对于入土深度相同的桩而言，若有负摩力发生，则桩的外荷载增大，桩的承载力相对降低，桩基础沉降加大，这在确定桩的承载力和桩基础设计中应予以注意。

需要特别注意的是，桥梁工程中桥头路堤高填土的桥台桩基础的负摩阻力问题。因路堤高填土是一个较大的地面荷载且位于桥台的一侧，当产生负摩阻力时，则有桥台背和路堤填土间的摩阻问题和影响桩基础的不均匀沉降问题。

产生负摩阻力的条件，可归纳为三类情况：第一类情况为桩周土在自重作用下固结沉降或浸水导致土体结构破坏、强度降低而固结（湿陷），如桩穿越较厚松散填土、自重湿陷性黄土、欠固结土层进入相对较硬土层；第二类情况为外界荷载作用导致桩周土固结沉降，如桩周存在软弱土层，邻近桩侧地面承受局部较大的长期荷载或大面积地面堆载（包括填土）；第三类情况为降水导致桩周土中有效应力增大而固结。软土地区由密集桩群施工造成的土隆起和随后的再固结，也会产生桩侧负摩阻力。

负摩阻力对桩基础承载力和沉降的影响随桩侧阻力与桩端阻力分担荷载比、建筑物各桩基础周围土层沉降的均匀性、建筑物对不均匀沉降的敏感程度而定，因此考虑负摩阻力验算承载力和沉降时应有所区别。

2. 考虑桩侧负摩阻力的桩基础承载力和沉降问题

对于摩擦型桩基础，当出现负摩阻力对桩体施加下拉荷载时，由于持力层压缩性较大，会引起桩体沉降。当桩基础沉降出现时，土对桩的相对位移减小，负摩阻力降低，直至转化为零。因此，一般情况下对摩擦型桩基础，可近似视（理论）中性点以上侧阻力为零计算桩基础承载力。

端承型桩基础的桩端持力层较坚硬，受负摩阻力引起下拉荷载后不致产生沉降或沉降较小，此时负摩阻力将长期作用于桩身中性点以上侧表面。因此，应计算中性点以上负摩阻力形成的下拉荷载Q_n，并以下拉荷载作为外荷载的一部分验算其承载力。

3. 降低或克服桩侧负摩阻力的措施

对于填土场地，应保证填土的密实度，且要待填土地面沉降基本稳定后才成桩。对于地面大面积堆载的建筑物，采取预压等处理措施，减少地面堆载引起的地面沉降。在松砂或其他粗粒土内设置桩基础，可在打好桩后，挖去桩周的粗粒土，换成摩擦角小的土。

对于桩身可采取以下措施。

（1）预制混凝土桩和钢桩

预制混凝土桩和钢桩一般采用涂以软沥青涂层的办法来减小负摩阻力，涂层施工时应注意不要将涂层扩展到需利用桩侧正摩阻力的桩身部分。

（2）灌注桩

1）在沉降土层范围内插入比钻孔直径小 50～100mm 的预制混凝土桩段，然后用高稠度膨润土泥浆填充预制桩段外围形成隔离层。

2）对于作业成孔灌注桩，可先在沉降土层范围内的孔壁铺设双层筒形塑料薄膜。

三、单桩竖向承载力

（一）单桩容许承载力

单桩在轴向荷载作用下，地基土和桩本身的强度和稳定性均能得到保证，变形也在容许范围之内所容许承受的最大荷载，它是以单桩轴向极限承载力（极限桩侧摩阻力与极限桩底阻力之和）考虑必要的安全度后求得的。

（二）单桩极限承载力

单桩极限承载力是指一根桩在任何破坏发生之前所能承受的最大荷载。

单桩竖向承载力取决于桩本身的材料强度和土对桩的支承力，取其小值作为单桩承载力的特征值。一般情况下，土对桩的支承力小于桩身的材料强度，桩的承载力由土的强度和变形条件确定。如果土对桩的支承力大于桩身的材料强度，则桩的承载力应根据桩身材料的最大承压强度计算。

按土对桩的支承力确定单桩竖向承载力特征值的方法很多，主要有静载荷试验、经验公式、静力触探等勘察手段估算、打桩公式、动力试验、理论公式等方法。

1. 静载荷试验

在桩顶逐级施加轴向荷载，直至桩达到破坏状态为止，并在试验过程中测量每级荷载下不同时间的桩顶沉降，根据沉降与荷载及时间的关系，分析确定单桩轴向容许承载力。

试桩的要求：可以是已打好的工程桩，也可以专门设置与工程桩相同的试验桩。考虑到试验场地的差异性及试验的离散性，试桩数目应不少于基桩总数的 2%，且不应少于 2 根；试桩的施工方法及试桩的材料和尺寸、入土深度均应与设计桩相同。

（1）试验装置

试验装置主要由加载系统和量测系统组成，图 9-7（a）所示为锚桩横梁反力装置，锚桩横梁试验加载系统由反力千斤顶及其反力系统组成，后者包括主、次梁及锚桩，所提供的反力应大于预估最大试验荷载的 1.2～1.5 倍。采用工程桩作为锚桩时，锚桩数量不应少于 4 根，并应对试验过程锚桩的上拔量进行监测。反力系统也可采用压重平台反力装置或锚桩压重联合反力装置。图 9-7（b）所示为压重平台反力装置。采用压重平台时，要求压重量必须大于预估最大试验荷载的 1.2 倍，且压重应在试验开始前一次加上，并均匀稳固地放置在平台上。

量测系统主要由千斤顶上的应力环、应变式压力传感器（测荷载大小）及指示表或电子位移计（测试桩沉降）等组成。荷载大小也可采用连于千斤顶的压力表测定油压，再根据千斤顶率定曲线换算得到。为准确测量桩的沉降，消除相互干扰，要求有基准系统（基准桩、基准梁组成），并保证在试桩、锚桩（或压重平台支墩）和基准桩之间有足够的距离，具体见表 9-1。

（2）试验方法

试桩加荷应分级进行，每级荷载为极限荷载预估值的 1/15～1/10；有时也采用递变加荷方式，开始阶段每级荷载取极限荷载预估值的 1/5～1/2.5，最终阶段每级荷载取极限荷载预估值的 1/15～1/10。

测读沉降时间，在每级加荷后的第 1h 内，每隔 15min 测读 1 次，以后每隔 30min 测读 1 次，至沉降稳定为止。沉降稳定的标准通常规定为，砂性土 30min 内的沉降不超过 0.1mm，黏性土为 1h 内不超过 0.1mm。待沉降稳定后，方可施加下一级荷载。循此加荷观测，直至桩达到破坏状态，终止试验。

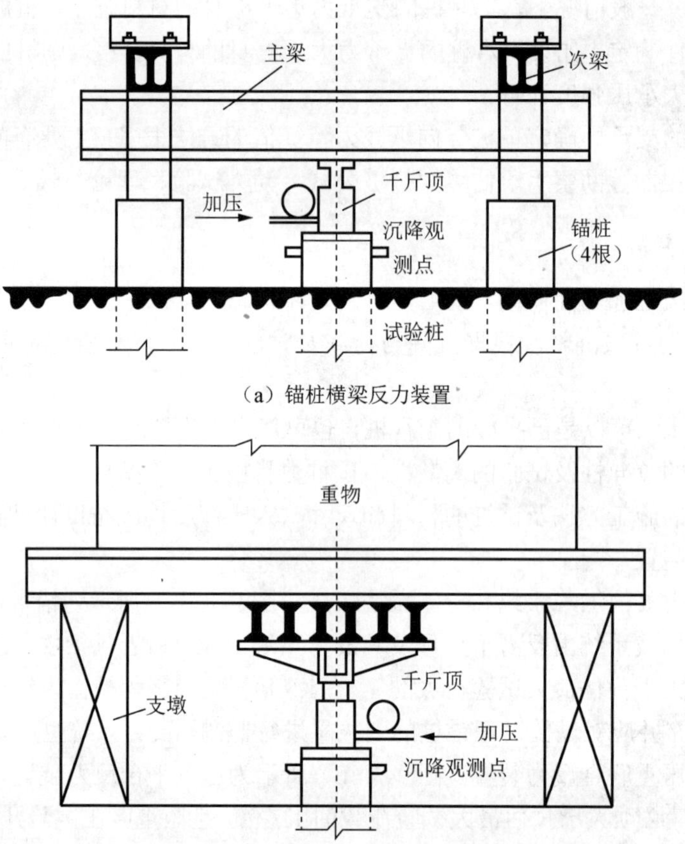

（a）锚桩横梁反力装置

（b）压重平台反力装置

图 9-7　单桩静荷载试验的加荷装置

表 9-1　试桩、锚桩（或压重平台支墩）和基准桩之间的中心距离

反力系统	试桩与锚桩（或压重平台支座墩边）	试桩与基准桩	基准桩与锚桩（或压重平台支座墩边）
锚桩横梁反力装置 压重平台反力装置	≥4d 且 > 2.0m	≥4d 且 > 2.0m	≥4d 且 > 2.0m

注：d 为试桩或锚桩的设计直径，取其较大者（如试桩或锚桩为扩底桩时，试桩或锚桩的中心距尚不应小于 2 倍扩大端直径）。

当出现下列情况之一时，一般认为桩已达破坏状态，相应施加的荷载即为破坏荷载：

1）桩的沉降量突然增大，总沉降量大于 40mm，且本级荷载下的沉降量为前一级荷载下沉降量的 5 倍以上。

2）总位移量大于或等于 40mm，加上本级荷载 24h 后，桩的沉降未趋稳定。

（3）试验成果与极限承载力的确定

比较准确地确定桩极限荷载的方法，应当根据试验测得资料所绘制的试验曲线分析，分析试桩曲线的方法很多，下面仅介绍两种常用方法。

1）$P\text{-}S$ 曲线明显转折点法。在由静载试验绘制的 $P\text{-}S$ 曲线上，以曲线出现明显下弯转折点所对应的作用荷载作为极限荷载，如图 9-8（a）所示。这是因为当荷载超过极限荷载后，桩底下土达到破坏阶段发生大量塑性变形，引起桩发生较大或长时间仍不停止的沉降，所以在 $P\text{-}S$ 曲线上呈现出明显的下弯转折点。但有时 $P\text{-}S$ 曲线的转折点不明显，此时极限荷载难以确定，这时可取总沉降量为 40mm 所对应的荷载为破坏荷载，或借助其他方法辅助判定，如用对数坐标绘制 $\lg P\text{-}\lg S$ 曲线，可能使转折点显得较为明确。

2）$S\text{-}\lg t$ 法（沉降速率法）。这种方法是按沉降随时间的变化特征来确定极限荷载的，根据以往大量的试桩资料分析，发现桩在破坏荷载以前的每级下沉量（S）与时间（t）的对数成线性关系，如图 9-8（b）所示，计算公式如下：

$$S = m\lg t \tag{9-2}$$

直线的斜率 m 在某种程度上反映了桩的沉降速率。m 值不是常数，它随着桩上荷载增加而增大，m 越大则桩的沉降速率越大。当桩上荷载继续增大时，如发现绘制的 $S\text{-}\lg t$ 线不是直线而是折线时，则说明在该级荷载作用下桩沉降骤增，此为地基土塑性变形骤增的结果即为桩破坏的标志。因此可将相应于 $S\text{-}\lg t$ 线型由直线变为折线的那一级荷载定为该桩的破坏荷载，如图 9-8（b）所示。

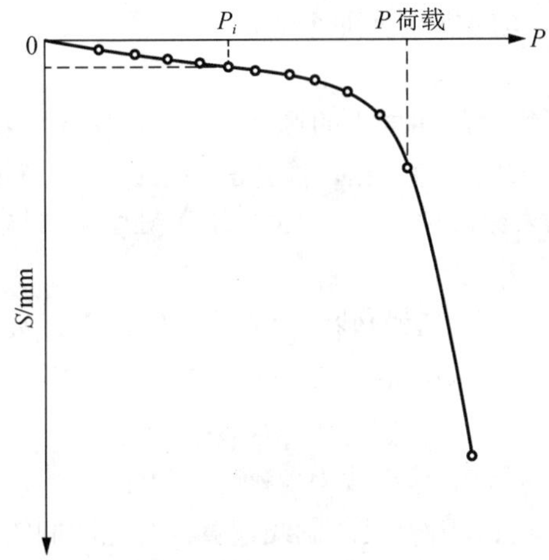

（a）单桩 $P\text{-}S$ 曲线

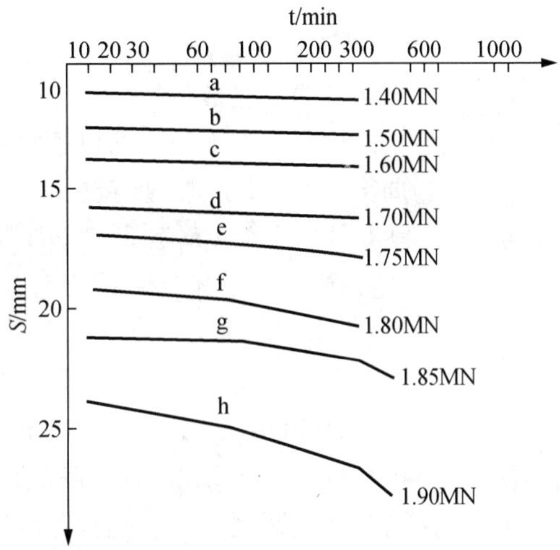

（b）单桩 $S\text{-}\lg t$ 曲线

图 9-8 单桩静载荷试验曲线

破坏荷载求得以后，可将其前一级荷载作为极限荷载，从而确定单桩轴向容许承载力

$$[P]=P_i/K \tag{9-3}$$

式中：$[P]$——单桩轴向受压容许承载力，kN；

P_i——试桩的极限荷载，kN；

K——安全系数，一般为 2。

2. 经验公式（规范法）

我国现行的各种相关设计规范都规定了以经验公式计算单桩轴向容许承载力的方法。这是一种较简便的方法，规范根据全国各地大量的静载试验资料，经过理论分析和统计整理，给出了不同类型的桩，按土的类别、密实度、稠度、埋置深度等条件下有关桩侧摩阻力及桩底阻力的经验系数和数据，列出了公式。下面以《公路桥涵地基与基础设计规范》（JTG D63—2007）所用经验公式为例，说明此种方法（以下各经验公式除特殊说明者外均适用于钢筋混凝土桩、混凝土桩及预应力混凝土桩）。

（1）摩擦桩

1）钻（挖）孔灌注桩单桩轴向容许承载力按下式计算：

$$\begin{cases}[R_a]=\dfrac{1}{2}u\sum\limits_{i=1}^{n}q_{ik}l_i+A_p q_r\\ q_r=m_0\lambda\{[f_{a0}]+k_2\gamma_2(h-3)\}\end{cases} \tag{9-4}$$

式中：$[R_a]$——单桩轴向受压承载力容许值，kN，桩身自重与置换土重（当自重计入浮力时，置换土重也计入浮力）的差值作为荷载考虑。

u——桩身周长，m。

A_p——桩端截面面积，m^2，对于扩底桩，取扩底截面面积。

n——桩所穿过的土层数。

l_i——对低桩承台，为承台底面以下桩所穿过的各层土的厚度，m；对高桩承台，为局部冲刷线以下桩所穿过的各土层的厚度，m，扩孔部分不计。

q_{ik}——与 l_i 对应的各土层和桩侧的摩阻力标准值，kPa，宜采用单桩摩阻力试验确定，当无试验条件时按表 9-2 选用。

q_r——桩端处土的承载力容许值，kPa，当持力层为砂土、碎石土时，若计算值超过下列值，宜按下列值采用：粉砂 1000kPa；细砂 1150kPa；中砂、粗砂、砾砂 1450kPa；碎石土 2750kPa。

$[f_{a0}]$——桩端处土的承载力基本容许值，可套地基承载力表确定，kPa。

h——桩端的埋置深度，m，对有冲刷的基桩，由一般冲刷线起算；对无冲刷的桩基，埋置深度由天然地面线或实际开挖后的地面线算起，h 的计算值不大于 40m，当大于 40m 时，按 h=40m 计算。

k_2——容许承载力随深度的修正系数，可按桩端尖处持力层土类查表确定。

γ_2——桩端以上各层土的加权平均重度，kN/m^3，当持力层在水位面以下且不透水时，不论桩端以上土的透水性如何，均用饱和重度；当持力层透水时，则水中部分土层取浮重度。

λ——修正系数，按表 9-3 选用。

m_0——考虑孔底沉淀淤泥影响的清底系数，按表 9-4 选用。

表 9-2 钻孔桩桩侧土的摩阻力标准值 q_{ik}

土类		q_{ik}/kPa	土类		q_{ik}/kPa
中密炉渣、粉煤灰		40～60	中砂	中密	45～60
黏性土	流塑 $I_L>1$	20～30		密实	60～80
	软塑 $0.75<I_L\leqslant 1$	30～50	粗砂、砾砂	中密	60～90
	可塑、硬塑 $0<I_L\leqslant 0.75$	50～80		密实	90～140
	坚硬 $I_L\leqslant 0$	80～120	圆砾、角砾	中密	120～150
粉土	中密	30～55	碎石、卵石	密实	150～180
	密实	55～80		中密	160～220
粉砂、细砂	中密	35～55	漂石、块石	密实	220～400
	密实	55～70		—	400～600

注：挖孔桩的摩阻力标准值可参照本表采用。

表 9-3 修正系数λ值

桩端土情况	l/d		
	4～20	20～25	>25
透水性土	0.70	0.70～0.85	0.85
不透水性土	0.65	0.65～0.72	0.72

表 9-4 清底系数 m_0 值

t/d	0.3～0.1
m_0	0.7～1.0

注：1）t、d 为桩端沉渣厚度和桩的直径。

2）当 $d<1.5$m 时，$t\leqslant 300$mm；当 $d>1.5$m 时，$t\leqslant 500$mm；且 $0.1<t/d<0.3$。

2）打入桩的容许承载力按下式计算：

$$[R_a]=\frac{1}{2}\left(u\sum_{i=1}^{n}\alpha_i l_i q_{ik}+\alpha_r A_p q_{rk}\right) \tag{9-5}$$

式中：q_{ik}——与 l_i 对应的各土层和桩侧的摩阻力标准值，kPa，宜采用单桩摩阻力试验确定，当无试验条件时按表 9-5 选用；

q_{rk}——桩端处土的承载力标准值，宜采用单桩试验确定或通过静力触探试验测定，当无试验条件时按表 9-6 选用；

α_i、α_r——振动沉桩对各土层桩侧摩阻力和桩端承载力的影响系数，按表 9-7 采用，对于锤击静压沉桩其值均取为 1.0。

表 9-5 沉桩桩侧土的摩阻力标准值 q_{ik}

土类	状态	q_{ik}/kPa	土类	状态	q_{ik}/kPa
黏性土	$1\leqslant I_L\leqslant 1.5$	15～30	粉、细砂	稍密	20～35
	$0.75\leqslant I_L<1$	30～45		中密	35～65

续表

土类	状态	q_{ik}/kPa	土类	状态	q_{ik}/kPa
黏性土	$0.5 \leqslant I_L < 0.75$	45～60		密实	65～80
	$0.25 \leqslant I_L < 0.5$	60～75	中砂	中密	55～75
	$0 \leqslant I_L < 0.25$	75～85		密实	75～90
	$I_L < 0$	85～95	粗砂	中密	70～90
粉土	稍密	20～35		密实	90～105
	中密	35～65			
	密实	65～80			

注：表中土的液性指数 I_L 按 76g 平衡锥测定的数值算得。

表 9-6　沉桩桩端处土的承载力标准值 q_{rk}

土类	状态	桩端承载力标准值 q_{rk}/kPa		
黏性土	$1 \leqslant I_L$	1000		
	$0.65 \leqslant I_L < 1$	1600		
	$0.35 \leqslant I_L < 0.65$	2200		
	$I_L < 0.35$	3000		
		桩尖进入持力层的相对深度		
		$\frac{h_c}{d} < 1$	$1 \leqslant \frac{h_c}{d} < 4$	$\frac{h_c}{d} \geqslant 4$
粉土	中密	1700	2000	2300
	密实	2500	3000	3500
粉砂	中密	2500	3000	3500
	密实	5000	6000	7000
细砂	中密	3000	3500	4000
	密实	5500	6500	7500
中、粗砂	中密	3500	4000	4500
	密实	6000	7000	8000
圆砾石	中密	4000	4500	5000
	密实	7000	8000	9000

注：表中 h_c 为桩端进入持力层的深度（不包括桩靴），d 为桩的直径或边长。

表 9-7　系数 α_i、α_r 值

桩径或边长 d/m	黏土	亚黏土	亚砂土	砂土
$d \leqslant 0.8$	0.6	0.7	0.9	1.1
$0.8 < d \leqslant 2.0$	0.6	0.7	0.9	1.0
$d > 2.0$	0.5	0.6	0.7	0.9

（2）柱桩（端承桩）

支承在基岩上或嵌入基岩内的钻(挖)孔桩、沉桩的单桩轴向受压承载力容许值$[R_a]$，由嵌岩段总侧阻力、总端阻力和桩周土总侧阻力三部分组成，按下式计算：

$$[R_a] = c_1 A_P f_{rk} + u\sum_{i=1}^{m} c_{2i} h_i f_{rki} + \frac{1}{2}\zeta_s u \sum_{i=0}^{n} l_i q_{ik} \tag{9-6}$$

式中：c_1——根据清孔情况、岩石破碎程度等因素而定的端阻发挥系数，按表 9-8 采用；

A_P——桩端截面面积，m^2，对于扩底桩，取扩底截面面积；

f_{rk}——桩端岩石饱和单轴抗压强度标准值，kPa，黏土质岩取天然湿度单轴抗压强度标准值，当 f_{rk} 小于 2MPa 时按摩擦桩计算（f_{rk} 为第 i 层的 f_{rk} 值）；

c_{2i}——根据清孔情况、岩石破碎程度等因素而定的侧端阻发挥系数，按表 9-8 选用；

u——各土层或各岩层部分的桩身周长，m；

h_i——桩嵌入各岩层部分的厚度，m，不包括强风化岩和全风化岩；

m——岩层的层数，不包括强风化岩和全风化岩；

ζ_s——覆盖层土的侧阻力发挥系数，根据桩端来确定：当 2MPa≤f_{rk}<15MPa 时，ζ_s=0.8，当 15MPa≤f_{rk}<30MPa 时，ζ_s=0.5；当 f_{rk} > 30MPa 时，ζ_s=0.2；

l_i——各土层的厚度，m；

q_{ik}——桩侧第 i 层土的侧阻力标准值，kPa，宜采用单桩摩阻力试验值，当无试验条件时，对于钻（挖）孔桩按表 9-2 选用，对于沉桩按表 9-5 选用；

n——土层的层数，强风化和全风化岩层按土层考虑。

表 9-8　系数 c_1、c_2 值

岩石层情况	c_1	c_2
完整、较完整	0.6	0.05
较破碎	0.5	0.04
破碎、极破碎	0.4	0.03

注：1）当入岩深度小于或等于 0.5m 时，c_1 乘以 0.75 的折减系数，c_2=0。

2）对于钻孔桩，系数 c_1、c_2 值应降低 20%采用；桩端沉渣厚度 t 应满足以下要求：当 d<1.5m 时，t≤50mm；当 d>1.5m 时，t ≤100mm。

3）对于风化层作为持力层的情况，c_1、c_2 应分别乘以 0.75 的折减系数。

任务三　桩基础的施工

能力目标：学生通过学习能够掌握桩基础施工工艺

桩基础施工方法众多，下面主要介绍几种我国目前常用的桩基础施工方法，包括施工工序、施工设备和施工技术要求等。桩基础施工前应根据已定出的墩台或上部结构纵横中心轴线直接定出桩基础轴线和各基桩桩位，并设置好固定标志或控制桩，以便施工时随时校核。

一、钻孔灌注桩的施工

钻孔灌注桩施工应根据土质、桩径大小、入土深度和机具设备等条件选用适当的钻

具（目前我国常使用的钻具有旋转钻、冲击钻和冲抓钻 3 种类型）和钻孔方法，以保证能顺利达到预计孔深，然后清孔、吊放钢筋笼架、灌注水下混凝土。

现按施工顺序介绍其主要工序如下。

（一）准备工作

1. 准备场地

施工前应将场地平整好，以便安装钻架进行钻孔。

1）墩台位于无水岸滩：应整平夯实，清除杂物，挖换软土。

2）场地有浅水：宜采用土或草袋围堰筑岛。

3）当场地为深水或陡坡：可用木桩或钢筋混凝土桩搭设支架，安装施工平台支承钻机（架）。深水中在水流较平稳时，也可将施工平台架设在浮船上，就位锚固稳定后在水上钻孔。

2. 埋置护筒

护筒的作用具体如下：

1）固定桩位，并作钻孔导向。

2）保护孔口，防止孔口土层坍塌。

3）隔离孔内孔外表层水，并保持钻孔内水位高出施工水位以稳固孔壁。

护筒制作要求：坚固、耐用、不易变形、不漏水、装卸方便和能重复使用，一般用木材、薄钢板或钢筋混凝土制成。护筒内径应比钻头直径稍大，当使用旋转钻时，护筒内经比钻头直径大 0.1～0.2m，使用冲击钻时护筒内径比钻直径大 0.2～0.3m。

埋置护筒时应注意下列几点：

1）护筒平面位置应埋设正确，偏差不宜大于 50mm。

2）护筒顶高程应高出地下水位和施工最高水位 1.5～2.0m。无水地层钻孔因护筒顶部设有溢浆口，筒顶也应高出地面 0.2～0.3m。

3）护筒底应低于施工最低水位（一般低于 0.1～0.3m 即可）。深水下沉埋设的护筒应沿导向架借自重、射水、振动或锤击等方法将护筒下沉至稳定深度，入土深度要求黏性土应达到 0.5～1m，砂性土则为 3～4m。

4）下埋式及上埋式护筒挖坑不宜太大（一般比护筒直径大 1.0～0.6m），护筒四周应夯填密实的黏土，护筒底应埋置在稳固的黏土层中，否则也应换填黏土并夯密实，其厚度一般为 0.5m。

3. 制备泥浆

泥浆在钻孔中的作用具体如下：

1）在孔内产生较大的静水压力，可防止坍孔。

2）泥浆向孔外土层渗漏，在钻进过程中，由于钻头的活动，孔壁表面形成一层胶泥，具有护壁作用，同时将孔内外水流切断，能稳定孔内水位。

3）泥浆相对密度大，具有夹带钻渣的作用，利于钻渣的排出。

4）此外，还有冷却机具和切土润滑作用，降低钻具磨损和发热程度。

因此在钻孔过程中孔内应保持一定稠度的泥浆，一般相对密度以1.1～1.3为宜。当冲击钻进入卵石层时可用1.4以上，黏度为20s，含砂率小于6%。在较好的黏性土层中钻孔也可灌入清水，使钻孔内自造泥浆，达到固壁效果。调制泥浆的黏土塑性指数不宜小于15。

4. 安装钻机或钻架

钻架是钻孔、吊放钢筋笼、灌注混凝土的支架。我国生产的定型旋转钻机和冲击钻机都附有定型钻架，其他常用的还有木制的和钢制的四脚钻架（图9-9）、三脚架或人字扒杆。

在钻孔过程中，成孔中心必须对准桩位中心，钻机（架）必须保持平稳，不发生位移、倾斜和沉陷。钻机（架）安装就位时，应详细测量，底座应用枕木垫实塞紧，顶端应用缆风绳固定平稳，并在钻进过程中经常检查。

（二）钻孔

1. 钻孔方法和钻具

1）旋转钻进成孔即利用钻具的旋转切削土体钻进，并同时采用循环泥浆的方法护壁排渣。我国现用旋转钻机按泥浆循环的程序不同，可以分为正循环和反循环两种。正循环即在钻进的同时，泥浆泵将泥浆压进泥浆笼头，通过钻杆中心从钻头喷入钻孔内，泥浆夹带钻渣沿钻孔上升，从护筒顶部排浆孔排出至沉淀池，钻渣在此沉淀，而泥浆仍进入泥浆池循环使用，如图9-10所示。

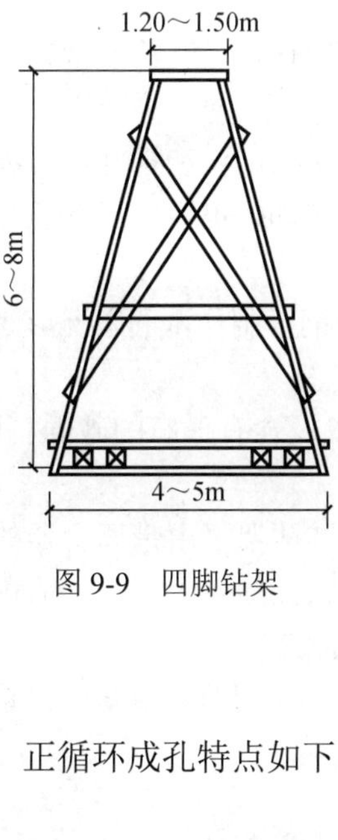

图9-9 四脚钻架

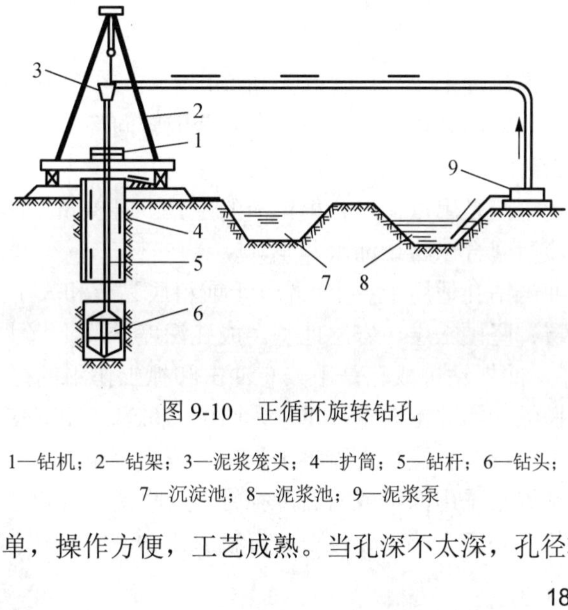

图9-10 正循环旋转钻孔

1—钻机；2—钻架；3—泥浆笼头；4—护筒；5—钻杆；6—钻头；7—沉淀池；8—泥浆池；9—泥浆泵

正循环成孔特点如下：设备简单，操作方便，工艺成熟。当孔深不太深，孔径较小时，钻进效率高。当桩径较大时，钻杆与孔壁间的环形断面较大，泥浆循环时返流速度低，排渣能力弱。

反循环成孔是泥浆从钻杆与孔壁间的环状间隙流入孔内，以冷却钻头并夹带沉渣由钻杆内腔返回地面的一种钻进工艺。

反循环成孔特点如下：成孔效率高，但在接长钻杆时装卸较麻烦，如钻渣粒径超过钻杆内径（一般为 120mm）易堵塞管路，则不宜采用。

我国定型生产的旋转钻机在转盘、钻架、动力设备等均配套定型，钻头的构造根据土质采用各种形式。正循环旋转钻机所用钻头包括鱼尾钻头、笼式钻头和刺猬钻头。常用的反循环钻头包括三翼空心单尖钻锥和牙轮钻头。

旋转钻孔现也可采用更轻便、高效的潜水电钻，钻头的旋转电动机及变速装置均经密封后安装在钻头与钻杆之间。钻孔时钻头旋转刀刃切土，并在端部喷出高速水流冲刷土体，以水力排渣。

旋转钻进成孔适用于较细、软的土层，如各种塑性状态的黏性土、砂土、少量粒径小于 100～200mm 的砂卵石土层，在软岩中也曾使用。我国采用这种钻孔方法成深度在 100m 以上。

2）冲击钻进成孔是用冲击式钻机或卷扬机悬吊冲击钻头（又称冲锤，重量为 10～35kN）上下往复冲击，将硬质土或岩层破碎成孔，部分碎渣和泥浆挤入孔壁中，大部分成为泥渣，用掏渣筒掏出。

冲击钻进成孔的特点如下：设备构造简单，适用范围广，操作方便，所成孔壁较坚实、稳定，临时性孔少，不受施工场地限制，无噪声和振动影响等，因此被广泛地采用。

冲击钻进成孔主要采用的机具有定型的冲击式钻机（包括钻架、动力、起重装置等）、冲击钻头、转向装置和掏渣筒等，也可用重量为 30～50kN 带离合器的卷扬机配合钢、木钻架及动力组成简易冲击机。

冲击时钻头应有足够的重量，适当的冲程和冲击频率，以使它有足够的能量将岩块打碎。

冲锤每冲击一次旋转一个角度，才能得到圆形的钻孔，因此在锤头和提升钢丝绳连接处应有转向装置，常用的有合金套或转向环，以保证冲锤的转动，也避免了钢丝绳打结扭断。

掏渣筒是用以掏取孔内钻渣的工具。用 30mm 左右厚度的钢板制作，下方碗形阀门应与渣筒密合以防止漏水漏浆。

冲击钻孔适用于黄土、黏性土或粉质黏土和人工杂填土，以及含有孤石的砂砾石层、漂石层、坚硬土层、岩层地基。成孔深度一般不宜大于 50m。

3）冲抓钻进成孔是用兼有冲击和抓土作用的抓土瓣，通过钻架，由带离合器的卷扬机操纵，靠冲锥自重（重量为 10～20kN）冲下使土瓣锥尖张开插入土层，然后由卷扬机提升锥头收拢抓土瓣将土抓出，弃土后继续冲抓钻进而成孔。

钻锥常采用四瓣或六瓣冲抓锥，当收紧外套钢丝绳松内套钢丝绳时，内套在自重作用下相对外套下坠，使锥瓣张开插入土中。

冲抓成孔适用于黏性土、砂性土及夹有碎卵石的砂砾土层，成孔深度不宜大于30m。

2. 钻孔过程中容易发生的质量问题及处理方法

在钻孔过程中应防止坍孔、孔形扭歪或孔偏斜，甚至掩埋钻头或掉进孔内等事故。

1）坍孔在成孔过程或成孔后，有时在排出的泥浆中不断出现气泡，有时护筒内的水位突然下降，这是坍孔的迹象。其形成原因主要是土质松散、泥浆护壁不好、护筒水位不高等。若发生坍孔，应探明坍孔位置，将砂土和黏土的混合物回填到坍孔位置1～2m；若坍孔严重，应全部回填，等回填物沉积密实后再重新钻孔。

2）缩孔是指孔径小于设计孔径的现象，是塑性土膨胀造成的，处理时可反复扫孔，以扩大孔径。

3）斜孔是指桩成孔后发现较大垂直偏差，是护筒倾斜和位移、钻杆不垂直、钻头导向部分太短、导向性差、土质软硬不一或遇上孤石等原因造成的。斜孔会影响桩基础质量，并会造成施工上的困难。处理时可在偏斜处吊放钻头，上下反复扫孔，直至把孔位校直；或在偏斜处回填砂黏土，待沉积密实后再钻孔。

3. 钻孔注意事项

1）在钻孔过程中，始终要保持钻孔护筒内水位要高出筒外1～1.5m的水位差，满足护壁泥浆的要求（泥浆相对密度为1.1～1.3、黏度为10～25s、含砂率不大于6%等），以起到护壁固壁作用，防止坍孔。若发现漏水（漏浆）现象，应找出原因及时处理。

2）在钻孔过程中，应根据土质等情况控制钻进速度、调整泥浆稠度，以防止坍孔及钻孔偏斜、卡钻和旋转钻机负荷超载等情况发生。

3）钻孔宜连续操作，不宜中途停钻，以避免坍孔。

4）钻孔过程中应加强对桩位、成孔情况的检查工作。终孔时应对桩位、孔径、形状、深度、倾斜度及孔底土质等情况进检验，合格后立即清孔、吊放钢筋笼，灌注混凝土。

（三）清孔及装吊钢筋骨架

清孔的目的是除去孔底沉淀的钻渣和泥浆，以保证灌注的钢筋混凝土质量，确保桩的承载力。

清孔的方法具体如下：

1）抽浆清孔是指用空气吸泥机吸出含钻渣的泥浆而达到清孔。由风管将压缩空气输进排泥管，使泥浆形成密度较小的泥浆空气混合物，在水柱压力下沿排泥管向外排出泥浆和孔底沉渣，同时用水泵向孔内注水，保持水位不变，直至喷出清水或沉渣厚度达到设计要求为止。这种方法适用于孔壁不易坍塌，各种钻孔方法的柱桩和摩擦桩清孔。

2）掏渣清孔是指用掏渣筒掏清孔内粗粒钻渣，适用于冲抓、冲击成孔的摩擦桩清孔。

3）换浆清孔是指正、反循环旋转机可在钻孔完成后不停钻、不进尺，继续循环换浆清渣，直至达到清理泥浆的要求。它适用于各类土层的摩擦桩清孔。

清孔应达到的要求是：浇筑混凝土前孔底500mm以内的泥浆相对密度应小于1.25、含砂率不大于8%、黏度不大于28s【见《建筑桩基础技术规范》（JGJ 94—2018）】。

钢筋笼骨架吊放前应检查孔底深度是否符合要求；孔壁有无防碍骨架吊放和正确就位的情况。

骨架吊装可利用钻架或另立扒杆进行。吊放时应避免骨架碰撞孔壁，并保证骨架外混凝土保护层厚度，应随时校正骨架位置。钢筋骨架达到设计高程后，牢固定位于孔口。再次进行孔底检查，有时须进行二次清孔，达到要求后即可灌注水下混凝土。

（四）灌注水下混凝土

目前我国多采用直升导管法灌注水下混凝土。

1. *灌注方法及有关设备*

导管法灌注水下混凝土的施工过程如图9-11所示。

导管是内径0.20～0.40m的钢管，壁厚3～4mm，每节长度为1～2m，最下面一节导管应较长，一般为3～4m。导管两端用法兰盘及螺栓连接，并垫橡皮圈以保证接头不漏水，导管内壁应光滑，内径大小一致；连接牢固，在压力下不漏水。漏斗与导管接头处可设置活门作为隔水装置。

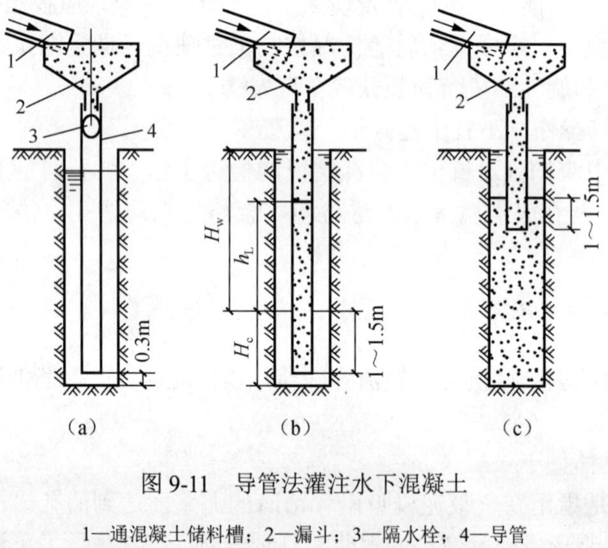

图9-11　导管法灌注水下混凝土

1—通混凝土储料槽；2—漏斗；3—隔水栓；4—导管

首批灌注的混凝土数量，要保证将导管内水全部压出，并能将导管初次埋入1～1.5m深。漏斗和储料槽的最小容量（图9-11）为

$$V = h_L \times \frac{\pi d^2}{4} + H_c \times \frac{\pi D^2}{4} \tag{9-7}$$

式中：d——导管直径，m；

D——基坑直径，m；

H_c——导管在混凝土中的埋置深度，m；

H_w——基坑内混凝土到地面的距离，m；

V——漏斗和储料槽的最小容量，m^3；

h_L——首次浇筑混凝土后导管中混凝土面到基坑中混凝土面的距离，m。

漏斗顶端至少应高出桩顶（桩顶在水面以下时应比水面）3m，以保证在灌注最后部分混凝土时，管内混凝土能满足顶托管外混凝土及其上面的水或泥浆自重力的需要。

2. 对混凝土材料的要求

混凝土应有必要的流动性，坍落度宜在 180～220mm 范围内，水灰比宜用 0.5～0.6；强度等级提高 20%。为了改善混凝土的和易性，可在其中掺入减水剂和粉煤灰掺和物。为防卡管，石料尽可能用卵石，适宜直径为 5～30mm，最大粒径不应超过 40mm。水泥强度等级不宜低于 32.5，每立方米混凝土的水泥用量不小于 350kg。

3. 灌注水下混凝土注意事项

灌注水下混凝土是钻孔灌注桩施工最后一道关键性的工序，其施工质量将严重影响到成桩质量，施工中应注意以下几点：

1）混凝土拌和必须均匀，尽可能缩短运输距离和减小颠簸，防止混凝土离析而发生卡管事故。

2）灌注混凝土必须连续作业，避免任何原因的中断。

3）在灌注过程中，要随时测量和记录孔内混凝土灌注高程和导管入孔长度，孔内混凝土上升到接近钢筋骨架底处时应防止钢筋笼架被混凝土顶起。

4）灌注的桩顶高程应比设计值高出 0.5m，此范围的浮浆和混凝土应凿除。待桩身混凝土达到设计强度，按规定检验后方可灌注系梁、盖梁或承台。

二、挖孔灌注桩和沉管灌注桩的施工

（一）挖孔灌注桩的施工

挖孔灌注桩施工时，必须在保证安全的前提下不间断地快速进行。每一桩孔开挖、提升出土、排水、支撑、立模板、吊装钢筋混凝土等作业都应事先准备充分，紧密配合。

1. 开挖桩孔

灌注桩的桩孔一般采用人工开挖。开挖之前应清除现场四周及山坡上悬石、浮土等，排除一切不安全因素，备好孔口四周临时围护和排水设备，并安排好排土提升设备，布置好弃土通道，必要时孔口应搭雨棚。

挖土过程中要随时检查桩孔尺寸和平面位置，防止出现误差。应根据孔内渗水情况，做好孔内排水工作，并注意施工安全。

2. 护壁和支撑

挖孔桩开挖过程中，开挖和护壁两个工序，必须连续作业，以确保孔壁不坍。应根据地质、水文条件、材料来源等情况因地制宜选择支撑和护壁方法。

常用的井壁护圈有下列几种。

（1）现浇混凝土护圈

当桩孔较深，土质相对较差，出水量较大或遇流砂等情况时，宜采用就地灌注混凝土围圈护壁（图 9-12）。

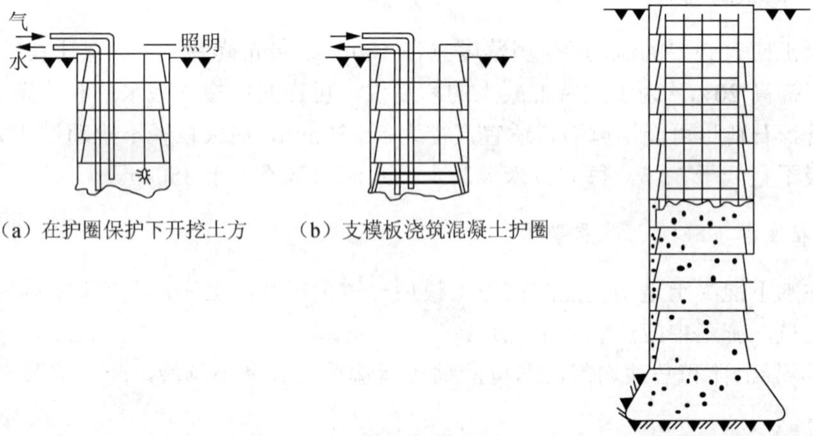

（a）在护圈保护下开挖土方　（b）支模板浇筑混凝土护圈　（c）浇筑桩身混凝土

图 9-12　混凝土护圈

采用拼装式弧形模板，每向下挖 1～2m，灌注一次，随挖随支。护圈的结构形式为斜阶形。混凝土强度等级为 C15 或 C20。必要时可配置少量的钢筋，有时也可在架立钢筋网后直接锚喷砂浆形成护圈，代替现浇混凝土护圈，以节省模板。

（2）沉井护圈

首先在桩位上制作钢筋混凝土井筒，然后在井筒内挖土，井筒靠自重或附加荷载克服井壁土之间的摩阻力，使其下沉至设计高程，再在井内吊装钢筋骨架及灌注桩身混凝土。

（3）钢套管护圈

在桩位处先用桩锤将钢套管强行打入土层中，再在钢套管的保护下，将管内土挖出，吊放钢筋笼，浇筑桩基础混凝土。待浇筑混凝土完毕，用振动锤和人字拔杆将钢管立即强行拔出，移至下一桩位使用。这种方法适用于地下水丰富的强透水地层或承压水地层，可避免产生流砂和管涌现象，能确保施工安全。

3. 吊装钢筋骨架及灌注桩身混凝土

挖孔到达设计深度后，应检查和处理孔底和孔壁情况，以保证基桩质量。

（二）沉管灌注桩的施工

沉管灌注桩又称为打拔管灌注桩，是采用锤击或振动的方法将一根与桩的设计尺寸相适应的钢管（下端带有桩尖）沉入土中，然后将钢筋笼放入钢管内，再灌注混凝土，并边灌边将钢管拔出，利用拔管时的振动力将混凝土捣实。

钢管下端有两种构造：一种是开口，沉管时套以钢筋混凝土预制桩尖，拔管时桩尖留在桩底土中；另一种是管端带有活瓣桩尖，沉管时桩尖活瓣合拢，灌注混凝土后，拔管时活瓣打开。

施工中应注意下列事项：

1）套管沉入土中时，应保持位置正确，如有偏斜或倾斜应立即纠正。

2）拔管时应先振后拔，满灌慢拔，边振边拔。在开始拔管时应测得桩尖活瓣已张开，或钢筋混凝土已脱离，灌入混凝土已从套管中流出，方可继续拔管。拔管速度宜控制在 1.5m/min 之内，在软土中不宜大于 0.8m/min。边振边拔以防管内混凝土被吸往上拉而缩颈，每拔起 0.5m，宜停拔，再振动片刻，如此反复进行，直至将套管全部拔出。

3）在软土中，沉管的挤压作用会使周围土体侧移及隆起，有可能挤断邻近已完成但混凝土强度还不高的灌注桩，因此桩距不宜小于 3 倍桩径，宜采用间隔跳打的施工方法，避免对邻桩挤压过大。

4）由于沉管的挤压作用，在软黏土中或软、硬土层交界处所产生的孔隙水压力较大，侧压力大小不一易产生混凝土桩缩颈。为了弥补这种现象可采取扩大桩径的“复打”措施，即在灌注混凝土并拔出套管后，立即在原位重新沉管再灌注混凝土。复打后的桩，其横截面增大，承载力提高，但其造价也相应增加，对邻近桩的挤压也较大。

三、打入桩的施工

打入桩靠桩锤的冲击能量将桩打入土中，因此桩径不能太大（在一般土质中桩径不大于 0.6m），桩的入土深度在一般土质中不超过 40m，否则打桩设备要求较高，而打桩效率较低。

打入桩的施工过程包括桩架移动和定位、吊桩和定桩、打桩、截桩和接桩等。

正式打桩前，还应进行打桩试验，以便检验设备和工艺是否符合要求，按照规范的规定，试桩不得少于两根。

打入桩施工的主要设备和施工中应注意的主要问题如下。

（一）桩锤

常用的桩锤有坠锤、单动汽锤、双动汽锤及柴油锤等几种。

打入桩施工时，应适当选择桩锤重量：若桩锤过轻，桩难以打下，频率较低，还可能将桩头打坏；若桩锤过重，则各种机具、动力设备都需加大，不够经济。

（二）桩架

桩架在结构上必须有足够的强度、刚度和稳定性，保证在打桩过程中桩架不会发生移位和变位。

1）桩架的作用：装吊桩锤、插桩、打桩、控制桩锤的上下方向。

2）桩架的组成：包括导杆（又称龙门，控制桩和锤的插打方向）、起吊设备（滑轮组、绞车、动力设备等）、撑架（支撑导杆）及底盘（承托以上设备）、移位行走部件等。

3）桩架的高度：应保证桩吊立就位的需要和锤击的必要冲程。

4）桩架的类型：根据材料不同，有木桩架和钢结构桩架，常用的是钢桩架。根据作业性的差异，桩架有简易桩架和多功能桩架（或称万能桩架）。

（三）桩的吊运

钢筋混凝土预制桩由预制场地吊运到桩架内，在起吊、运输、堆放时，都应该按照设计计算的吊点位置起吊（一般吊点在桩内预埋直径为20～25mm的钢筋吊环，或以油漆在桩身标明），若桩身受力情况与计算不符，易引起桩身混凝土开裂。

一般长度的桩，水平起吊采用两个吊点；插桩吊立时，常为单点起吊；对于较长的桩，为了减小内力、节省钢材，有时采用多点起吊。

（四）打桩过程中常遇到的问题

由于桩要穿过构造复杂的土层，所以在打桩过程中要随时注意观察，凡发生贯入度突变、桩身突然倾斜、锤击时桩锤产生严重回弹、桩顶或桩身出现严重裂缝或破碎等应暂停施工，及时研究处理。

（五）打桩过程应注意事项

1）为了避免或减轻打桩时引起的土体挤压使后打入的桩打入困难或先打入的桩被推挤移动的现象，打桩顺序应视桩数、土质情况及周围环境而定，可由基础的一端向另一端进，或由中央向两端施打。

2）在打桩前，应检查锤与桩的中心线是否一致，桩位是否正确，桩的垂直度或倾斜度是否符合设计要求，打桩架是否安置牢固平稳。桩顶应采用桩帽、桩垫保护，以免打裂桩头。

3）桩开始打入时，应轻击慢打，每次的冲击能不宜过大，随着桩的打入，逐渐增大锤击的冲击能量。

4）打桩时应记录好桩的贯入度，作为桩承载力是否达到设计要求的参考数据。

5）打桩过程中应随时注意观测打桩情况，防止基桩的偏移，并做好打桩记录。

6）每打一根桩应一次连续完成，避免中途停顿过久，否则因桩周摩阻力的恢复而增加沉桩的困难。

7）接桩要使上下两节桩对准接准；在接桩过程中及接好打桩前，均须注意检查上下两节桩的纵轴线是否在一条直线上。接头必须牢固，焊接时要注意焊接质量，宜用两人双向对称同时电焊，以免产生不对称的收缩，焊完待冷却后再打桩，以免热的焊缝遇到地下水而开裂。

8）当建筑物靠近打桩场地或在建筑物密集地区打桩时，需观测地面变化情况，注意打桩对周围建筑物的影响。

9）打桩完毕基坑开挖后，应对桩位、桩顶高程进行检查，方可浇筑承台。

四、水中桩基础施工

水中桩基础施工要比旱地上施工复杂困难得多，尤其是在深水急流的大河中修筑桩基础。为了适应水中施工的环境，需要增添浮运沉桩及有关的设备和采用水中施工的特殊方法。与旱地施工相比较，水中桩基础施工有如下特点：

1）地基地质条件比较复杂，江河床底一般以松散砂、砾、卵石为主，很少有泥质胶结物，在近堤岸处大多有护堤抛石，而港湾或河浜静水地带又多为流塑状淤泥。

2）护筒埋设难度大，技术要求高。尤其是水深流急时，必须采取专门措施，以保证施工质量。

3）水面作业自然条件恶劣，施工具有明显的季节性。

4）在重要的航运水道上，必须兼顾航运和施工两者安全。

5）考虑上部结构荷重及其安全稳定，桩基础设计的竖向承载力较大，所以钻孔较深，孔径也较大。

基于上述特点，水中施工必须充分准备施工场地，安装钻孔机械、混凝土灌注设备以及其他设备。这是水中桩基础施工的重要一环，也是水中施工的关键技术和主要难点之一。

根据水中桩基础施工方法的不同，其施工场地分为两种类型：一种是用围堰筑岛法修筑的水域岛或长堤，称为围堰筑岛施工场地；另一种是用船或支架拼装建造的施工平台，称为水域工作平台。水域工作平台依据其建造材料和定位的不同可分为船式、支架式和沉浮式等多种类型。水中支架的结构强度、刚度和船只的浮力、稳定性等应事前进行验算。

因地制宜的水中桩基础施工方法有多种，其中浅水中桩基础施工和深水中桩基础施工具体如下。

（一）浅水中桩基础施工

对位于浅水或临近河岸的桩基础，其施工方法类同于浅水浅基础常采用的围堰修筑法，即先筑围堰施工场地，然后可抽水挖基坑或水中吸泥挖坑再抽水，最后进行基桩施工。对围堰所用的材料和形式，以及各种围堰应注意的要求，与浅基础施工内容相同，在此不再赘述。

在浅水中建桥，常在桥位旁设置施工临时便桥。在这种情况下，可利用便桥和相应的脚手架搭设水域工作平台，进行围堰和基桩施工。这样在整个桩基础施工中可不必动用浮运打桩设备，同时是解决料具、人员运输的好办法。

（二）深水中桩基础施工

在宽大的江河深水中施工桩基础时，常采用围堰法、吊箱法和套箱法、沉井结合法等施工方法。

1. 围堰法

在深水中，低桩承台桩基础或墩身有相当长度需在水下施工时，常采用围笼修筑钢板桩围堰进行桩基础施工。

钢板桩围堰桩基础施工的方法与步骤如下：

1）在导向船上拼制围笼，拖运至墩位，将围笼下沉、接高、沉至设计高程，用锚船（定位船）抛锚定位。

2）在围笼内插打定位桩（可以是基础的基桩，也可以是临时桩或护筒），并将围笼固定在定位桩上，退出导向船。

3）在围笼上搭设工作平台，安置钻机或打桩设备；沿围笼插打钢板桩，组成防水围堰。

4）完成全部基桩的施工（钻孔灌注桩或打入桩）。

5）吸泥，开挖基坑。

6）基坑经检验后，灌注水下混凝土封底。

7）待封底混凝土达到规定强度后，抽水、修筑承台和墩身直至出水面。

8）拆除围笼，拔除钢板桩。

在施工中也有采用先完成全部基桩施工后，再进行钢板桩围堰的施工步骤。是先筑围堰还是先打基桩，应根据现场水文、地质条件、施工条件、航运情况和所选择的基桩类型等情况确定。

2. 吊箱法和套箱法

在深水中，修筑高桩承台桩基础时，承台位置较高，不需坐落到河底，一般采用吊箱方法修筑桩基础，或在已完成的基桩上安置套箱的方法修筑高桩承台。

（1）吊箱法

吊箱是悬吊在水中的箱形围堰，基桩施工时用作导向定位，基桩完成后封底抽水，灌注混凝土承台。

吊箱一般由围笼、底盘、侧面围堰板等部分组成。吊箱围笼平面尺寸与承台相应，分层拼装，最下一节将埋入封底混凝土内，以上部分可拆除周转使用；顶部设有起吊的横梁和工作平台，并留有导向孔。底盘用槽钢作为纵梁、横梁，梁上铺以木板作为封底混凝土的底板，并留有导向孔（大于桩径 50mm）以控制桩位。侧面围堰板由钢板形成，整块吊装。

吊箱法的施工方法与步骤如下：

1）在岸上或岸边驳船 1 上拼制吊箱围堰，浮运至墩位，吊箱 2 下沉至设计高程［图 9-13（a）］。

2）插打围堰外定位桩 3，并将吊箱围堰固定于定位桩 3 上［图 9-13（c）］。

3）基桩 5 施工［图 9-13（b）和图 9-13（c）］，4 为送桩。

4）填塞底板缝隙，灌注水下混凝土。

5）抽水，将桩顶钢筋伸入承台，铺设承台钢筋，灌注承台及墩身混凝土。

6）拆除吊箱围堰连接螺栓外框，吊出围笼。

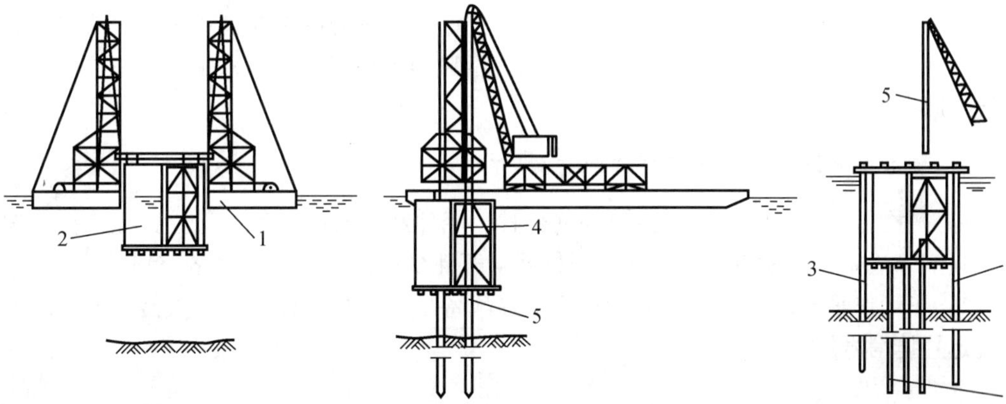

（a）　（b）　（c）

图 9-13　吊箱围堰修建水中桩基

1—驳船；2—吊箱；3—定位桩；4—送桩；5—基桩

（2）套箱法

套箱法是针对先完成了全部基桩施工后，修筑高桩承台基础的水中承台的一种方法。

套箱可预制成与承台尺寸相应的钢套箱或钢筋混凝土套箱，箱底板按基桩平面位置留有桩孔。基桩施工完成后，吊放套箱围堰，将基桩顶端套入套箱围堰内（基桩顶端伸入套箱的长度按基桩与承台的构造要求确定），并将套箱固定在定位桩（可直接用基础的基桩）上，然后浇筑水下混凝土封底，待混凝土达到规定强度后即可抽水，然后修筑承台和墩身结构。

施工中应注意：水中直接打桩及浮运箱形围堰吊装的正确定位，一般均采用交汇法控制，在大河中有时还需搭临时观测平台；在吊箱中插打基桩，由于桩的自由长度大，应细心把握吊沉方位；在浇灌水下混凝土前，应将箱底桩侧缝隙堵塞好。

3. 沉井结合法

当河床基岩裸露或因卵石、漂石土层钢板围堰无法插打时，或在水深流急的河道上为使钻孔灌注桩在静水中施工时，可采用浮运钢筋混凝土沉井或薄壁沉井作为桩基础进行施工时的挡水挡土结构（相当于围堰）和沉井顶设作为工作平台。沉井既可作为桩基础的施工设施，又可作为桩基础的一部分即承台。薄壁沉井多用于钻孔灌注桩的施工，除能保持在静水状态施工外，还可将几个桩孔一起圈在沉井内代替单个安设护筒，并可周转重复使用。

（三）水中钻孔桩施工的注意事项

1. 护筒的埋设

围堰筑岛施工场地的护筒埋设方法与旱地施工时基本相同。

施工场地是工作平台的可采用钢制或钢筋混凝土护筒。为防止水流将护筒冲歪，应在工作平台的孔口部位，架设护筒导向架；下沉好的护筒应固定在工作平台上或护筒导向架上，以防发生坍孔时，护筒下跑或倾斜。在风浪流速较大的深水中，可在护筒或导向架四周抛锚加固定位。

2. 配备安全设施，抓好安全作业

1）严格保持船体和平台不致有任何位移。船体和平台的位移，将导致孔口护筒偏斜、倾倒等一系列恶性事故，因此每一桩孔从开孔到灌注成桩都要严格控制。

2）在工作平台四周设坚固的防护栏，除配备足够的救生设备和防火器材外，还要按规定悬挂信号灯等。

复习思考题

1. 桩基础有何特点？各类桩的优缺点和适用条件是什么？
2. 桩基础的适用条件是什么？桩基础有哪些分类方法？
3. 高桩承台和低桩承台各有什么优缺点？它们各自适用于什么情况？
4. 在泥浆护壁成孔灌注桩施工中，埋设护筒的作用是什么？
5. 在钻孔过程中泥浆的作用是什么？
6. 叙述水下灌注混凝土的施工过程。
7. 什么是桩的负摩阻力？其产生的原因有哪些？
8. 什么是单桩容许承载力？影响桩侧摩阻力和桩端阻力的因素有哪些？
9. 什么是桩的负摩阻力？它产生的条件是什么？对基桩有什么影响？

项目十

软土地基处理

▍学习目标　1）掌握软土的概念及软土地基的定义。
2）掌握软土地基处理的目的和意义。
3）掌握软土地基常见的处理方法及应用情况。

任务一　软土地基认知

能力目标：学生通过学习能够认识软土地基及软土地基处理。

一、软土地基

公路中无论是道路还是桥梁都是建筑在一定的地基基础之上的，受荷载影响的那一部分地层称为地基，如图 10-1 所示。

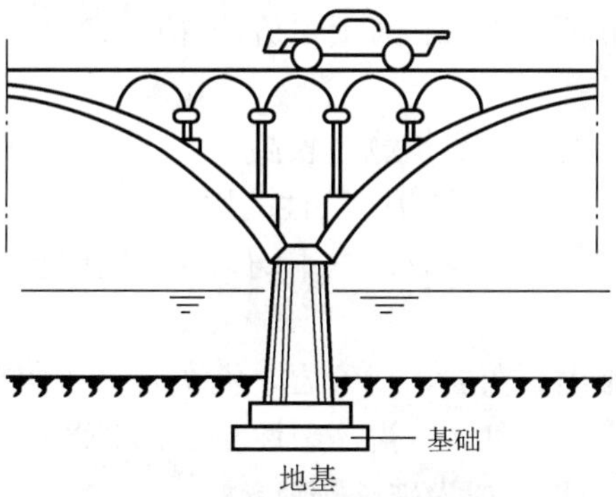

图 10-1　地基与基础

一般地，地基应该具备一定的强度和承载力，不发生失稳破坏或变形过大。由于公路是线形结构物，绵延数千米或数千千米不等，而地形地质情况千变万化，因此在公路建设中，不可避免地会遇到软土地基问题。

软土地基具有含水率高、天然孔隙比大、压缩性高、渗透性小、抗剪强度低、固结系数小等工程性质，这些均会导致地基承载力往往不能满足工程设计的要求，因此，需要对地基进行加固处理。处理软土地基的方法多种多样，如果处理不当，就会直接产生影响，如出现路基失稳或过量沉降，出现路基纵、横向断裂等病害。

在公路工程中，软土地基一般是指天然含水率大，压缩模量小，承载能力低，并在荷载作用下易于产生滑动或固结沉降变形的地基。软土地基主要由软土、冲填土、杂填土或其他高压缩性土层所构成。

（1）软土

软土是指天然含水率大、压缩性高、承载能力低的淤泥沉积物及少量腐殖质所组成的土，主要包括淤泥、淤泥质土及泥炭。

（2）冲填土

冲填土是在疏浚江河航道或从河底取土时，用泥浆泵将已装在泥驳船上的泥沙，直接或再定量地加水混合成一定浓度的泥浆，通过输泥管送到四周筑有围堤，并设有排水挡板的填土区内，经沉淀排水而成的。冲填土与自然沉积的同类土相比，强度低、压缩性高，常产生触变现象。

（3）杂填土

杂填土指含有建筑垃圾、工业废料、生活垃圾等杂物的填土。杂填土成分复杂，性质不均匀。对以生活垃圾和腐蚀性工业废料为主的杂填土，不宜作为建筑物地基。对以建筑垃圾和工业废料为主要成分的杂填土，经慎重处理后可以作为一般建筑的地基。杂填土一般承载能力不高，压缩性较大，且填料性质不均匀。

（4）特殊土地基

特殊土地基包括湿陷性黄土、膨胀土、红黏土、季节性冻土和岩溶，一般带有地区性特点。

1）湿陷性黄土。湿陷性黄土指天然黄土在上覆土的自重应力作用下，或在上覆土自重应力和附加应力作用下，受水浸湿后土的结构迅速破坏而发生显著附加下沉的黄土。

2）膨胀土。膨胀土指的是一般承载力较高，具有吸水膨胀、失水收缩和反复胀缩变形、浸水承载力衰减、干缩裂隙发育等特性的性质极不稳定的高液限黏土。膨胀土的矿物成分主要是蒙脱石，它常使建筑物产生不均匀的竖向或水平的胀缩变形，造成位移、开裂、倾斜甚至破坏。

3）红黏土。红黏土指由石灰岩、白云岩、泥灰岩等碳酸盐类岩石，经过风化过程后，残积，坡积形成的褐红、棕红、黄褐等塑性黏土。和黄土相比，红黏土没有湿陷性，但是其在暴露地表时容易龟裂，成为破碎颗粒。

4）季节性冻土。季节性冻土指的是冬季冻结、春季融化的土层。因其呈周期性的冻结和融化，对地基稳定性影响较大。

5）岩溶。岩溶指可溶性岩石，特别是碳酸盐类岩石（如石灰岩、石膏等）在有水和二氧化碳时发生化学反应生成碳酸氢钙[$Ca(HCO_3)_2$]。碳酸氢钙[$Ca(HCO_3)_2$]可溶于水，于是导致地基形面空洞并逐步扩大。

其实无论软土还是软土地基，它的软硬都是相对的，在工程设计和施工时，只要路堤或其他荷载在土基上有可能出现过大有害的变形与强度不足的问题时，就应进行沉降、稳定验算，凡不能满足设计指标时均应进行软土地基处治。

二、软土地基处理

1. 软土地基处理的目的和意义

一般，地基问题通常包括地基承载力和稳定性问题、沉降问题、渗流问题等。天然地基的承载力不能承受基础传递的全部荷载时，需要采用各种地基处理措施，形成人工地基以满足要求。

据软土地基的工程特性，其处理的目的是采用各种措施，如提高地基的抗剪切强度、降低地基的压缩性、改善地基的透水特性（如降低透水性或减少水压力，使基坑抗渗透；增加地基土的透水性，加快固结）等对地基土进行加固。

2. 软土地基处理的基本方法

根据工程需要和地基本身的特点，常用的软土地基处理的基本方法如下。

（1）表层处理法

表层处理法主要包括砂垫层法、反压护道法和土工聚合物处治法。

1）砂垫层法。在软土层顶面铺设一层砂垫层（图 10-2），主要起浅层水平排水作用，在路基荷载作用下将软土地基中的固结水通过砂垫层排入路基边沟。砂垫层对于基底应力的分布和沉降量的大小没有显著影响，但可加速沉降，缩短固结过程。

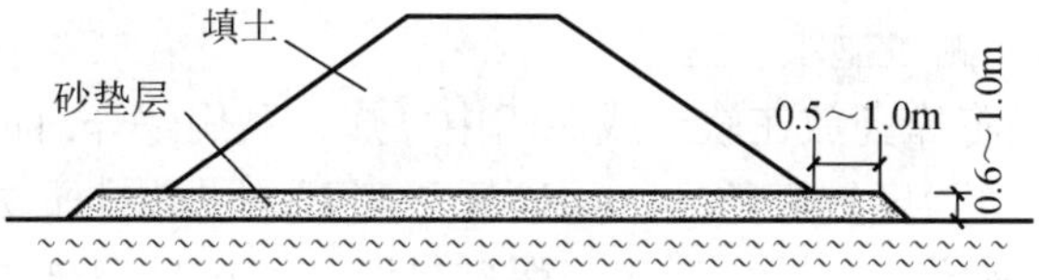

图 10-2　砂垫层断面图

2）反压护道法。反压护道法是在路堤两侧填筑一定宽度和高度的护道，通过改善路堤荷载方式来增加抗滑力，路堤下的软土向两侧隆起的趋势得到平衡，以防止地基破坏，从而保证路基稳定的一种有效措施。

采用反压护道加固地基（图 10-3），不需特殊的机具设备和材料，施工简易方便，但占地多，用土量大，后期沉降大。

3）土工聚合物处治法。土工聚合物处治软土地基（图 10-4）是将土工布铺设在路堤底部，在路基自重力作用下，土工布受拉，并产生抗滑力矩，从而提高了路基的稳定性。

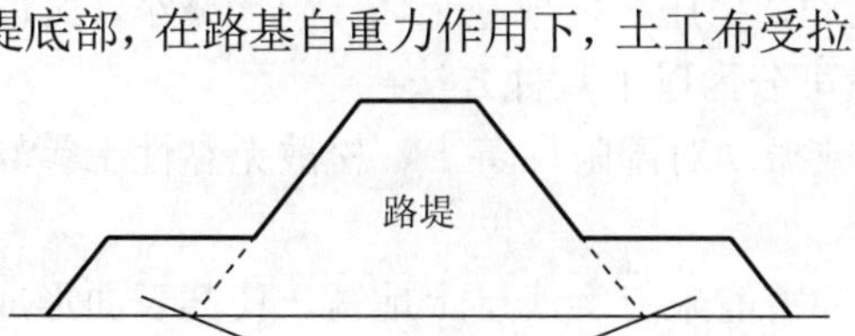

图 10-3　反压护道示意图

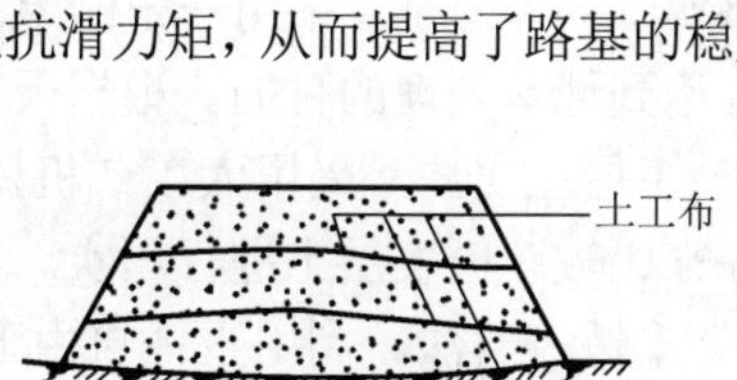

图 10-4　土工布加固软土地基

（2）换填法

换填法一般适用于地表下 0.50～3.0m 的软土处治，其方法包括开挖换填法、抛石挤淤法和爆破排淤法。

1）开挖换填法是将浅层软土地基层全部挖除或部分挖除，然后用强度较大的砂砾、碎石或钢渣等回填。按回填的材料可分为砂（砂石）垫层、碎石垫层、粉煤灰垫层、干渣垫层、土（灰土、二灰）垫层等。换土垫层法可提高持力层的承载力，减少沉降量。常用机械碾压、平板振动和重锤夯实进行施工。

开挖换填法一般处理深度为 2～3m。对软土或泥岩层厚度小于 3m 的情况，一般可采取全部挖除换填的方法；对厚度大于 3m 的情况，通常只采取部分挖除换填的方法。全部挖除换填从根本上改善了地基条件，是最为彻底的处理措施。

2）抛石挤淤法是指在路基底部抛投一定数量的片石，将淤泥挤出基底范围，以提高地基的强度。抛石挤淤法施工简单、迅速、方便，适用于下列情况：

① 常年积水的洼地，排水困难，泥炭呈流动状态，厚度较薄，表层无硬壳，片石能沉达底部的泥沼或厚度为 3～4m 的软土。

② 石料丰富，运输距离较近。抛投片石大小随泥炭或淤泥的稠度而定。对于容易流动的泥炭或淤泥，片石可稍小些，但一般不宜小于 30cm。抛填时，自中线向两侧展开，使淤泥向两边挤出。当软土或泥沼底面有较大的横坡时，抛石应从高的一侧向低的一侧扩展，并在低的一侧多抛填一些。

3）爆破排淤法是将炸药放在软土或泥沼中爆炸，利用爆炸时的张力作用，把淤泥或泥炭扬弃，然后回填强度较高的土，如砂砾和碎石。爆破排淤法较一般方法换填深度大，工作效率高，软土、泥沼均适用。爆破排淤法可根据爆破与填土的相对关系分为两种：

① 先填后爆法适用于稠度较大的软土或泥沼，先填的路堤随爆随沉，避免回淤。但先填后爆要严格控制炸药，使其既能炸开淤泥或泥炭，又不致扬弃已填路堤。

② 先爆后填法适用于稠度较小、回淤较慢的软土。采用此种方法时，应事先准备好充足的回填材料，于爆破后立即回填，做到随爆随填，填满再爆，爆后即填，以免回淤，造成浪费。

（3）挤实法

挤实法的原理是，采用一定的手段，如振动、挤压，使地基土体孔隙比减小，强度提高，达到地基处理的目的。根据采用的手段可分为以下几种方法：

1）表层压实法。采用人工或机械、碾压或振动对湿陷性黄土、松散无黏性土等软弱或原来比较疏松表层土进行压实。

2）重锤夯实法。利用重锤自由下落时的冲击能来夯实浅层土地基，使其表面形成一层较为均匀的硬壳层。

3）强夯法。将很重的锤从高处自由落下，反复多次夯击地面，给地基土以冲击力和振动，从而提高地基土的强度，并减小其压缩性。

4）振冲挤压法。通常用以加固砂层，其原理是：一方面依靠振冲器的强力振动使饱和砂层发生液化，颗粒重新排列，孔隙比减少；另一方面依靠振冲器的水平振动力，形成垂直孔洞，在其中加入回填料，使砂层挤压密实。

5）砂桩法。在松散砂土或人工填土中设置砂桩，能对周围土体产生挤密或振密作用，可以显著提高地基强度，改善地基的整体稳定性，并减少地基沉降量。

（4）排水固结法

排水固结法是指软土地基在附加荷载的作用下，逐渐排出孔隙水，使孔隙比减小，产生固结变形。在这个过程中，随着土体超静孔隙水压力的逐渐消散，土的有效应力增加，地基抗剪强度相应增加，并使沉降提前完成或提高沉降速率。

排水固结法主要由排水和加压两个系统组成：排水可以利用天然土层本身的透水性，也可设置砂井、袋装砂井和塑料排水板之类的竖向排水体；加压主要利用地面堆载法、真空预压法和井点降水法完成。为加固软弱的黏土，在一定条件下，采用电渗排水井点也是合理有效的。

常见的排水固结法包括以下方法。

1）堆载预压法。在软土地基上施加一定的荷载（如临时堆填土石等），加固地基，提高地基承载力。根据堆载预压中荷载的大小，堆载预压法又可分为等载预压法和超载预压法。等载预压法即为预压堆载等于上覆建筑物的荷载；但为了减少由于次固结而产生的沉降，预压荷载也可大于建筑物荷载，即为超载预压。

2）砂井法（包括袋装砂井、塑料排水板等）。在软黏土地基中，设置一系列砂井，在砂井之上铺设砂垫层或砂沟，人为地增加土层固结排水通道，缩短排水距离，从而加速固结，并加速强度增长的方法。砂井法适用于透水性低的软弱黏性土地基，但对于泥炭土地基等有机质沉积物不适用。

3）真空预压法。在需要加固的软土地基表面上铺设砂垫层，然后埋设垂直排水管道，再用不透气的封闭膜密封砂垫层，薄膜四周埋入土中，使其与大气隔绝，接着通过砂垫层内埋设的吸水管道，用真空装置进行抽气，使其形成真空。当抽真空时，先后在地表砂垫层及竖向排水通道内逐步形成负压，使土体内部与排水通道、垫层之间形成压差。在此压差作用下，土体中的水不断由排水通道排出，从而使土体固结、强度提高。真空预压法适用于能在加固区形成稳定负压边界条件的软土地基。

4）真空-堆载联合预压法。当真空预压达不到要求的预压荷载时，可与堆载预压联合使用，其堆载预压荷载和真空预压荷载可叠加计算。真空-堆载联合预压法适用于软黏土地基。

5）降低地下水水位法。降低地下水水位可以减小土体中的孔隙水压力，从而增大有效应力，促进地基固结。降低地下水水位法适用于地下水水位接近地面而开挖深度不大的工程，特别适用于饱和粉、细砂地基。

6）电渗排水法。在土中插入金属电极并通以直流电，由于直流电场作用，土中的水从阳极流向阴极，然后将水从阴极排除。工程中常利用电渗排水法降低黏性土中的含水率或地下水水位，提高地基承载力或边坡的稳定性。电渗排水法适用于饱和软黏土地基。

（5）复合地基法

复合地基法是以砂、碎石等材料置换软土，并与未加固部分形成复合地基，达到提高地基强度的目的。

1）碎石桩是指利用振冲置换法、沉管碎石桩法或强夯置换法形成的桩体，且桩体和原来的地基土共同构成复合地基，以提高地基承载力和减小沉降。①振冲置换法是利用振冲器在高压水流作用下在地基中振冲成孔，在孔内填入碎石、卵石等粗粒料且振密形成碎石桩，碎石桩与桩间土形成复合地基；②沉管碎石桩法是采用沉管法在地基中成孔，在孔内填入碎石、卵石等粗粒料形成成碎石桩，碎石桩与桩间土形成复合地基；③强夯置换法是边填碎石边强夯，在地基中形成碎石墩体，由碎石墩、墩间土及碎石垫层开成复合地基。

2）石灰桩是指在软土地基中用机械成孔，填入作为固化剂的生石灰并压实形成的桩体，利用生石灰的吸水、膨胀、放热作用，以及土与石灰的物理化学作用，改善桩体周围土体的物理力学性质，同时桩与土形成复合地基，达到地基加固的目的。石灰桩适用于软弱黏性土地基。

3）水泥粉煤灰碎石桩是指在碎石桩基础上加进一些石屑、粉煤灰和少量水泥，加水拌和，用振动沉管打桩机或其他成桩机具制成的具有一定黏结强度的桩体。桩和桩间土通过褥垫层形成复合地基。水泥粉煤灰碎石桩适用于填土、饱和及非饱和黏性土、砂土、粉土等地基。

（6）化学加固法

化学加固法利用化学溶液或胶结剂，采用压力灌注或搅拌混合等措施，使土颗粒胶结起来，达到对土基加固的目的。化学加固法是利用深层搅拌机将水泥或石灰和地基土原位搅拌形成圆柱状、格栅状或连续墙水泥土增强体，形成水泥土桩复合地基，以提高地基承载力，减小沉降。注浆法适用于处理岩基、砂土、粉土、淤泥质黏土、粉质黏土、黏土和一般人工填土。

1）喷浆搅拌法利用压力泵把水泥或其他化学浆液注入土体，以达到提高地基承载力、减小沉降、防渗、堵漏、防止砂土液化、管涌和基坑隆起的目的。

2）喷粉搅拌法利用水泥、石灰或其他材料作为固化材料，通过专用的粉体搅拌机械，用压缩空气将粉体喷到软弱地层中，凭借钻头叶片，在原位进行强制搅拌，形成土和掺和料的混合物。通过固化剂与土发生的一系列物理化学反应，从而产生一种特殊的，具有较高强度、较好变形特性和水稳定性的混合柱状加固体，从而提高软土地基承载力，减少地基的总沉降量。

（7）聚苯乙烯板块超轻质料填土法

聚苯乙烯板块（EPS）的重度只有土的重度的1/100～1/50，并具有较好的强度和压缩性能，用于填土料可有效地减小作用在地基上的荷载，需要时也可置换部分地基土，从而间接起到进行软土地基处理的目的。

为同时解决软土路基沉降、稳定性或加强某种软土地基处理方法的效果，可考虑将两种或两种以上软土地基处理方法进行组合，见表10-1。

表 10-1　常用软土地基处理方法可组合性

处理方法名称		适用条件	作用与效应							最终效果					可能的组合									
			置换软土	应力集中	时间效应	排水固结	加固软土	加强路堤	调整荷载	改善施工条件	减缓行车冲击	减少总沉降	减少施工后沉降	提高强度与稳定性	换填	垫层	轻质路堤	加筋路堤	反压护道	等载预压	超载预压	砂井或排水板	粒料桩	加固土桩
地上与浅层处理	换填	低填少挖段	√							√				√		○	○	○	○	○	○	△	△	△
	垫层	盛产优质填料				√		√		√				√	○		○	○	○	○	○	△	△	△
	轻质路堤	当地有轻质填料							√			√	√	√	○	○		○	○	○	○	△	△	△
	加筋路堤	无硬壳的软土						√						√	○	○	○		○	○	○	△	△	△
	反压护道	需足够的用地							√			×	×	√	○	○	○	○		○	○	△	△	△
	等载与超载预压	需足够的施工时间			√									√	○	○	○	○	○		○	△	△	△

续表

处理方法名称		适用条件	作用与效应							最终效果					可能的组合									
			置换软土	应力集中	时间效应	排水固结	加固软土	加强路堤	调整荷载	改善施工条件	减缓行车冲击	减少总沉降	减少施工后沉降	提高强度与稳定性	换填	垫层	轻质路堤	加筋路堤	反压护道	等载预压	超载预压	砂井或排水板	粒料桩	加固土桩
深层处理	砂井排水板	需专用设备				√								√	○	○	○	○	○	○	○			
	料粒桩		√	√			√					√	√	√	○	○	○	○	○	○	○			
	加固土桩			√			√					√	√	√	○	○	○	○	○	○	○			

注：√表示处理方法相应的作用与效应；×表示有害的相反效果；○表示某方法与另一方法可能的组合；△表示只能选其中之一种方法组合，否则将产生施工干扰。

任务二　换土垫层法

能力目标：学生通过学习能够掌握换土垫层法原理。

一、换土垫层法的概念

换土垫层法是将基础下一定深度内的软弱土层挖去，回填强度较高的砂、碎石或灰土等，并夯至密实的一种地基处理方法。换土垫层法的作用主要如下：

1）提高持力层承载力。通过扩散作用使传到垫层下软弱层的应力减小。

2）减少沉降量。一般地基浅层部分沉降量在总沉降量中所占的比例比较大。以条形基础为例，在相当于基础宽度的深度范围内的沉降量占总沉降量的50%左右。如以密实砂或其他填筑材料代替上部软弱土层，就可以减少这部分的沉降量。砂垫层或其他垫层对应力的扩散作用，使作用在下卧层土上的压力较小，这样也会相应减少下卧层土的沉降量。

3）加速软弱土层的排水固结。当垫层材料采用的砂、碎石等透水性大的材料时，软弱土层受压后，垫层可作为良好的排水面，可以使基础下面的孔隙水压力迅速消散，加速垫层下软弱土层的固结和提高其强度，避免地基土塑性破坏。

4）防止冻胀。因为粗颗粒的垫层材料孔隙大，不易产生毛细管现象，所以可以防止寒冷地区土中结冰所造成的冻胀。

5）消除膨胀土的胀缩作用。在膨胀土地基上可选用砂、碎石、块石、煤渣、二灰或灰土等材料作为垫层以消除胀缩作用。

二、垫层材料选择

常用的垫层包括砂垫层、砂卵石垫层、碎石垫层、灰土或素土垫层、煤渣垫层、矿渣垫层，以及用其他性能稳定、无侵蚀性的材料做的垫层等。其常用的垫层材料如下。

1）砂石。砂石宜选用碎石、卵石、角砾、原砾、砾砂、粗砂、中砂或石屑（粒径小于 2mm 的部分不应超过总重的 45%），应级配良好，含泥量不超过 3%，并应除去树皮、草皮等杂质。若用细砂，应掺入 30%～50%的碎石，碎石最大粒径不宜大于 50mm。对湿陷性黄土地基，不得选用砂石等渗水材料。

2）黏土。土料中有机质含量不得超过 5%，也不得含有冻土或膨胀土。当含有碎石时，其粒径不宜大于 50mm。

3）灰土。选用的灰土体积比宜为 2∶8 或 3∶7。土料宜用黏性土及塑性指数大于 4 的粉土，不得含有松软杂质，并应过筛，其颗粒不得大于 15mm。石灰宜用新鲜的消石灰，其颗粒粒径不得大于 5mm。

4）粉煤灰。粉煤灰可用于道路、堆场和小型建筑、构筑物等的换填垫层。粉煤灰自重轻，压实性能好，其颗粒组成近似砂质粉土，具有较大的渗透系数。由于粉煤灰的自重轻，作为回填材料，对软土地基下卧层的压力小，因此可以减少沉降，从而提高路堤的填土高度。粉煤灰做垫层时宜在其上覆土，厚度为 30～50cm。

三、垫层设计

对砂垫层的设计，既要求有足够的厚度以置换可能被剪切破坏的软弱土层，又要求有足够的宽度以防止砂垫层向两侧挤出。

图 10-5 所示为垫层内应力分布。垫层厚度 z 应根据垫层底部下卧土层的承载力确定，并符合式（10-1）要求：

$$p_z + p_{cz} \leqslant f_z \tag{10-1}$$

式中：p_z——垫层底面处的附加压力设计值，kPa；

p_{cz}——垫层底面处土的自重压力值，kPa；

f_z——经深度修正后垫层底面处土层的地基承载力容许值，kPa。

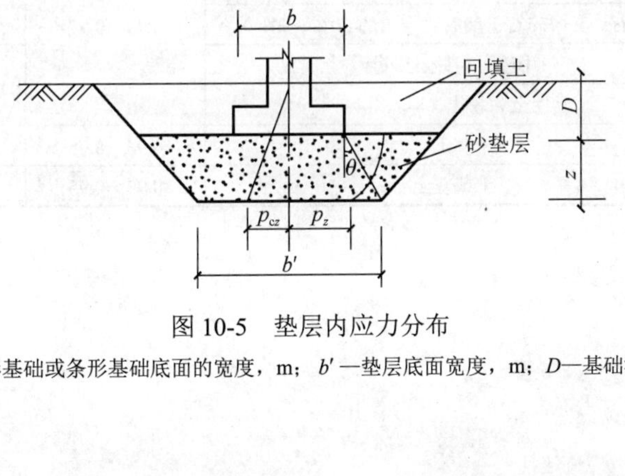

图 10-5　垫层内应力分布

b—矩形基础或条形基础底面的宽度，m；b'—垫层底面宽度，m；D—基础深度，m

垫层底面处的附加压力值 p_z 可按压力扩散角 θ 进行简化计算。

条形基础为

$$p_z = \frac{b(p - p_c)}{b + 2z\tan\theta} \tag{10-2}$$

矩形基础为

$$p_z = \frac{bl(p - p_c)}{(b + 2z\tan\theta)(l + 2z\tan\theta)} \tag{10-3}$$

式中：l ——矩形基础底面的长度，kPa。

p ——基础底面的压力值，kPa。

p_c ——基础底面处土的自重压力值，kPa。

z ——基础底面下垫层的厚度，m。

θ ——垫层的压力扩散角，（°）。垫层的压力扩散角参见表 10-2。

表 10-2　压力扩散角

z/b	中砂、粗砂、砾砂、圆砾、角砂卵石、碎石	黏性土和粉土 ($8 < I_p < 14$)	灰土
0.25	20	6	30
≥0.50	30	23	30

注：当 $z/b < 0.25$ 时，除灰土仍取 $\theta = 30°$ 外，其余材料均取 $\theta = 0°$；当 $0.25 \leqslant z/b < 0.5$ 时，θ 值可内插求得。

垫层的底面宽度 b'（以 m 计）应满足基础底面应力扩散的要求，可按式（10-4）计算或根据当地经验确定。

$$b' \geqslant b + 2z\tan\theta \tag{10-4}$$

垫层顶面每边宜比基础底面大 300mm，或从垫层底面两侧向上按当地开挖基坑经验的要求放坡，整片垫层的宽度可根据施工的要求适当加宽。

垫层的承载力宜通过现场试验确定，当无试验资料时，可按表 10-3 选用，并应验算下卧层的承载力。

表 10-3　各种垫层的承载力

施工方法	换填材料	压实系数 λ_c	承载力容许值 f_k/kPa
碾压或振密	碎石、卵石	0.94～0.97	200～300
	砂夹石（其中碎石、卵石占全重的 30%～50%）		200～250
	土夹石（其中碎石、卵石占全重的 30%～50%）		150～200
	中砂、粗砂、砾砂		150～200
	黏性土和粉土（$8<I_p<14$）		130～180
	灰土	0.93～0.95	200～250
重锤夯实	土或灰土	0.93～0.95	150～200

任务三　挤密压实法

能力目标：学生通过学习能够掌握挤密压实法原理。

挤密压实法是指采用挤压、振动和碾压的方法，对松软地基土进行振密、挤密和压实，包括浅层加固和深层加固：浅层加固法主要指机械碾压法、振动压实法和重锤夯实法；深层加固法主要指强夯、挤密加固法。

一、机械碾压法

机械碾压法是采用各种压实机械，如光轮压路机、轮胎压路机、振动压路机等来回压实填筑材料。采用机械碾压法施工时、主要的施工参数见表10-7。另外，通过工地试验确定施工机械、松铺厚度与松铺系数、最优含水率、碾压遍数。

表10-7　机械碾压法每层铺筑厚度及压实遍数

施工机械	每层填筑厚度/mm	每层压实遍数	施工机械	每层填筑厚度/mm	每层压实遍数
平碾（8～12t）	200～300	6～8	振动压实机（2t，振动力为98kN）	1200～1500	10
羊足碾（5～16t）	200～350	8～16	插入式振捣器	200～500	
蛙式夯（200kg）	200～250	3～4	平板式振捣器	150～250	
振动碾（8～15t）	600～1300	6～8			

二、振动压实法

振动压实法是使用振动压实机械来处理无黏性土或黏粒含量少、透水性较好的松散杂填土地基的一种方法。

振动压实的效果与填土成分、振动时间等因素有关，一般振动时间越长，效果越好，但振动时间超过某一值后，振动引起的下沉基本稳定，再继续振动就不能起到进一步压实的作用。为此，需在施工前进行试振，得出稳定下沉量和时间的关系。

振实范围应从基础边缘放出0.6m左右，先振动两边，后振动中间，其振动的标准是以振动机原地振实不再继续下沉为合格，并辅以轻便触探试验检验其均匀性及影响深度。

砂石料宜采用振动碾或振动压实机等压密，其压实效果与分层摊铺厚度、压实遍数、最优含水率等有关。当采用平板振动器时，最优含水率为15%～20%；当采用平碾及蛙式夯时最优含水率为 8%～12%；当采用插入式振动器时，宜对饱和的碎石、卵石充分洒水湿透后进行夯压。

三、重锤夯实法

重锤夯实法是用起重机将夯锤提升到某一高度，然后自由落锤，不断重复夯击以加固地基。重锤夯实法的主要设备为起重机械、夯锤、钢丝绳和吊钩等。夯锤宜采用圆台形，锤重宜大于 2t，锤底面单位静压力宜为 15～20kPa。夯锤落距宜大于 4m。

四、强夯法

强夯法（动力固结法）是指用起重机将一个很重的锤（6～40t，最大 200t）吊到十几米，甚至几十米（8～25m）高处，利用自动脱钩法，使锤自由落下，从而对地基土施加强大的冲击力，即在地基中形成冲击波和动应力，使地基土压密和振密，从而达到对软土地基进行加固的目的。

1. 强夯加固机理

强夯加固机理：用重锤高落距产生的高夯击能给地基一冲击力，并在地基中产生冲击波，在冲击力作用下，夯锤对上部土体进行冲切，土体结构破坏，形成夯坑，并对周围土进行动力挤压。巨大的能量瞬间释放产生的压缩波，使土体孔隙水压力急剧增大，土体局部液化，其强度锐减，随后在剪切波作用下使土体的原有结构解体。待波消失后，土粒落到一个新的较稳定的位置，同时有相当一部分水排走，从而使土体迅速固结，降低了土体的压缩性，提高了地基的承载力。

2. 强夯施工基本参数

在强夯施工前，必须通过试夯合理确定强夯参数，用来指导后续工程大面积施工。强夯施工参数主要如下。

（1）有效加固深度

有效加固深度指经强夯加固后，强度提高，压缩模量增大，加固效果显著的土层深度范围（表 10-8）。有效加固深度可采用梅娜（Menard）提出的式（10-5）进行计算：

$$H \approx \sqrt{Mh/10} \tag{10-5}$$

式中：H——加固影响深度，m；

M——锤重，t；

h——落距，m。

表 10-8　强夯法的有效加固深度　（单位：m）

单击夯击能/（kN·m）	碎石、砂土等	粉土、黏性土、湿陷性黄土等
1000	5.0～6.0	4.0～5.0
2000	6.0～7.0	5.0～6.0
3000	7.0～8.0	6.0～7.0
4000	8.0～9.0	7.0～8.0
5000	9.0～9.5	8.0～8.5
6000	9.5～10.0	8.5～9.0

也有其他学者对梅娜的公式进行了修正，即

$$H = \alpha\sqrt{Mh} \tag{10-6}$$

式中：α——小于 1 的修正系数，其变化范围为 0.35～0.70。

（2）单击夯击能

单击夯击能是表征每击能量大小的参数，其值等于锤重和落距的乘积。单击夯击能一般根据加固土层的厚度、地基状况和土质成分综合确定：

$$E = Mh \tag{10-7}$$

式中：E——单击夯击能，kJ。

我国所用的锤重一般为 10～25t，个别可达 40t，落距为 8～25m。

（3）最佳夯击能

从理论上讲，最佳夯击能是指能使地基中出现的孔隙水压力达到土的覆盖压力时的夯击能。当单击夯击能一定时，与最佳夯实能相对应的夯击次数称为最佳夯击数。因此，恰当选择夯点击数是取得良好加固效果的一个重要因素。若夯点击数过小，则达不到压实加固效果；若夯点击数过大，不仅费用高、不经济，有时还会降低地基承载力。因此，夯击点数应根据地层结构等选择最佳数值。

对于黏性土地基，由于孔隙水压力消散慢，随着夯击能的增加，孔隙水压力可以叠加，因而可根据孔隙水压力的叠加来选定最佳夯击能。对于砂性土地基，由于孔隙水压力的增加和消散过程快，孔隙水压力不能随夯击能的增加而叠加，当孔隙水压力增量随夯击次数的增加趋于稳定时，可认为砂土能够接受的能量已达到饱和状态。因此，对于砂性土地基，可通过最大孔隙水压力增量与夯击次数之间的关系来确定最佳夯击能。

（4）夯点布置

夯点的平面布置应根据建筑物的结构类型，地基土情况和要求的加固深度确定，夯点布置多采用正方形或等边三角形布置。

（5）夯点间距

夯点间距的选择宜根据建筑物结构类型、加固土层厚度及土质条件通过试夯确定。

1）细粒土。为便于超静水压力的消散，夯击点间距不宜过小。当加固深度要求较大时，第一遍的夯点间距不宜过小，以免在夯击时在浅层形成密实层而影响夯击能向下传递。另外，若各夯点间距太小，在夯击时上部土体易向侧向已夯成的夯坑内挤出，从而造成坑壁坍塌，夯锤歪斜或倾倒，影响效果。一般，第一遍夯击点间距宜选 5～9m。

2）对土层较薄的砂土或回填土，第一遍夯击点间距最大，以后各遍夯点间距与第一遍相同，也可适当减少。对加固深度要求较大的工程或单点夯击能较大的工程，第一遍夯击点间距应适当增加。

（6）夯击次数

夯击次数一般通过现场试夯得到的夯击次数和夯沉量关系曲线确定。常以夯坑的压缩量最大，夯坑周围隆起量最小为确定夯击次数的原则。一般每点夯击 5～15 击，可按下面标准控制：

1）最后两击的平均沉降量不大于 5cm，当单击夯击能较大时，不大于 10cm，即

$$\Delta S=\sum S_n-\sum S_{n-1}\leqslant(5\sim8)\text{cm}\quad\text{或}\quad\Delta S\leqslant(0.05\sim0.1)d\tag{10-8}$$

式中：ΔS——两击沉降差；

$\sum S_n$、$\sum S_{n-1}$——前、后两击累积沉降值；

d——锤直径或边长。

2）夯坑周围地面不应发生过大的隆起，土体隆起高度为 $h_{\max}\leqslant 10\text{cm}$。

3）不因夯坑过深发生起锤困难。

（7）夯击遍数

一般根据压缩层的厚度、土质条件和设计对沉降的要求来确定夯击遍数。土体压缩层越厚，土质颗粒越细，同时含水率较高，需要的夯击遍数越多。一般可用以下方法进行控制。

1）理论公式法

$$\sum S_{i1}=(0.6\sim0.8)S_{\infty}\tag{10-9}$$

式中：S_{∞}——分层总和法计算的一维沉降值；

$\sum S_{i1}$——各遍夯击沉降和。

2）根据设计要求夯到标高为止。

（8）夯击范围的确定

由于建筑物基础的应力扩散作用，强夯处理的范围应大于建筑物基础的范围，具体扩大范围可根据建筑结构类型和重要性等因素综合考虑确定。一般夯击范围为 $(B+h)\times(L+h)$，其中 h 为加固深度，B、L 分别为加固区的宽和长。

（9）间歇时间

两遍夯击之间应有一定的间歇时间，以利于强夯时土中超孔隙水压力的消散。土中超孔隙水压力的消散率与土的类别、夯点间距等因素有关。对砂性土，其渗透系数大，一般在数分钟和 2～3h 即可消散完。但对于渗透性差的黏性土地基，一般需要数周才能消散完。夯点间距对孔压消散速率也有很大影响，夯点间距小，孔压消散慢；反之，夯点间距大，孔压消散快。当缺少实测孔压资料时，可根据地基土的渗透性确定间歇时间。对于渗透性差的黏性土地基的间隔时间，一般不少于 3～4 周，一般渗透性较好的黏性土为 1～2 周，对渗透性好的地基可连续夯击。

（10）起夯面

起夯面可高于或低于基底。高于基底是预留压实高度，使夯实后表面与基底为同一标高；低于基底是当要求加固深度加大，能量级达不到所需的加固深度时，降低起夯面，在满夯时再回填至基底以上，使满夯后与基底标高一致，这时满夯的加固深度加大，需增大满夯的单击夯击能。

（11）垫层

当地基土为软弱饱和土或地下水水位浅时，常需在地面上预铺设碎石垫层或砂砾垫层，一般厚度为 50～150mm。预铺垫层的作用如下：一是可形成一覆盖压力，减小坑侧土的隆起，使坑侧土得到加固；二是在夯击后能在坑底形成宜透水土塞，并可作为坑底土孔隙水压力的消散通道，加快坑底土孔隙水压力的消散，从而加大、加固深度；同时，垫层还可以防止夯坑底涌土，并利于施工机械的行走。

垫层材料宜采用粗颗粒的碎石、矿渣、砂砾石，粗颗粒粒径宜小于 10cm。对处理土层为饱和砂、软土时，坑底易涌砂，不宜用砂做垫层材料。

垫层厚度不宜过厚或过薄，过厚时会在锤底形成大的垫层，扩散动应力，减弱下部土的加固作用和加固深度；过薄则起不到垫层作用。

3. 强夯施工工艺

强夯施工工艺流程图如图 10-12 所示。

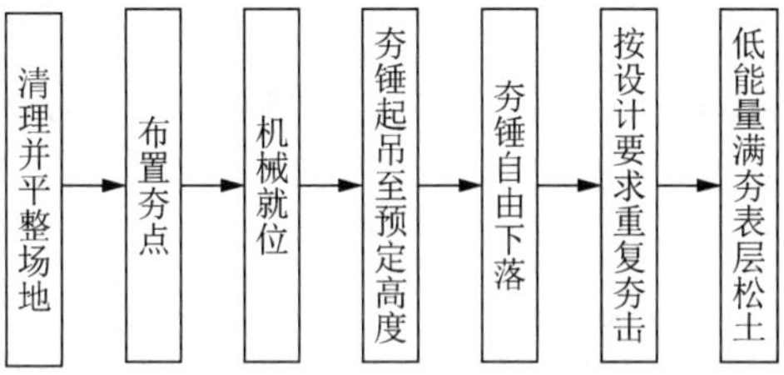

图 10-12 强夯施工工艺流程图

1）清理并平整场地。预估强夯后可能产生的平均地面变形，并以此确定地面高程，然后用推土机平整。

2）铺设垫层。

3）夯点放线定位及测量场地高程。宜用石灰或打小木桩的方法标出夯点，并测量场地高程。

4）强夯设备就位，测量夯前锤顶高程，将夯锤起吊到预定高度，使夯锤对准夯点位置。夯锤脱钩自由落下，按试夯确定的夯击次数及控制标准，完成一个夯点的夯击。

5）采用合理的夯点布置方式按规定夯击次数及控制标准对各夯点进行夯击，完成第一遍夯击。对夯后场地进行推平，并测量场地高程。

6）按规定的间歇时间，完成全部夯击遍数，最后用低能量满夯，满夯采用轻锤或低落锤多次夯击，将表层松土夯实到设计要求，并测量夯后场地高程。

五、碎石（砂）桩

碎石桩和砂桩总称为碎石（砂）桩，是指用振动、冲击或水冲等方式在软土地基中成孔后，再将碎石或砂挤压入已成的孔中，形成大直径的碎（砂）石所构成的密实桩体。

碎石桩常用的施工方法分类见表 10-9。

表 10-9 碎石桩施工方法分类

分类	施工方法	成桩工艺	适用土类
挤密法	振冲挤密法	采用振冲器振动水冲成孔，再振动密实填料成桩，并挤密桩间土	砂性土，非饱和黏性土，以炉灰、炉渣、建筑垃圾为主的杂填土，松散的素填土
	沉管法	采用沉管成孔，振动或锤击密实填料成桩，并挤密桩间土	
	干振法	采用振孔器成孔，再用振孔器振动密实填料成桩，并挤密桩间土	

续表

分类	施工方法	成桩工艺	适用土类
置换法	振冲置换法	采用振冲器振动水冲成孔，再振动密实填料成桩	饱和黏性土
	钻孔锤击法	采用沉管且钻孔取土方法成孔，锤击填料成桩	
排土法	振动气冲法	采用压缩气体成孔，振动或锤击填料成桩	饱和软黏土
	沉管法	采用沉管成孔，振动或锤击填料成桩	
	强夯置换法	采用重锤夯击成孔和重锤夯击填料成桩	

砂桩常用的成桩方法有振动成桩法和冲击成桩法：①振动成桩法是使用振动打桩机将桩管沉入土层中，并振动挤密砂填料；②冲击成桩法是使用蒸汽或柴油打桩机将桩管打入土层中，并用内管夯击密实砂填料。因此，砂桩的沉桩方法，对于砂性土相当于挤密法，对黏性土则相当于排土成桩法。

下面简单介绍振冲法施工的基本原理和设计参数。

振冲法（又称振动水冲法）是依靠振冲器对地基施工振动和水冲作用，达到加固地基的目的。振冲器由装入钢制外套内的潜水电动机、偏心块和通水管 3 部分组成，类似于插入式混凝土振捣器。振冲法加固地基时，用起重机吊起振冲器，启动潜水电动机带动偏心块转动，振冲器因而产生高频振动，同时开动水泵，通过振冲器前端喷嘴喷射高压水流。在振动和高压水流共同作用下，土被挤向两边，振冲器下沉到土中预定深度。然后进行清孔，用循环水带出较稠泥浆。然后从地面向孔中逐段添加碎石或其他散粒材料，每段填料均在振冲器的振动作用下被振捣密实，达到要求的密实度后，提升振冲器。再对第二段重复上述操作，如此直至地面，使地基中形成一根大直径的密实桩体。振冲法施工工艺示意图如图 10-13 所示。

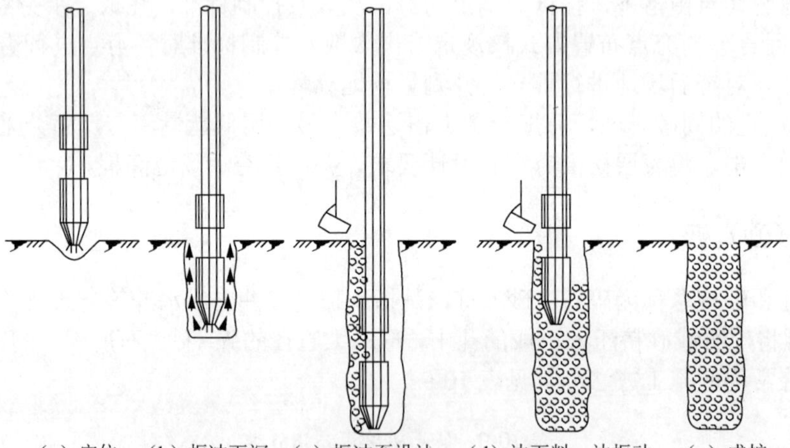

（a）定位　（b）振冲下沉　（c）振冲至设计深度后开始填料　（d）边下料、边振动、边上提制桩　（e）成桩

图 10-13　振冲法施工程序示意图

1. 振冲法的加固机理

由于振冲法在砂土和黏性土地基中的作用机理不同，振冲法又分为振冲密实法和振

冲置换法两类。

（1）振冲密实法

振冲密实法适用于处理松砂地基。振冲时，因振动力强大，振冲器周围一定范围内的饱和砂土发生液化。液化后的土粒在自重、上覆土层压力及碎石挤压力作用下重新排列，土因孔隙体积减少而得到密实，因此提高了地基承载力，减少了沉降。

（2）振冲置换法

振冲置换法在黏性土地基中起振冲置换作用。因黏性土（特别是饱和黏性土）的透水性较小，在振冲器振动力作用下，孔隙水不易排出，孔隙水压力不易消散，因此所形成的碎石桩起不到挤密作用。但碎石桩透水性较好又经过了振密，用其置换掉原来的软土后，能与桩周土体形成复合地基。从而使黏性土地基排水能力得到很大改善，加速了地基的排水固结，提高了地基承载力，减少了沉降。

2. 振冲法的适用范围

振冲法是一种有效的地基处理方法，适用范围较广。振冲法可以提高地基承载力，减少地基沉降。对于砂土，还能增强地基抗地震液化能力。一般经振冲加固后，地基承载力可提高 1 倍以上。

一般，振冲置换法适用于处理不排水抗剪强度≥20kPa 的黏性土、粉土、饱和黄土和人工填土等地基；振冲密实法适用于处理砂土和粉土地基。不加填料的振冲密实法仅适用于处理黏粒含量<10%的粗砂、中砂地基。

3. 振冲法的设计参数

（1）加固范围

振冲法加固范围应根据建筑物的重要性和场地条件确定，通常都大于基础底面面积。对一般地基，基础外缘宜扩大 1～2 排桩；对可液化地基，基础外缘应扩大 2～4 排桩。

（2）桩位布置

桩位布置形式有等边三角形、正方形、矩形和等腰三角形 4 种，如图 10-14 所示。

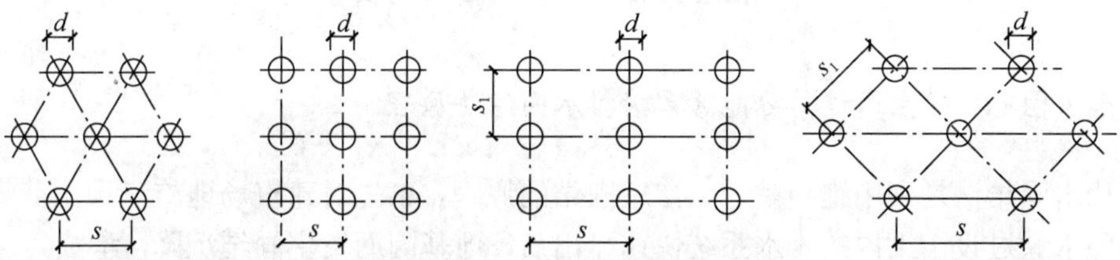

（a）等边三角形布置　（b）正方形布置　（c）矩形布置　（d）等腰三角形布置

图 10-14　桩位布置示意图

s、s_1—桩距；d—桩径

对于箱形基础、片筏基础或其他大面积地基处理，宜用等边三角形布置；对于独立基础或条形基础，宜用正方形、矩形或等腰三角形布置。

（3）桩距

桩距应根据上部结构荷载大小和振冲前地基的抗剪强度确定，一般为 1.5～2.5m。荷载大或振冲前土的抗剪强度低时，宜取较小桩距；反之，宜取较大桩距。对桩端未达到相对较硬土层的短桩，应取小桩距。

（4）加固深度

振冲置换法的加固深度，当相对较硬土层的埋藏深度不大时，应按相对硬层埋藏深度确定；当相对硬层的埋藏深度较大时，应按建筑物地基的变形允许值确定。加固深度不宜小于 4m。在可液化的地基中，加固深度应按抗震要求确定。

4. 振冲密实法设计参数

（1）加固范围

振冲密实法加固范围应大于建筑物基础范围。一般在建筑物基础外缘每边放宽应不小于 5m。

（2）桩位布置与桩距

振冲点布置宜按等边三角形或正方形布置，其中大面积挤密处理宜用等边三角形布置可得到更好的处理效果。

振冲孔位的间距与土的颗粒组成、要求达到的密实程度、地下水水位、振冲器功率和出水量等因素有关，因此应通过现场试验确定，一般可取为 1.8～2.5m。

（3）加固深度

当可液化土层不厚时，振冲深度应穿透整个可液化土层；当可液化土层较厚时，振冲深度应按抗震要求确定。

（4）填料

振冲密实法桩体填料可用碎石、卵石、角砾、圆砾、砾砂、粗砂、中砂等硬质材料。常用粒径为 5～50mm。填料粒径越粗，挤密效果越好。

任务四　排水固结法

能力目标：学生通过学习能够掌握排水固结法原理。

排水固结法是利用饱和黏性土渗透固结的原理，事先对建筑场地施工预压荷载，土中孔隙水通过设于土内的排水系统快速排出后，地基因而发生固结沉降，承载力逐步提高。排水固结法适用于处理淤泥质土、淤泥和冲填土等饱和黏性土地基。

排水固结法由排水系统和加压系统两部分组成：①排水系统主要用于改变地基原有排水条件，增加孔隙水排出途径，缩短排水距离。该系统由水平排水的砂垫层和竖向排水体构成。竖向排水体包括普通砂井、袋装砂井和塑料排水带 3 种。采用竖向排水体进行深层排水时，排水体表面必须设置水平砂垫层。②加压系统指土体固结所需的荷重。

加压方式有堆载预压和真空预压两种。一般地，根据加压方式不同，排水固结法可分为堆载预压法、砂井堆载预压法、真空预压法 3 种。

一、堆载预压法

堆载预压法是指在建造建筑物以前，通过临时堆填土石等方法对地基加荷预压，达到预先完成部分或大部分地基沉降，并通过地基土固结提高地基承载力，然后撤除荷载，再建造建筑物的施工方法。预压堆载可以等于上部建筑物的荷载，但有时为了减少由于次固结产生的沉降，预压荷载也可大于建筑物荷载，即为超载预压。

堆载预压适用于对淤泥质土、淤泥和冲填土等饱和黏性土地基的加固处理。在压缩性大、透水性好的泥炭地基上，最适宜采用堆载预压法。在压缩性大、透水性差的软土地基上，单独采用堆载预压法，一般需要相当长的固结沉降时间，因此较适用于施工期长的工程；而对于施工期短的工程，则需与垂直排水法并用，以加速固结沉降。

1. 堆载预压法加固机理

当在软土地基上施加荷载后，孔隙水被缓慢排出，孔隙体积随之逐渐减少，地基发生固结变形。同时随着超静水压力逐渐消散，有效应力逐渐提高，地基土强度就逐渐增长。

在荷载作用下，土层的固结过程就是超静孔隙水压力（简称孔隙水压力）消散和有效应力增加的过程。根据饱和土有效应力原理，若在地基内某点的总应力增量为$\Delta\sigma$，有效应力增量为$\Delta\sigma'$，孔隙水压力增量为Δu，则三者之间应满足关系$\Delta\sigma'=\Delta\sigma-\Delta u$。用填土等外加荷载对地基进行预压，是通过增加总应力$\Delta\sigma$，并使孔隙水压力Δu消散，从而增加有效应力$\Delta\sigma'$的方法。

地基土层的排水固结效果与它的排水边界有关。根据固结理论，在达到同一固结度时，固结所需的时间与排水距离的平方成正比。软黏土层越厚，一维固结所需的时间越长。如果淤泥质土层厚度大于 10～20m，要达到较大固结度U>80%，所需的时间要几年至几十年之久。为了加速固结，最为有效的方法是在天然土层中增加排水途径，缩短排水距离，即在天然地基中设置垂向排水体。

2. 堆载预压加荷方式

堆载预压加荷主要解决的问题包括堆载预压加荷方式的选择和堆载材料的选用。

（1）堆载预压加荷方式的选择

堆载预压，根据土质情况分为单级加荷和多级加荷。对堤坝等以稳定为控制的工程，则以其本身的重量有控制地分级逐渐加荷，直至设计标高，从而保证不致发生失稳破坏；或者达到设计标高后，采用超载预压的方式，以达到控制工后沉降在规范要求的目的。

对于在软土地基上填筑的路基，由于软土地基抗剪强度低，无论是直接填筑路基还是进行堆载预压，往往都不可能快速加荷，而必须采用分级逐渐加荷，待前期荷载下地基强度增加到满足下一级荷载时，方可加下一级荷载。

分级加荷的计算步骤如下：首先，用简便的方法确定一个初步的加荷计划；其次，校核这一加荷计划下的地基的稳定性和沉降。具体计算过程可以采用以下方法：

1）利用天然地基土抗剪强度计算第一级容许施加的荷载 p_1。对路基填土，可根据Fellennius 公式估算：

$$p_1 = 5.52c_u / K \tag{10-10}$$

式中：K ——安全系数，建议采用 1.1～1.5；

c_u ——天然地基土的不排水抗剪强度，kPa，由无侧限、三轴不排水试验或原位十字板剪切试验测定。

2）计算在第一级荷载下地基强度的增长值。在 p_1 荷载作用下，经过一段时间预压，地基强度会提高，提高以后的地基强度为 c_{u1}：

$$c_{u1} = \eta(c_u + \Delta c_u') \tag{10-11}$$

式中：$\Delta c_u'$ —— p_1 作用下地基因固结而增长的强度。它与土层的固结度有关，一般可先假定一固结度，通常可假定为 70%，然后求出强度增量 $\Delta c_u'$；

η ——考虑剪切蠕动的强度折减系数。

3）计算 p_1 作用下达到所确定固结度时需要的时间。

4）根据第二步所得到的地基强度 c_{u1} 计算第二级所施加的荷载 p_2 为

$$p_2 = \frac{5.52c_{u1}}{K} \tag{10-12}$$

5）按以上步骤确定的加荷计划进行每一级荷载下地基的稳定性验算。如稳定性不满足要求，则调整加荷计划。

6）计算预压荷载下地基的最终沉降量和预压期间的沉降量，从而估算工后沉降量，最终确定预压荷载的卸荷时间。预压荷载卸除时间必须满足的条件是残余沉降量必须小于路面结构允许沉降量，即

$$S_{\infty(计算)} - S_{t(计算)} < kS_{(允许)} \tag{10-13}$$

式中：$S_{\infty(计算)}$ ——预压荷载下地基的最终沉降量；

$S_{t(计算)}$ ——预压期间的沉降量；

$S_{(允许)}$ ——允许沉降量；

k——沉降安全系数，根据上部结构重要性而确定。

（2）堆载材料的选用

堆载材料一般选用填土、砂石等散粒材料。

3. 堆载预压法施工工艺流程

当路基填筑施工至基床表层底面后，铺设土工布，按设计堆土高度，分级堆载预压土方，每级堆载完成经监测达到沉降稳定，继续加下一级堆载。堆载时边堆土边摊平，顶面应平整。预压期限达到设计规定期限且工后沉降经分析评估满足控制指标要求后，经批准清除预压土及土工布，将基床底层表面整理干净，并采用重型机械碾压密实。堆载预压法施工工艺流程图如图 10-15 所示。

4. 堆载预压法施工注意事项

1）预压材料应符合设计要求，不得使用淤泥土或含垃圾杂物的填料。

2）预压荷载不应小于设计荷载。

3）在每级加荷完成后，应检查预压土的堆载宽度和边坡坡度是否符合设计要求。

4）在堆载过程中，应定期通过监测断面，观测路基的竖向沉降及侧向位移，从而控制堆载的填筑速度。

5）填筑过程应采取有效措施防止预压土污染已填筑好的路基。

6）在堆载预压路段，当路基填筑至设计高程后进行预压前，应在填筑预压土方底面铺一层土工布。

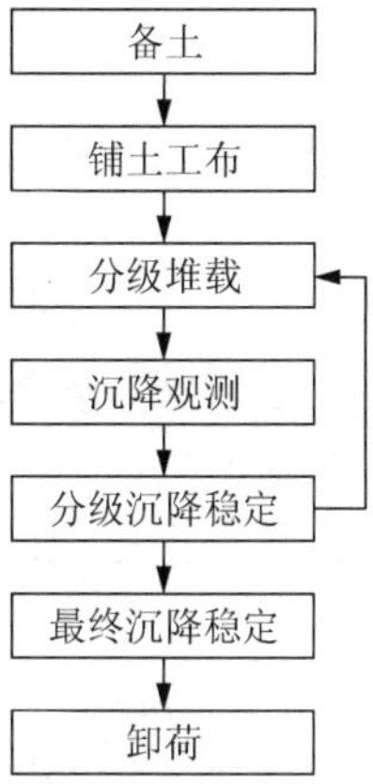

图 10-15　堆载预压法施工工艺流程图

7）当堆载预压时间达到设计要求后，应根据观测资料和工后沉降推算结果，合理确定卸载时间。

二、砂井堆载预压法

砂井堆载预压法是指在软土地基中，钻成一定直径的孔眼，灌以粗砂或中砂，利用上部荷载作用，加速软土的排水固结。砂井顶部用砂沟或砂垫层连通，构成排水系统，在路堤荷载的作用下加速排水固结，从而提高强度，保证路堤的稳定性。

当软土层较厚、路堤较高时，常采用砂井法加速固结沉降。特别是当天然土层的水平排水性能较垂直向大，或软土层中有薄层粉细砂夹层时，固结沉降采用砂井的效果更好。一般软土均适合采用砂井法。但次固结占很大比例的土类，如泥炭类土、有机质黏土和高塑性黏土等，则不宜采用。砂井法地基排水路径如图 10-16 所示。

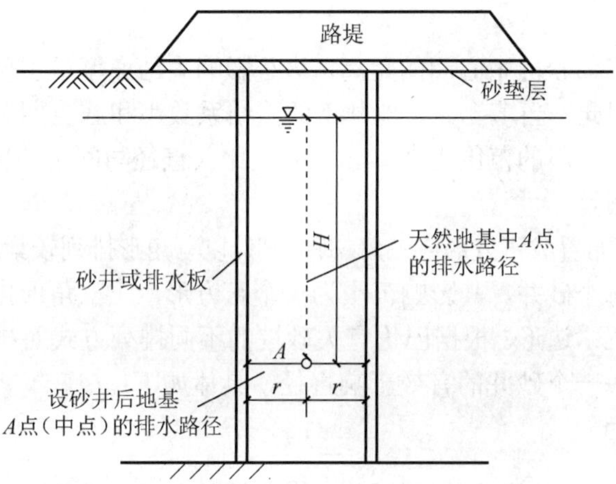

图 10-16　砂井法地基 A 点排水路径示意图

γ —砂井的半径；H—井中某点排水路径大小

1. 砂井类型

作为竖向排水体的砂井包括普通砂井、袋装砂井和塑料排水板 3 种类型。

（1）普通砂井

普通砂井是在软土地基中成孔，再于孔中灌砂并密实后，所形成的竖向排水体。成孔方法多为套管法、射水法、螺旋钻孔法和爆破法等。

（2）袋装砂井

袋装砂井是提前把砂装入长条形透水性好的编织袋内，然后用专门的机具设备打入软土地基内，代替普通大直径砂井。袋装砂井既具有大直径砂井的作用，又可以保证砂井的连续性，避免缩颈的现象。此外，由于袋装砂井的直径小、材料消耗小、工程造价低、施工速度快、设备轻型，更适应在软土地基上进行施工。

（3）塑料排水板

塑料排水板处理软土地基利用设置在地基中的竖向排水板及对地表进行加荷预压或利用构筑物自身重量的共同作用，使饱和软土中的孔隙水逐渐排出地表，进而使土体固结，提高密实度和强度，消除大部分的工后沉降，并使地基稳定。

塑料排水板由芯板和滤膜组成，土层中的固结渗流水通过滤膜渗入沟槽内，并沿着沟槽竖向排入地面的砂垫层内。

2. 砂井设计参数

砂井设计参数包括砂井直径、间距和平面装置等，其设计值应满足在预压过程中，在不太长的时间内，地基能达 80%以上的固结度。

（1）砂井直径

普通砂井直径一般为 200～500mm，其取值视施工机具条件而定。直径过小，不便于施工，也难保证质量。

（2）砂井间距

砂井间距为两相邻砂桩中心间的距离，这是影响固结速率最主要的因素之一，井距越小，固结越快。因此，当填土高、地基土的固结系数小和施工期短时，应采用较小的砂井间距。砂井间距常用的范围为 2～4m，井径比（直径与间距的比值）一般为 6～8。

（3）砂井平面布置

砂桩在平面上可布置成正方形或三角(梅花)形，以三角形排列较紧凑、有效(图 10-17)。

正方形排列的每个砂井，其影响范围为一个正方形。正三角形排列的每个砂井，其影响范围则为一个正六边形。根据巴伦有关砂桩的不同排列方式对排水范围的影响的相关公式，可计算出每一个砂井的有效影响直径，具体如下：

正方形排列时为

$$d_e = \sqrt{\frac{4}{\pi}}\, l = 1.128l \tag{10-14}$$

正三角形排列时为

$$d_e = \sqrt{\frac{2\sqrt{3}}{\pi}}\, l = 1.05l \quad (10\text{-}15)$$

式中：d_e——每一个砂井有效影响范围的直径，m；

l——砂井间距，m。

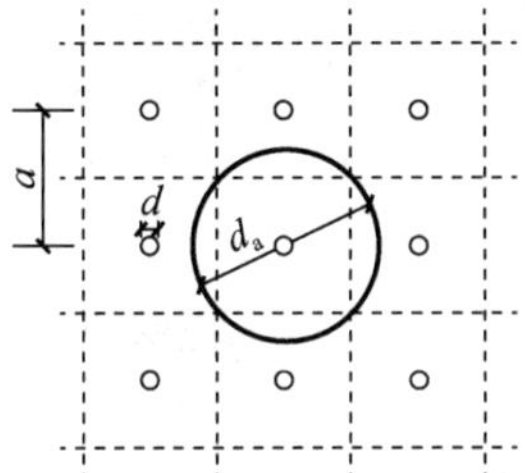

（a）正方形布置

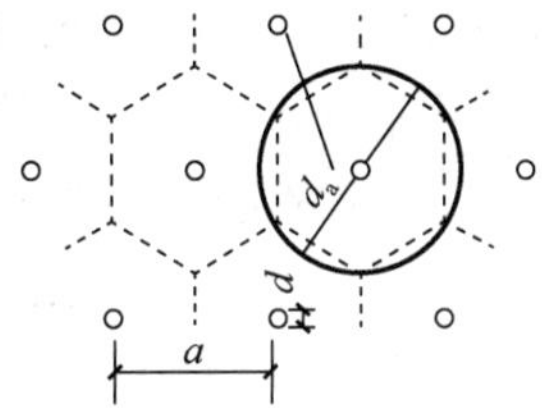

（b）三角（梅花）形布置

图 10-17　砂井平面布置图

a—两砂井中心点距离；d—砂井直径的大小；d_a—每个砂井有效范围直径

（4）砂井深度

砂井的深度视软土层的情况和路堤高度而定。当软土层较薄或底层为透水层时，砂井应贯穿整个软土层；当软土层的层厚很大时，不一定要打穿整个受压层。一般，可先选定某一砂井深度、直径和间距，通过沉降和固结度计算，得到最佳组合。

（5）砂垫层和砂沟的布置

为了把砂桩中的水分排到路堤坡脚外，在路堤底部应铺设砂垫层。当缺乏砂砾时，也可采用砂沟式垫层，即横向每排砂桩顶部设置砂沟一条，再在纵向以数条砂沟连贯之。纵向砂沟采用中间密、两旁疏的布置方法。砂沟的宽度可为砂井直径的2倍，高度为0.4～0.5m。

3. 砂井材料选用

砂井应采用渗水率较高的中、粗砂，粒径大于 0.5mm 的砂的含量宜占总重的 50%以上，含泥量不大于 3%，渗透系数不小于 5×10^{-3}cm/s。也可使用砂和角砾混合料，含泥量不大于 5%。

4. 砂井施工方法

砂井施工常用的方法包括套管法、水冲成孔法和螺旋钻孔成孔法。

（1）套管法

套管法就是将带有活瓣管尖或套有混凝土端靴的套管沉到预定深度，然后在管内灌砂后，拔出套管，形成砂井。套管法施工工艺流程图如图 10-18 所示。

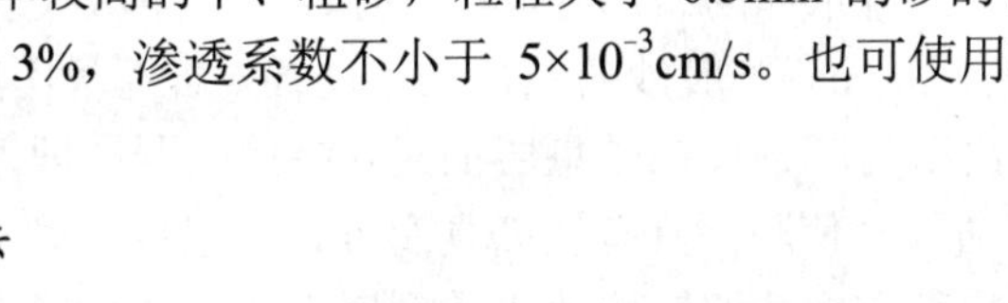

图 10-18　套管法施工工艺流程图

套管法根据沉管工艺的不同，又分为静压沉管法、锤击沉管法、锤击静压联合沉管法和振动沉管法等。

（2）水冲成孔法

水冲成孔法是指通过专用喷头，在水压力作用下冲孔，待成孔后进行清孔，再向孔内灌砂形成砂井。采用水冲成孔法进行施工时，应注意：

1）控制好冲孔时水压力大小和冲水时间。冲孔水压力和冲水时间与地基土层性质有关，如分层土的性质不同，而采用相同水压进行冲孔时，会导致成孔直径不同。

2）清孔应干净。若孔内泥浆未清洗干净，砂中含泥量增加，会导致砂桩渗透系数降低，降低砂桩的排水固结能力。如果泥浆排放疏导不好，也会对水平排水层带来不利的影响。

水冲成孔工艺，对土质较好且均匀的黏性土是较适用的，但对土质较软的淤泥，由于成孔和灌砂过程中容易缩孔，很难保证砂井的直径和连续性。对于夹有粉砂，薄层的软土地基，若压力控制不严，水冲成孔时易出现串孔，对地基扰动比较大。

水冲成孔法设备比较简单，对土的扰动较小，但在泥浆排放、塌孔、缩颈、串孔、灌砂等方面，易造成一定的问题，选用该法时应考虑如何合理解决这些问题，以免影响工程质量。

（3）螺旋钻孔成孔法

以动力螺旋钻钻孔，提钻后向孔内灌砂形成砂桩。此法适用于陆上工程，砂桩长度在 10.0m 以内，且土质较好，不会出现缩颈、塌孔现象的软土地基。螺旋钻孔成孔法所用设备简单而机动，成孔比较规则，但灌砂质量较难掌握，对很软弱的地基也不太适用。

三、真空预压法

真空预压法是指在要加固的软土地基上进行场地平整之后，在其上铺设厚 30cm 左右的砂垫层，作为水平向排水体的一部分，然后打设塑料排水板或者袋装砂井作为竖向排水体，再铺设砂垫层 20cm。一般砂的粒径不宜过细，含泥量不超过 3%。在砂垫层中铺设主管和滤管，再将密封膜铺设在砂垫层上，并将薄膜四周埋入密封沟，用真空泵通过膜下管道在砂垫层抽气，使膜下具有较高真空度，一般要达到 80kPa。因为竖向排水体具有较好的渗透性，真空度能够较快地传递到地下各地层，形成负的孔隙水压力，而软土地基中的真空度传递相对困难，孔隙水压力变化较小。因此，在竖向排水体和周围土体之间形成孔隙水压力差，使土体中的水流入竖向排水体，然后经水平排水系统排出，土体发生固结沉降。

1. 真空预压法的加固机理

采用真空预压法加固地基时，在地基上施加的不是实际重物，而是把大气作为荷载，在抽气前，薄膜内外都受大气压力作用，土体孔隙中的气体与地下水面以上都是处于大气压力 p 状态；抽气后，薄膜内砂垫层中的气体首先被抽出，其压力逐渐下降至 p_1，薄膜内外形成压力差 Δp，使薄膜紧贴于砂垫层上，这个压差称为真空度。

$$\Delta p = p - p_1 \tag{10-16}$$

砂垫层中形成的真空度Δp，通过水平向排水体（砂垫层）、竖向排水体（塑料排水板或者砂井）逐渐向下延伸、扩展，从而引起整个加固区内的孔隙水压力降低，形成的孔隙水压力小于原静水孔隙水压力，即静水孔隙水压力负向增长，形成负的超静孔隙水压力。

根据太沙基有效应力原理，真空预压法在预压过程中，总应力保持不变，即

$$\Delta\sigma = \Delta\sigma' + \Delta u = 0 \tag{10-17}$$

式中：$\Delta\sigma'$——有效应力；

Δu——孔隙压力；

$\Delta\sigma$——总压力。

随着孔隙水的排出，孔隙水压力降低，地基的有效应力提高，因此，加固过程中降低的孔隙水压力就等于增加的有效应力，即

$$\Delta\sigma' = -\Delta u \tag{10-18}$$

土体强度的增长、压缩量的发生，都是以有效应力的变化为前提的，所以，加固区内的土体就是在有效应力增加的过程中得到加固的。

2. 真空预压法施工

真空预压法施工工艺流程图如图 10-19 所示。

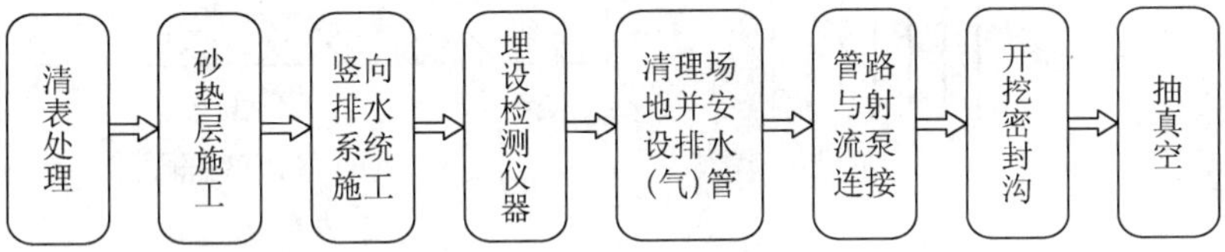

图 10-19　真空预压法施工工艺流程图

（1）竖向排水系统施工

首先在湿软地基设置排水通道，即按常规方法先铺砂垫层，接着打设竖向排水系统（袋装砂井或塑料排水板），其长度以打穿淤泥层或不少于 20m 为宜，间距一般不大于 1.5m。

（2）埋设监测仪器

根据地基情况和加固范围，合理布设监测断面。一般需监测的内容包括膜下真空度、竖向沉降和水平位移、孔隙水压力变化。因此需埋设孔隙水压力仪、测斜仪、表面沉降板和真空度测定仪等仪器，用以监测软土地基在加固前后的应力、应变变化情况及控制填土速率。

（3）清理场地并安设排水（气）管

砂垫层表面要清除杂物，不能有碎石、竹签等尖锐物，防止刺破表面加铺的密封膜。然后布置真空排水（气）管道（PVC 管）。真空分布管的排列常见的有两种，即条形和鱼刺形排列。

真空管路应具有满足总排水量需要的过水断面，能承受径向压力，管路间各连接点需严格进行密封处理，保证真空度在管内不受损失，并使排水畅通。

（4）管路与射流泵连接

将真空管路经过密封膜与真空泵连接，连接管路时应注意接头牢固、密封，并有一定的柔性。

为了确保膜下真空度达到设计要求，要求真空设备具有效率高、能连续运转、质量轻、结构简单、便于维修等特点。真空泵可采用普通真空泵或射流真空泵。

（5）开挖密封沟

管道铺设后，接着铺盖密封膜。密封膜应用抗老化好、韧性高、抗穿刺性强、整体性和密封性好的聚氯乙稀薄膜或线性聚乙烯等专用薄膜。然后在加固区四周开挖密封沟，其深度不少于 1.5m，并以进入淤泥 50cm 为佳，同时密封膜在沟内应翻转锚固，用黏性土回填密实并构筑围堰注水密封。

密封膜的施工是真空预压加固关键性的工作，在施工中应注意如下内容：

1）密封膜的热合。密封膜一般采用热合连接，连接长度不小于 2.0cm。

2）密封膜的铺设。在确保密封膜本身密封条件下，还要严格做好膜的四周密封性。铺膜时，通常采用挖沟折铺和长距离平铺两种，如图 10-20 所示。

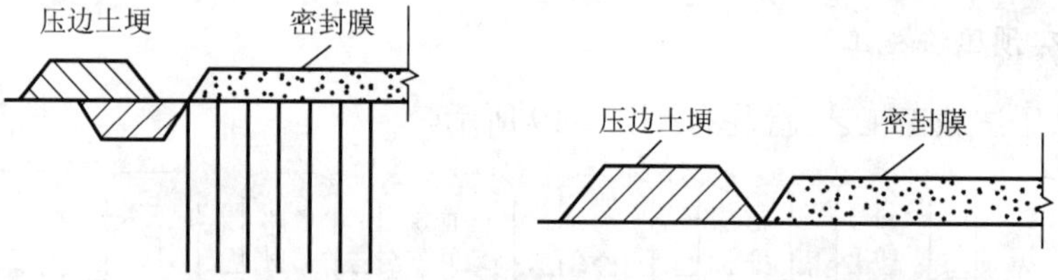

（a）挖沟折铺　（b）长距离平铺

图 10-20　膜周边密封方式

当在加固的范围内有透水性较好的夹层存在时，可采用板桩密封方法、板桩加覆水密封方法、围埝内全面覆水密封方法等，如图 10-21 所示。

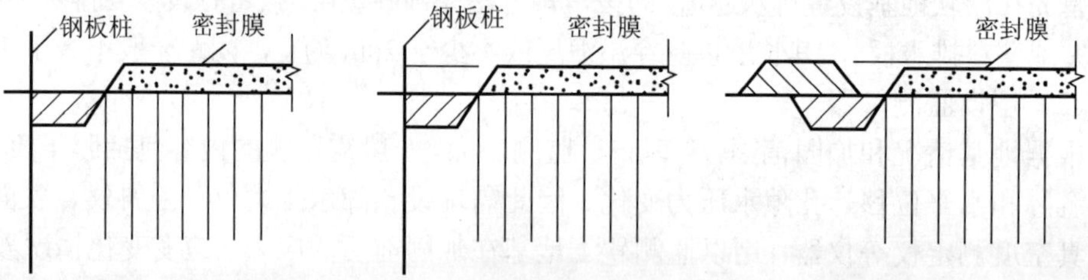

（a）板桩密封方法　（b）板桩加覆水密封方法　（c）围埝内全面覆水密封方法

图 10-21　膜周边密封辅助措施

（6）抽真空

当铺好密封膜后，开始抽真空，并随时检查是否漏气。正常情况，7～10d 膜内真空度可达 70kPa 以上。

膜下真空度是影响真空预压加固地基效果好坏的主要因素，因此应确保膜下真空度达到设计要求值。确保膜下真空度的技术组织措施主要包括：

1）控制真空膜质量。真空膜的质量应稳定、均匀，渗透系数应小于 10^{-14}cm/s。真空膜运到施工现场后，必须用编织布覆盖真空膜，以防止日晒雨淋加速材料老化。

2）监测真空度。抽真空时每隔 2h 检查和记录真空度 1 次，如出现不正常情况应及时检查和及时补漏。

3）测管出膜措施。分层沉降管、地下水水位管埋设在真空预压范围内，测管需伸出真空膜，与真空膜的接触处需用 PVC 胶严密黏合密封，以防止漏气。

任务五　深层搅拌法

能力目标：学生通过学习能够掌握深层搅拌法原理。

深层搅拌法是利用水泥粉、石灰粉或水泥浆等材料作为固化剂，通过特制的深层搅拌机械，在地基深处就地将软土和固化剂强制拌和，并在喷注过程中上下搅拌均匀，固化剂和软土产生物理化学反应，硬结成具有整体性、水稳定性和一定强度的水泥土加固体，加固体与原地基组成复合地基，共同承担上部荷载作用的方法。

深层搅拌法根据施工机械不同，常用的方法主要包括机械搅拌法与高压喷射搅拌法两种（图 10-22）。

- 深层搅拌法
  - 机械搅拌法
    - 螺旋搅拌法（用螺旋钻将水泥浆与地基土混合的施工方法）
    - 喷射粉体搅拌法
  - 高压喷射搅拌法
    - 喷射灌浆式（单管喷射法）
    - 喷射灌浆空气式（二重管喷射法）
    - 喷射水、空气、灌浆灌注式（三重管喷射法）

图 10-22　深层搅拌法分类

一、高压喷射法

高压喷射法是用高压脉冲泵洽浆液通过特殊的喷嘴高速喷出，强制土和浆液混合，同时喷嘴边旋转边提升，在地基中形成一根圆柱桩体。柱的极限抗压强度可达 50～80kN/cm^2，该施工方法也简称旋喷法。喷嘴直径一般为 1.5～1.8mm，喷射压力为 200kN/cm^2。喷嘴回旋速度为 20 转/min，喷射三圈提升 2.5～5cm，成桩直径一般为 0.5m。

高压喷射注浆法，按注浆管类型不同分为单管喷射法、二重管喷射法和三重管喷射法三种。

（1）单管喷射法

单管喷射法即单管旋喷注浆法，是利用钻机将只能喷射一种材料的单重注浆管置于土中设计深度后，借助高压泥浆泵产生 20～40MPa 的压力，使水泥浆从喷嘴喷出，冲击破坏土体，随着注浆管的旋转和提升，浆液与土粒搅拌混合，并凝固成固结体来加固地基，固结体直径一般为 0.3～0.8m，如图 10-23 所示。

（2）二重管喷射法

二重管喷射法所用注浆管为具有双通道的二重注浆管。管内每一通道只传送一种介质，外通道与空气压缩机相连，传送压缩空气；内通道与高压泥浆泵连接，传送水泥浆。管底侧面带有同轴的内、外两个喷嘴，可分别喷射水泥浆和压缩空气。

当二重注浆管钻进到土层设计深度后，通过高压泥浆泵和空气压缩机，位于管底侧面的同轴双重喷嘴同时喷射出 20MPa 的水泥浆和 0.7MPa 的压缩空气两种介质的复合喷射流冲击破坏土体。因压缩空气裹于水泥浆外侧，喷射流冲击破坏土体的能量显著增大，随着注浆管边喷射边旋转提升，最后在土中形成的圆柱状固结体。二重管喷射法的直径明显大于单管喷射法，一般为 1m 左右，如图 10-24 所示。

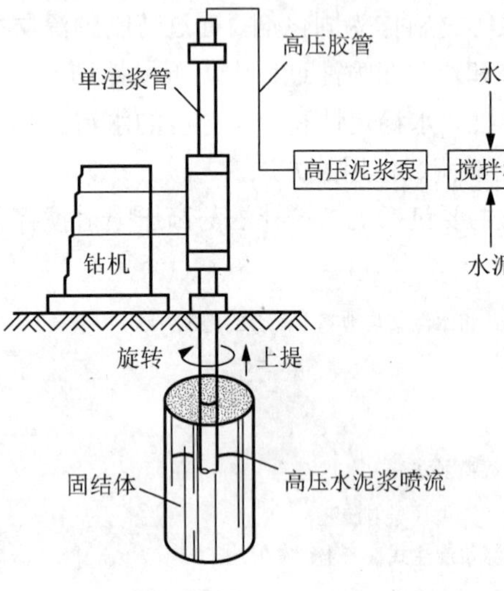

图 10-23　单管喷射注浆法示意图

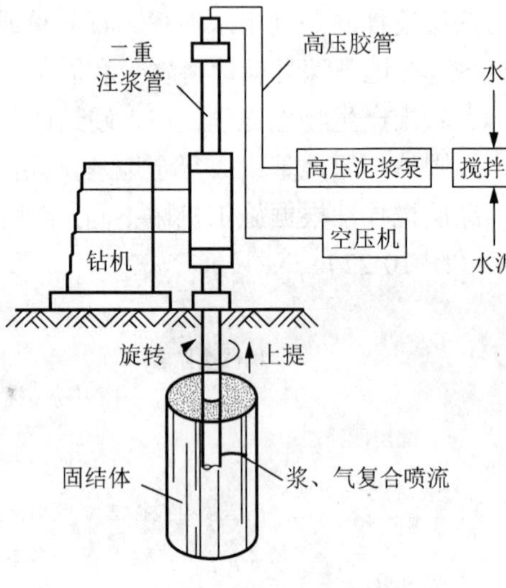

图 10-24　二重管喷射注浆法示意图

（3）三重管喷射法

三重管喷射法使用分别传送高压水、压缩空气和水泥浆 3 种介质的三重注浆管。传送水、气、浆的通道分别与高压水泵、空气压缩机和泥浆泵相连。管底侧面喷嘴为水、气通道的同轴双重喷嘴，水泥浆通道为单独喷嘴。

三重注浆管钻入土层设计深度后，开启高压水泵和空气压缩机，通过管底侧面水、气同轴双重喷嘴，喷射出 20MPa 水射流，在其外围环绕 0.7MPa 空气流的复合喷射流，冲切破坏土体，土中形成较大孔隙，再由泥浆泵在喷头下端喷嘴，注入压力为 1～3MPa 的水泥浆，于孔隙中填充，喷嘴边旋转边提升，最后水泥浆凝固成直径较大的固结体。由于水气复合喷射流的能量大于浆气复合喷射流，三重管喷射法固结体直径大于二重管喷射法，一般为 1～2m，如图 10-25 所示。

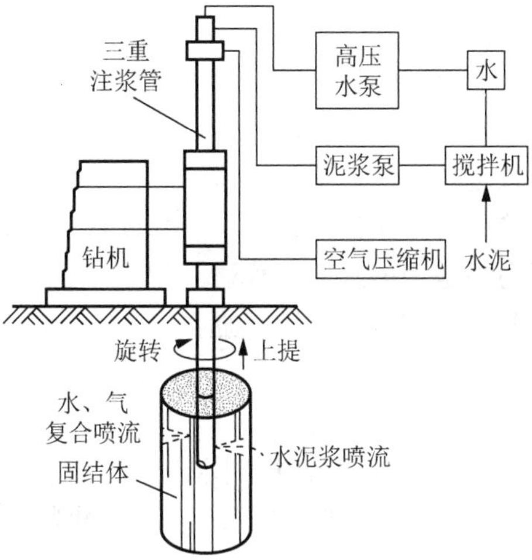

图 10-25　三重管喷射法示意图

粉体喷射法是通过特别的施工机械，用压缩空气把粉状或粒状的加固材料，通过与地基土强制搅拌混合，使地基土和加固材料发生化学作用，在稳定地基土的同时提高其强度。根据土的性质和加固目的，可以选择石灰或水泥为加固材料，由于完全不使用水，能避免对环境的污染。

二、机械搅拌法

水泥搅拌桩采用搅拌法施工时，无振动和噪声，对相邻建筑物无不良影响，施工工期短，造价低，因此应用较广泛。适用于处理淤泥、淤泥质土、粉土和含水率较高且地基承载力≤120kPa 的黏性土等地基。

深层搅拌法施工工艺流程图如图 10-26 所示。

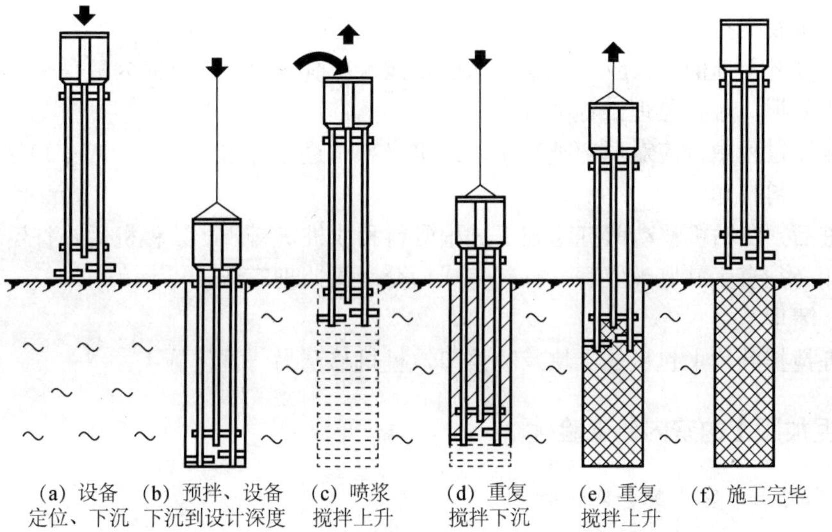

图 10-26　深层搅拌法施工工艺流程图

（1）定位

将深层搅拌机移到指定桩位，对中，双向调整桩机垂直度。水泥搅拌桩桩机安装完毕后，应进行全面的检查调整，主要有以下 5 点：

1）钻头直径及钻杆长度是否满足设计要求。

2）输送水泥浆的导管是否漏浆或堵塞。

3）水泥制浆罐和压力泵是否能正常工作。

4）发电机或外接电源是否和桩机电路接通。

5）粗略调整桩机机身的竖直度。

（2）浆液配制

根据试桩检测结果确定的配合比严格控制水灰比，加水应经过核准的定量容器。水泥浆必须充分拌和均匀。使用砂浆搅拌机制浆时，每次投料后拌和时间不得少于 3min。检测水泥浆液密度并记录。

（3）钻进、送浆

将制备好的水泥浆经筛过滤后，倒入储浆桶，开动灰浆泵，将浆液送至搅拌头。

喷浆包括钻进喷浆和提升喷浆两种方式。

1）钻进喷浆。开动灰浆泵，浆液从喷嘴喷出并具有一定压力后，开始钻进搅拌，同时根据试桩结果调整灰浆泵压力档次，保证喷浆量满足要求。在钻进过程中连续喷入水泥浆液。钻进至设计桩长或硬土层后，应原地喷浆搅拌 30s。

当局部位置存在喷浆不足的情况时，应在反转提升的过程中进行补浆。

2）提升喷浆。在钻进过程中不喷浆，钻进至设计桩长或硬土层后，开动灰浆泵，并根据试桩结果调整灰浆泵压力档次，保证喷浆量满足要求。将搅拌头自桩端反转匀速提升搅拌，并连续喷入水泥浆液，直至地面。

当局部位置存在喷浆不足的情况时，应在复搅的过程中进行补浆。

（4）重复搅拌

钻头提升至地面后，应立即反向钻进复搅，复搅深度原则上应为桩身全长，若无法进行全程复搅，应报监理工程师批准。

在复搅过程中，应对局部喷浆不足的桩身部位进行补浆，并防止喷浆口堵塞。

（5）资料打印

成桩后，在钻机移动前打印施工过程资料和成桩资料，严禁移机后补打资料。成桩资料打印必须有旁站监理监督，打印完成后交旁站监理签认。

（6）清理

清理搅拌叶片上包裹的土块及喷浆口，桩机移至另一桩位施工。

三、水泥加固土的室内外试验

1. 水泥土的室内配合比试验

通过对水泥土进行室内配合比试验，检测加固水泥的质量，确定水泥掺入量、水灰比、最佳外掺剂对水泥土强度的影响，求得龄期与强度的关系，为设计计算和施工工艺提供可靠的参数。室内配合比试验涉及的主要试验步骤如下。

（1）土样制备

土料应是工程现场所要加固的土，一般分为以下 3 种。

1）风干土样。将现场采取的土样进行风干、碾碎，通过 2～5mm 筛子的粉状土料。

2）烘干土样。将现场采取的土样进行烘干、碾碎，通过 2～5mm 筛子的粉状土料。

3）原状土样。将现场采取的天然软土立即用厚聚氯乙烯塑料袋封装，基本保持天然含水率。

（2）水泥试验

1）水泥品种。可用不同品种、不同标号的水泥。水泥出厂期不应超过 3 个月，并应在试验前重新测定其标号。

2）确定水泥掺入比。可根据要求选用 7%、10%、12%、14%、15%、18%、20%等，水泥掺入比 α_w 为

$$\alpha_w = \frac{\text{掺加的水泥质量}}{\text{被加固软土的质量}} \times 100\% \tag{10-19}$$

或

$$\alpha_w = \frac{\text{掺加的水泥质量}}{\text{被加固土的体积}} (\mathrm{kg/m^3}) \tag{10-20}$$

或

$$\alpha_w = \frac{\text{掺加的水泥质量}}{\text{每米桩长}} (\mathrm{kg/m}) \tag{10-21}$$

目前水泥掺量一般采用 180～250kg/m^3。

（3）掺入外加剂

为改善水泥土的性能和提高其强度，可掺加木质素碳酸钙、石膏、三乙醇胺、氯化钠、氯化钙和硫酸钠等外掺剂。结合工业废料处理，水泥土中还可掺入不同比例的粉煤灰。

（4）水泥土试件的制作和养护

根据配合比分别称量土、水泥、外掺剂和水。将粉状土料和水泥放在搅拌器内拌和均匀，然后将水用喷水设备均匀喷洒在水泥土上进行拌和，直至均匀。在选定的试模（尺寸为 70.7mm×70.7mm×70.7mm）内装入 1/2 试料，放在振动台上振动 1min 后，装入其余的试样后再振动 1min；振捣成型也可采用人工捣实成型。最后将试件表面刮平，盖上塑料布防止水分蒸发过快。

每个制成的试样应连试模称取质量，同一类型试件质量误差不得大于 0.5%。应将制作好的试件带模放入保湿箱内进行标准养护（如脱模养护，必须等试块完全成型后，方能脱模。根据水泥土强度决定脱模时间，一般为 1～2d。为了保证其湿度，拆模后的试件装入塑料袋内，封闭后置入水中，进行标准养护）。试件养护温度应为 20℃±3℃，湿度应为 75%；试件养护龄期宜为 7d、28d、90d。

（5）水泥土试验结果

在试样标准养护后，主要对试块进行无侧限抗压强度试验。每组试件必须有 3 个以上平行试验。水泥土的强度以 28d 试块强度为准，一般要求 R_{28}≥0.8MPa，R_{90}≥1.2MPa。

2. 水泥土的野外试验

（1）试验目的

水泥土搅拌桩的野外试验的主要目的包括：

1）根据水泥土室内配合比试验求得的最佳配比，进行现场成桩工艺试验。以浆喷桩为例，现场成桩工艺试验的主要目的包括：

① 验证室内配合比，符合设计要求后方能使用。

② 掌握下钻、提升的困难程度，选择合理的技术措施。

③ 确定钻头进入硬土层电流变化程度。

④ 确定水泥浆液密度。

⑤ 确定合适的输浆泵的输浆量。

⑥ 掌握水泥浆到达喷浆口的时间、搅拌机提升速度、复搅下沉、复搅提升速度等参数。

⑦ 了解施工中冒浆情况及采用下沉喷浆和提升喷浆的不同效果。

⑧ 确定搅拌的均匀性。

现场工艺性试桩一般应为 10 根左右，在条件受限时，每种配合比不得少于 2 根；试桩施工段落应选择在地质最差段落，以利于更好地控制后续施工。

试验桩施工原则上在室内配合比试验 28d 强度确定以后进行，若工期紧并有施工经验时，经现场监理及业主批准，可通过 7d 室内配合比试验成果确定试桩，但室内配合比试验 7d 的强度不得低于 0.5MPa。

2）在相同的水泥掺入比条件下，推求室内试块与现场桩身强度的关系。

3）比较不同桩长与不同桩身强度的单桩承载力。

4）确定桩土共同作用的复合地基承载力。

（2）试验方法

1）在桩身不同部位切取试件，运回实验室内分割成与室内试块同样尺寸的现场试件，在相同龄期时比较室内外试块强度间的相互关系。

2）单桩与复合地基的承载力试验。

复习思考题

1. 什么是软土？软土有哪些工程特点？什么是软土地基？

2. 什么是特殊土？常见的有哪些类型？

3．简述软土地基处理的目的和常见软土地基处理方法。
4．简述浅层软土地基的处理方法。
5．排水固结法的竖向排水体系有哪些？加荷方式有哪几种？
6．排水固结法常用的施工方法有哪些？
7．什么是真空预压？简述真空预压法的施工工艺流程。
8．挤密压实法常见的施工方法有哪些？
9．什么是强夯法？强夯法的试夯需要确定哪些参数？
10．什么是振冲碎石桩？简述振冲碎石桩的施工工艺流程。
11．什么是 CFG 桩？试比较 CFG 桩与挤密碎石桩的区别。
12．什么是水泥搅拌桩？水泥搅拌桩有哪几种施工方法？
13．灌浆法一般采取哪些浆液材料？
14．简述水泥土掺灰量的几种表示方法。
15．简述水泥搅拌桩配合比试验的目的。

参考文献

陈洪江，2005．土木工程地质[M]．北京：中国建材工业出版社．

陈希哲，1997．土力学地基基础[M]．北京：清华大学出版社．

高大钊，袁聚云，2001．土质学与土力学[M]．3版．北京：人民交通出版社．

郭抗美，2006．工程地质学[M]．北京：中国建材工业出版社．

胡雪梅，2015．土工技术与应用[M]．北京：机械工业出版社．

李广杰，2005．工程地质学[M]．长春：吉林大学出版社．

凌治平，易经武，2004．基础工程[M]．北京：人民交通出版社．

宓荣三，2007．工程地质[M]．成都：西南交通大学出版社．

齐丽云，徐秀华，2005．工程地质[M]．2版．北京：人民交通出版社．

邵燕，2006．工程地质[M]．合肥：合肥工业大学出版社．

宿文姬，李子生，2006．工程地质学[M]．2版．广州：华南理工大学出版社．

孙家齐，陈新民，2007．工程地质[M]．3版．武汉：武汉理工大学出版社．

务新超，魏明，2007．土力学与基础工程[M]．北京：机械工业出版社．

杨仲元，2009．软土地基处理技术[M]．北京：中国电力出版社．

臧秀平，2004．工程地质[M]．北京：高等教育出版社．

张留俊，王福胜，李刚，2004．公路地基处理设计施工实用技术[M]．北京：人民交通出版社．

中华人民共和国交通运输部，2006．公路路基施工技术规范：JTG F10—2006[S]．北京：人民交通出版社．

中华人民共和国交通运输部，2013．公路软土地基路堤设计与施工技术细则：JTG/T D31-02—2013[S]．北京：人民交通出版社．

中华人民共和国交通运输部，2015．公路路基设计规范：JTG D30—2015[S]．北京：人民交通出版社．

中华人民共和国交通运输部，2018．公路工程质量检验评定标准：JTG F80/1—2017[S]．北京：人民交通出版社．

中华人民共和国水利部，1994．土工试验规程：SL 237—1999[S]．北京：中国水利水电出版社．

中华人民共和国住房和城乡建设部，2012．建筑地基基础设计规范：GB 50007—2011[S]．北京：中国计划出版社．

朱建明，谢谟文，赵俊兰，2006．工程地质学[M]．北京：中国建材工业出版社．